JN125482

基本単位

長　さ	メートル	m	熱力学温度	ケルビン	K
質　量	キログラム	kg			
時　間	秒	s	物質量	モル	mol
電　流	アンペア	A	光　度	カンデラ	cd

SI接頭語

10^{24}	ヨタ	Y	10^{3}	キロ	k	10^{-9}	ナノ	n
10^{21}	ゼタ	Z	10^{2}	ヘクト	h	10^{-12}	ピコ	p
10^{18}	エクサ	E	10^{1}	デカ	da	10^{-15}	フェムト	f
10^{15}	ペタ	P	10^{-1}	デシ	d	10^{-18}	アト	a
10^{12}	テラ	T	10^{-2}	センチ	c	10^{-21}	セプト	z
10^{9}	ギガ	G	10^{-3}	ミリ	m	10^{-24}	ヨクト	y
10^{6}	メガ	M	10^{-6}	マイクロ	μ			

〔換算例：1 N＝1/9.806 65 kgf〕

	SI		SI 以外		
量	単位の名称	記号	単位の名称	記号	SI単位からの換算率
エネルギー，熱量，仕事およびエンタルピー	ジュール （ニュートンメートル）	J (N·m)	エルグ カロリ(国際) 重量キログラムメートル キロワット時 仏馬力時 電子ボルト	erg cal_{IT} kgf·m kW·h PS·h eV	10^{7} 1/4.186 8 1/9.806 65 $1/(3.6\times10^{6})$ $\approx 3.776\,72\times10^{-7}$ $\approx 6.241\,46\times10^{18}$
動力，仕事率，電力および放射束	ワット （ジュール毎秒）	W (J/s)	重量キログラムメートル毎秒 キロカロリ毎時 仏馬力	kgf·m/s kcal/h PS	1/9.806 65 1/1.163 ≈1/735.498 8
粘度，粘性係数	パスカル秒	Pa·s	ポアズ 重量キログラム秒毎平方メートル	P $kgf\cdot s/m^2$	10 1/9.806 65
動粘度，動粘性係数	平方メートル毎秒	m^2/s	ストークス	St	10^{4}
温度，温度差	ケルビン	K	セルシウス度，度	℃	〔注(1)参照〕
電流，起磁力	アンペア	A			
電荷，電気量	クーロン	C	（アンペア秒）	(A·s)	1
電圧，起電力	ボルト	V	（ワット毎アンペア）	(W/A)	1
電界の強さ	ボルト毎メートル	V/m			
静電容量	ファラド	F	（クーロン毎ボルト）	(C/V)	1
磁界の強さ	アンペア毎メートル	A/m	エルステッド	Oe	$4\pi/10^{3}$
磁束密度	テスラ	T	ガウス ガンマ	Gs γ	10^{4} 10^{9}
磁　束	ウェーバ	Wb	マクスウェル	Mx	10^{8}
電気抵抗	オーム	Ω	（ボルト毎アンペア）	(V/A)	1
コンダクタンス	ジーメンス	S	（アンペア毎ボルト）	(A/V)	1
インダクタンス	ヘンリー	H	ウェーバ毎アンペア	(Wb/A)	1
光　束	ルーメン	lm	（カンデラステラジアン）	(cd·sr)	1
輝　度	カンデラ毎平方メートル	cd/m^2	スチルブ	sb	10^{-4}
照　度	ルクス	lx	フォト	ph	10^{-4}
放射能	ベクレル	Bq	キュリー	Ci	$1/(3.7\times10^{10})$
照射線量	クーロン毎キログラム	C/kg	レントゲン	R	$1/(2.58\times10^{-4})$
吸収線量	グレイ	Gy	ラド	rd	10^{2}

〔注〕 (1) TKからθ℃への温度の換算は，$\theta = T - 273.15$とするが，温度差の場合には$\Delta T = \Delta\theta$である．ただし，ΔTおよび$\Delta\theta$はそれぞれケルビンおよびセルシウス度で測った温度差を表す．

(2) 丸括弧内に記した単位の名称および記号は，その上あるいは左に記した単位の定義を表す．

JSME テキストシリーズ

演習
Problems in

機械工学のための力学

Mechanics for Mechanical Engineering

日本機械学会

序

「JSME テキストシリーズ」は，大学学部学生のための機械工学への入門から必須科目の修得までに焦点を当て，機械工学の標準的内容をもち，かつ技術者認定制度に対応する教科書の発行を目的に企画されました．

日本機械学会が直接編集する直営出版の形での教科書の発行は，1988 年の出版事業部会の規程改正により出版が可能になってからも，機械工学の各分野を横断した体系的なものとしての出版には至りませんでした．これは多数の類書が存在することや，本会発行のものとしては機械工学便覧，機械実用便覧などが機械系学科において教科書・副読本として代用されていることが原因であったと思われます．しかし，社会のグローバル化にともなう技術者認証システムの重要性が指摘され，そのための国際標準への対応，あるいは大学学部生への専門教育への動機付けの必要性など，学部教育を取り巻く環境の急速な変化に対応して各大学における教育内容の改革が実施され，そのための教科書が求められるようになってきました．

そのような背景の下に，本シリーズは以下の事項を考慮して企画されました．

① 日本機械学会として大学における機械工学教育の標準を示すための教科書とする．

② 機械工学教育のための導入部から機械工学における必須科目まで連続的に学べるように配慮し，大学学部学生の基礎学力の向上に資する．

③ 国際標準の技術者教育認定制度〔日本技術者教育認定機構(JABEE)〕，技術者認証制度〔米国の工学基礎能力検定試験(FE)，技術士一次試験など〕への対応を考慮するとともに，技術英語を各テキストに導入する．

さらに，編集・執筆にあたっては，

① 比較的多くの執筆者の合議制による企画・執筆の採用，

② 各分野の総力を結集した，可能な限り良質で低価格の出版，

③ ページの片側への図・表の配置および 2 色刷りの採用による見やすさの向上，

④ アメリカの FE 試験（工学基礎能力検定試験(Fundamentals of Engineering Examination)）問題集を参考に英語による問題を採用，

⑤ 分野別のテキストとともに内容理解を深めるための演習書の出版，

により，上記事項を実現するようにしました．

本出版分科会として特に注意したことは，編集・校正には万全を尽くし，学会ならではの良質の出版物になるように心がけたことです．具体的には，各分野別出版分科会および執筆者グループを全て集団体制とし，複数人による合議・チェックを実施し，さらにその分野における経験豊富な総合校閲者による最終チェックを行っています．

本シリーズの発行は，関係者一同の献身的な努力によって実現されました． 出版を検討いただいた出版

事業部会・編修理事の方々，出版分科会を構成されました委員の方々，分野別の出版の企画・進行および最終版下作成にあたられた分野別出版分科会委員の方々，とりわけ教科書としての性格上短時間で詳細な形式に合わせた原稿の作成までご協力をお願いいただきました執筆者の方々に改めて深甚なる謝意を表します．また，熱心に出版業務を担当された本会出版グループの関係者各位にお礼申し上げます．

本シリーズが機械系学生の基礎学力向上に役立ち，また多くの大学での講義に採用され技術者教育に貢献できれば，関係者一同の喜びとするところであります．

2002 年 6 月

日本機械学会
JSME テキストシリーズ出版分科会
主 査 宇 高 義 郎

「演習　機械工学のための力学」刊行に当たって

機械工学を学ぶ上での基礎的な 4 力学といわれる科目として，材料力学，機械力学，熱力学，流体力学があります．これらを学ぶ基本となる科目が力学です．力学は中学や高校でも学んできましたが，さらに幅広く，体系的に学ぶことにより，一層理解を深めることができます．力学は大学や高専では教養科目でも学びますが，機械工学を学ぶ学生を対象として，一般力学，工業力学という科目名で講義を行っているところもあります．本演習書は，特に機械工学を学んでいる学生のために，既刊の「機械工学のための力学」の演習書として，JSME テキストシリーズの力学分野の 1 冊として刊行されました．その内容は，力のベクトル表記から記載され，力学の初歩である，力の釣合い，モーメントの釣合い，質点の力学，エネルギー，運動量，剛体の力学と順を追ってわかりやすく記述し，例題を多く取り入れ，また，練習問題も精査してあります．

力学を初歩から学ぶ方，もう一度，復習しようと方は手にとってご覧になれば，わかりやすく記述されていることがお分かりになると思いますので，ぜひ一度ご一読ください．

2015 年 3 月

JSME テキストシリーズ出版分科会

演習 機械工学のための力学

主査　高田　一

演習 機械工学のための力学　執筆者・出版分科会委員

執筆者・委員	高田　一	(横浜国立大学)	第 1 章
執筆者	有川　敬輔	(神奈川工科大学)	第 2 章
執筆者・委員	石綿　良三	(神奈川工科大学)	第 2 章
執筆者	神谷　恵輔	(愛知工業大学)	第 3 章
執筆者	井上　卓見	(九州大学)	第 4 章
執筆者	木村　弘之	(富山大学)	第 5 章
執筆者	高原　弘樹	(東京工業大学)	第 6 章
委員	木村　康治	(東京工業大学)	
委員	武田　行生	(東京工業大学)	

総合校閲者　吉沢　正紹　(慶應義塾大学)

目次

第 6 章　剛体の力学

第 1 章

序論

Introduction

1・1　力学とは（what is mechanics ?）

力学はいろいろな分野で利用されているが，大きく分類すると以下のようになる．

・静力学(statics)　：物体に働く力の釣合いなどについて研究する学問．材料力学(strength of materials)に代表される．

・動力学(dynamics)：物体の運動や働く力との関係を研究する学問．振動学(vibration)や機械力学(dynamics of machinery)に代表される．

力学を使う対象は固体であっても流体であってもよいが，本テキストでは質点，あるいは剛体の運動に働く力および運動について扱う．そこで，最初に出てくる物理量は以下のようなものである．

・質点(mass)：質量だけ持ち，大きさを 0 とみなしたもの

・速度(velocity)：変位の時間変化の割合

・加速度(acceleration)：速度の時間変化の割合

これらを使って質点の動きを説明するのには，次に記述するニュートンの法則(Newton's laws)を使うことが多い．これはアイザック・ニュートン(Isaac Newton, 1642-1727)（図 1.1）により明確に示されたものである。

図 1.1　アイザック・ニュートン

・ニュートンの法則

第一法則(Newton's first law)　慣性の法則（law of inertia）

外から力が働かない限り，質点は同じ速度で動き続けるか静止したまま（速度が 0）である．

第二法則(Newton's second law)　運動の法則(law of motion)あるいは運動方程式(equation of motion)

質点に外から力が働く場合,質点の加速度は力に比例し,質量に反比例する．

第三法則(Newton's third law)　作用反作用の法則(law of action and reaction)

2 つの質点において 1 つの質点 A が他の質点 B から力を受けている場合，同一直線上において,質点 A は大きさが同じで向きが反対の力を質点 B に与えている．つまり，質点 B は質点 A から力を受けている，というものである．

【例 1・1】　＊＊＊＊＊＊＊＊＊＊＊＊＊＊＊＊＊＊＊＊＊＊＊

次の現象は，ニュートンの第一法則，第二法則，第三法則のどれにあてはまるか．

(1)　本が机の上にあり動かない．

(2)　手に持っているボールを放したら落下した．

(3)　等速度で走行中の電車がブレーキをかけたため、前方に体が傾いた．

【解1・1】

(1) 本が静止したままであることは，ニュートンの第一法則である．また，本は重力で下方に引っ張られているが，机に支持されているため動かない．それは本と机との間に力が働いており，作用反作用で上下にも動かないので，第三法則である．

(2) 重力の力により加速度が生じ，空気抵抗を考えない場合は，加速度は力に比例し，落下するので第二法則にしたがう．

(3) 電車と体は急ブレーキをかけるまで同じ速度で走行している．そのとき，電車がブレーキをかけ速度を落としたが，体は同じ速度を維持しようとしたため，前方に傾く現象が生じた．これは、第一法則である．

1・2　力学の歴史（history of mechanics）[1]

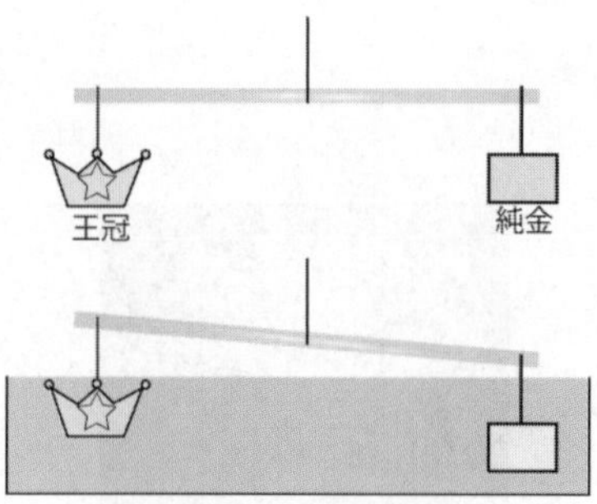

図 1.2　アルキメデスの原理

－アルキメデスの原理の解説－

純金の王冠に銀が混ざっていないかを調べるため，空中で純金と釣合っている天秤を水中に入れ，バランスが崩れたことにより銀が混ざっていることを証明した．

・アルキメデス(Archimedes, 287-212 B.C.)

古代ギリシャの数学者，物理学者．てこについて物体の釣合いを考え，棒ばかりでは腕の長さと重さが逆比例すると釣合う，というてこの原理(principle of leverage)を体系化した．また，浮力について明らかにし，物体は押しのけた水の重さの分だけ軽くなる，アルキメデスの原理(principle of Archimedes)（図 1.2）を発見した．これにより密度(density)の概念が得られた．

・ニコラス・コペルニクス(Nicolaus Copernicus, 1473-1543)

ポーランドの天文学者．地球や惑星は太陽の周りを運動していると考え，地動説を唱えた．

・ヨハネス・ケプラー(Johannes Kepler, 1571-1630)

ドイツの天文学者．デンマークの天文学者ティコ・ブラーエ(Tycho Brahe, 1546-1601)の天体の精密な観測を経て，ケプラーの法則(Kepler's laws)を導いた．

・ケプラーの法則

その第二法則は，惑星と太陽を結ぶ動径が単位時間に掃く面積は一定である，というもので，これは角運動量(angular momentum)（5・1節参照）の概念になっている．

図 1.3　ガリレオ・ガリレイ

・ガリレオ・ガリレイ(Galileo Galilei, 1564-1642)

イタリアの物理学者（図 1.3）．塔から落とした石の運動は地球の運動と石の落下運動の合成であり，地上の観測者は地球とともに動くので相対的な落下運動だけが観測される，と主張し，ガリレオの相対性原理(Galileo's principle of relativity)を発見した．慣性座標(inertial coordinate)の考えにつながる．

・ルネ・デカルト(Rene Descartes, 1596-1650)

フランスの哲学者，科学者．数学分野で直交座標を取り入れ，力学分野でもガリレオが行っていた慣性の法則を一般化させた．

・エバンジェリスタ・トリチェリ(Evangelista Torricelli, 1608-1647)
　イタリアの物理学者．トリチェリの真空とよばれる実験を行い，水銀柱は約 76cm しかならず，その上は真空になっていることを見つけた（図 1.4）．

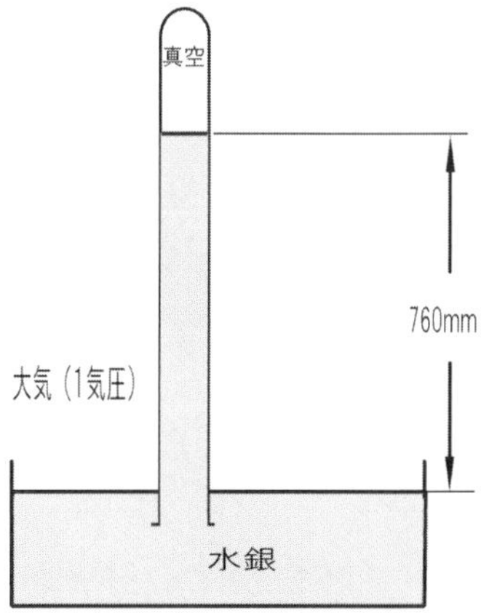

図 1.4　トリチェリの実験

・ブレーズ・パスカル(Blaise Pascal, 1623-1662)
　フランスの哲学者，物理学者．大気圧の存在を確認した．また，パスカルの原理(Pascal's principle)を見つけた（図 1.5）．パスカルの名前から圧力の単位(unit of pressure)(Pa)が気圧などで用いられている．

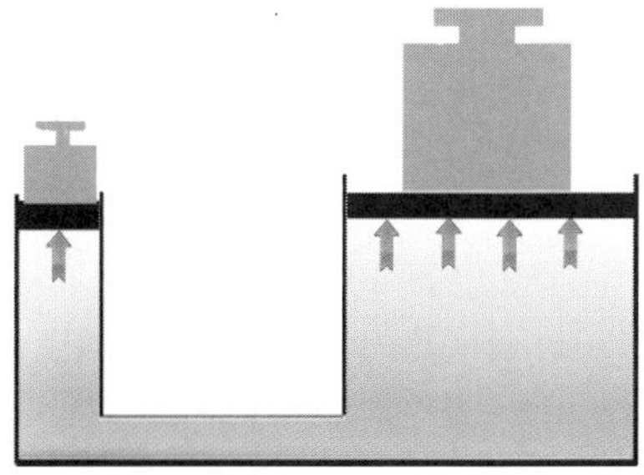
図 1.5　パスカルの原理

・パスカルの原理
　密閉容器内の液体の一部に受けた圧力はそのままの強さで液体の他の部分に伝わる，という現象．

・アイザック・ニュートン(Isaac Newton, 1642-1727)
　イギリスの物理学者．業績は前出．

・ジョゼフ・ルイ・ラグランジュ(Joseph-Louis Lagrange, 1736-1813)
　フランスの数学者．ラグランジュの運動方程式など，解析力学で有名．

・アルベルト・アインシュタイン(Albert Einstein, 1879-1955)
　ドイツの物理学者．相対性理論を著した．

【例 1・2】　＊＊＊＊＊＊＊＊＊＊＊＊＊＊＊＊＊＊＊＊＊＊＊＊＊
ガリレオ・ガリレイの名前から加速度の単位として Gal(=cm/s^2) が地震工学などで使われる．関東大震災では東京での加速度がおよそ 330Gal であったといわれている．これを重力加速度 g を使った単位で表すといくらになるか．

【解 1・2】
重力加速度は，1 g =9.81m/s^2=981cm/s^2 であるから，330/981=0.336 g となる．

1・3　使用される用語と単位（technical terms and units）

・速度(velocity)：単位時間あたりの位置の変化量，移動量．
・加速度(acceleration)：単位時間あたりの速度の変化量．速度が低くなるときはその値が負になるが，その場合は減速度ということもある．
・角速度(angular velocity)：回転運動における単位時間あたりの角度の変化量
・角加速度(angular acceleration)：回転運動における角速度の単位時間あたりの変化量．
・剛体(rigid body)：大きさが無視できず，変形しない物体．
・相対運動(relative motion)：運動している座標系から観測したときの運動．
・慣性力(inertia force, force of inertia)：観測者が運動しているときに生じる見かけの力．
・遠心力(centrifugal force)：回転運動している観測者から見た場合に生じる見かけの力．
・コリオリの力(Coriolis force)：回転座標系において運動している場合に生じる見かけの力．

・運動量(momentum)：質量と速度との積.

・角運動量(angular momentum)：位置あるいは距離と運動量の外積（ベクトル積）. 回転運動を考えるときに考慮する物理量である.

・並進運動(translation)：剛体上のすべての点が同じ速度を持っている運動.

・回転運動(rotation)：剛体内あるいは剛体外の一点を中心としてまわる運動.

・慣性モーメント(moment of inertia)：回転運動するときに使用する物理量. 回転のしにくさを表す.

本演習書は，第2章で力とモーメントの表し方を説明し，第3章で力とモーメントの釣合いを説明する. この2つの章は静力学の範囲である. その後，第4章から第6章までが，質点の力学，運動量，エネルギー，剛体の力学と続き，動力学の範囲である.

単位

・ N (ニュートン)：力の単位(= $kg\cdot m/s^2$)

・ m ：変位，距離の単位，小さい場合は mm を使うこともある.

・ s ：時間の単位，秒

・ rad （ラジアン）：角度を表す. 度（°）よりも rad を使うことが多いが，無次元である.

・ rad/s ：角速度を表す.

・ rad/s^2 ：角加速度を表す.

・ rpm (revolution per minute または rotation per minute) : 1分間の回転数を表わす. 車のエンジンの回転数などで多く用いられる.

・運動量の単位： $kg\cdot m/s$

・角運動量の単位： $kg\cdot m^2/s$

・モーメントの単位： $N\cdot m$

・慣性モーメントの単位： $N\cdot m/(1/s^2)=kg\cdot m^2$

【例1・3】　＊＊＊＊＊＊＊＊＊＊＊＊＊＊＊＊＊＊＊＊＊＊＊＊＊

時速 50km/h で走っている車の速度を m/s に換算せよ.

【解 1・3】

$$50\text{km/h} = 50000\text{m/h} = 50000 / 3600 \text{ m/s} = 13.9\text{m/s}$$

【例 1・4】　＊＊＊＊＊＊＊＊＊＊＊＊＊＊＊＊＊＊＊＊＊＊＊＊＊

1000rpm で回転している車のエンジンの回転数を rad/s に換算せよ.

【解 1・4】

$$1000\text{rpm} = 2\pi\times 1000 / 60 \text{ rad/s}=105\text{rad/s}$$

【例 1・5】　＊＊＊＊＊＊＊＊＊＊＊＊＊＊＊＊＊＊＊＊＊＊＊＊＊

ある高層ビルのエレベータの最高速度は 750m/min に達し，昇降行程 275m をわずか40秒で到達するという. 加速度および減速度が同じであり，一定であるとして，加速している時間を求めよ.

第１章　練習問題

【解１・５】
最高速度を秒速に直すと，

$$750/60=12.5\text{m/s}$$

となる. 加速時間および減速時間を t 秒とすると, 加速時の平均速度は 6.25m/s なので，上昇する距離は $6.25t$ となる．減速時も同じであるので，加速時および減速時に上昇する距離は合わせて $12.5t$ となる．残りの時間は 12.5m/s で上昇しているので，

$$12.5t+12.5(40-2t)=275$$

つまり，$t=18$ となる

・SI 単位と重力単位
重力単位では力の単位は kgf となり，重力加速度の値である約9.81で SI 単位の値を割った値となる．

$$1\text{N}=\frac{1}{9.81}\text{kgf}$$

・体重60キロの人が床にかける力は SI 単位では 589N であるが，重力単位では 60kgf となる．
・とくにことわりがない限り，本テキストでは重力加速度を 9.81m/s^2 とする．（単位については，表紙の裏の表に掲載されている.）

－SI 単位と重力単位－
力などを表すのに，N（ニュートン）を用いることになって久しいが，一部の資料では，まだ重力単位（工学単位）を用いて書かれているデータもある．したがって，そのデータを使用する場合には，相互に換算できることが必要になる．海外のデータでは，in（インチ）や ft（フィート），lbf（ポンド）で書かれたものもあるので，同様に換算が必要になる．

・長さの単位換算

m	mm	ft	in
1	1000	3.280840	39.37008
10^{-3}	1	3.280840×10^{-3}	3.937008×10^{-2}
0.3048	304.8	1	12
0.0254	25.4	1/12	1

・力の単位換算

N	dyn	kgf	lbf
1	10^5	0.1019716	0.2248089
10^{-5}	1	1.019716×10^{-6}	2.248089×10^{-6}
9.80665	9.80665×10^5	1	2.204622
4.448222	4.448222×10^5	0.4535924	1

＝＝＝＝＝＝　練習問題　＝＝＝＝＝＝＝＝＝＝＝＝＝＝＝＝＝＝＝

【1・1】時速 36km/h で走行している車が 10 秒後に時速 54km/h になった．加速度は一定であるとしていくらになるか．

【1・2】時速 40km/h で走行している車が一定の減速度で速度を落とし，速度を落とし始めてから 20m で停止した．時速 80km/h で走行しているとき，同じ減速度で速度を落としたら，何 m で停止するか．

【1・3】床に100kgf の力が働いている．これをNに換算せよ．

【1・4】13lb(ポンド)のボーリングの球が棚に置いてあり，13lbf の力が加わっている．これをNに換算せよ．

【1・5】6ft の身長を m に換算せよ．

【1・6】31in のジーンズのウエストを cm に換算せよ．

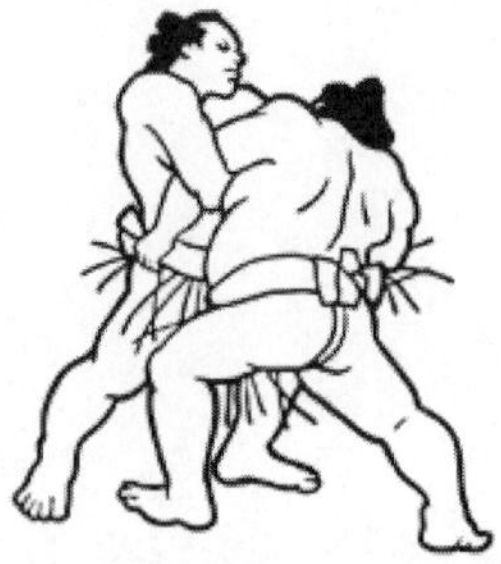

図1.6　関取の四つに組んだ体勢

【1・7】次の現象をニュートンの3つの法則の観点から述べよ．

(1) 関取が四つに組んだ体勢のまま動かない（図1.6）．
(2) だるま落としでうまくだるまを落とした（図1.7）．
(3) 雨粒が一定の速さで真下に落下する．
(4) 直線道路を走行している車が左折したら，体が右に倒れ，ドアにぶつかった（図1.8）．

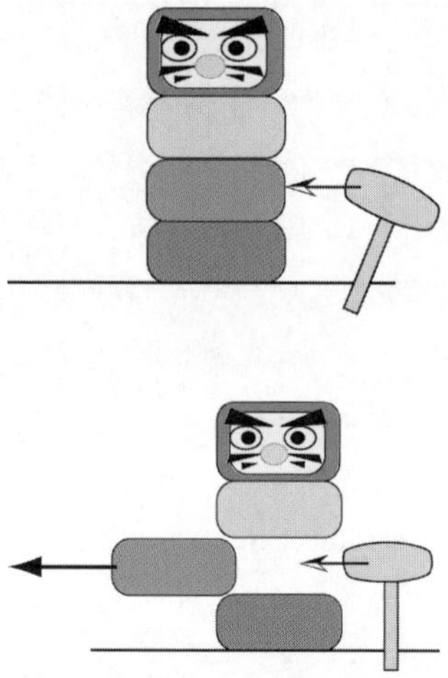

図1.7　だるま落とし

【1・8】パスカルの原理の現象を実感する例を挙げよ．

【1・9】1200rpm で回転していたエンジンが5秒後に1800rpm になった．このときの角加速度を rad/s^2 の単位で求めよ．

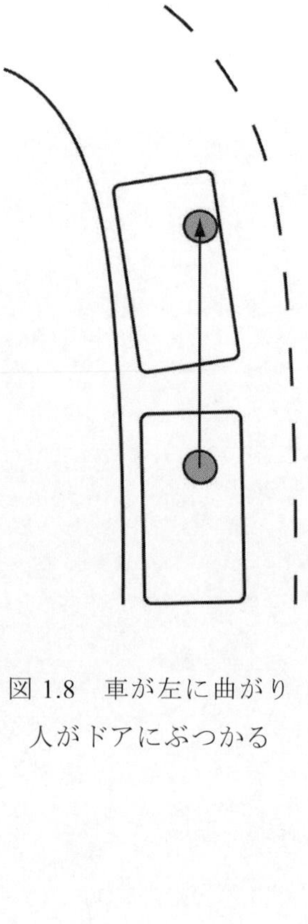

図1.8　車が左に曲がり人がドアにぶつかる

参考文献

1) 歴史をたどる　物理学，我孫子誠也著，東京教学社，1981．

第 2 章

力とモーメント

Force and Moment

2・1　力（force）

・ベクトルの表し方

力は大きさと向きを持つベクトル量である．本書では，ベクトルは「$\boldsymbol{V}$」のように太字で書き，その大きさを「V」のように細字で書く（大きさを$|\boldsymbol{V}|$と表すこともある）. 実際の計算には成分表示や座標軸に沿った単位ベクトルによる表現を用いるのが便利な場合が多い（図 2.1）.

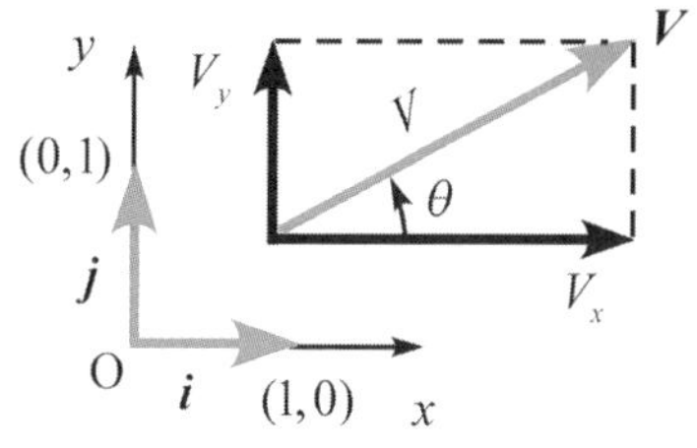

図 2.1　ベクトルの表現

成分表示：$\boldsymbol{V} = (V_x, V_y)$　(2.1)

単位ベクトルによる表現：$\boldsymbol{V} = V_x\boldsymbol{i} + V_y\boldsymbol{j}$　(2.2)

$\boldsymbol{i}$，$\boldsymbol{j}$ は，それぞれ，x，y 軸に沿った単位ベクトル（大きさ1のベクトル）である．その他，大きさV と基準線からの角度θによって表すこともある．また，大きさV を成分V_x，V_y によって表すと次のようになる．

$$V = \sqrt{V_x^{\ 2} + V_y^{\ 2}} \tag{2.3}$$

・力の合成

複数の力を同じ作用を持つ 1 つの力にまとめる操作を**力の合成**(composition of forces)，まとめた力のことを**合力**(resultant force)という．合力は，各力をベクトルとして足し合わせることにより求めることができる．平面上の点に 2 つの力 $\boldsymbol{F}_1$ と $\boldsymbol{F}_2$ が作用しているとき，これらの合力 $\boldsymbol{R}$ は，

$$\boldsymbol{R} = \boldsymbol{F}_1 + \boldsymbol{F}_2 = (F_{1x} + F_{2x}, F_{1y} + F_{2y}) = (F_{1x} + F_{2x})\boldsymbol{i} + (F_{1y} + F_{2y})\boldsymbol{j} \tag{2.4}$$

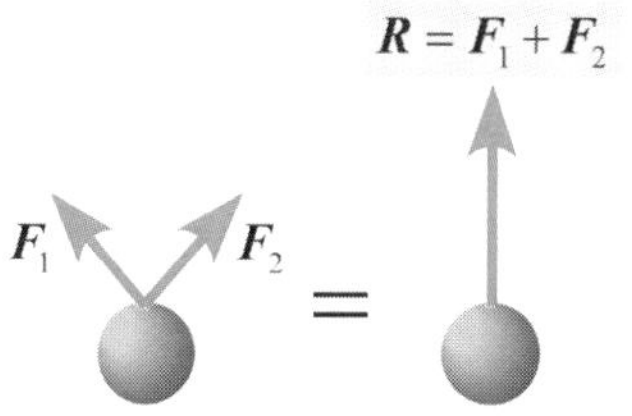

図 2.2　2 つの力の合成

となる（図 2.2）．より一般的に，n 個の力 $\boldsymbol{F}_1, \boldsymbol{F}_2, \ldots, \boldsymbol{F}_n$ の合力 $\boldsymbol{R}$ は，

$$\boldsymbol{R} = \sum_{i=1}^{n} \boldsymbol{F}_i = \left(\sum_{i=1}^{n} F_{ix}, \sum_{i=1}^{n} F_{iy} \right) = \left(\sum_{i=1}^{n} F_{ix} \right)\boldsymbol{i} + \left(\sum_{i=1}^{n} F_{iy} \right)\boldsymbol{j} \tag{2.5}$$

となる（図 2.3）.

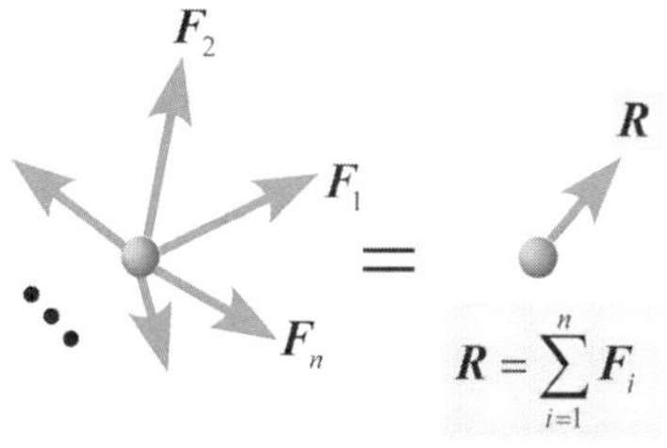

図 2.3　n 個の力の合成

・力の分解

1 つの力を同じ作用を持つ複数の力に分解する操作を**力の分解**(decomposition of force)，分解された各力のことを**分力**(component of force)という．平面上の点に作用する力 $\boldsymbol{F}$ を 2 つの力 $\boldsymbol{F}_1$ と $\boldsymbol{F}_2$ に分解するとき，一方の力 $\boldsymbol{F}_1$ が与えられた場合（図 2.4），$\boldsymbol{F}_2$ は次式によって求められる．

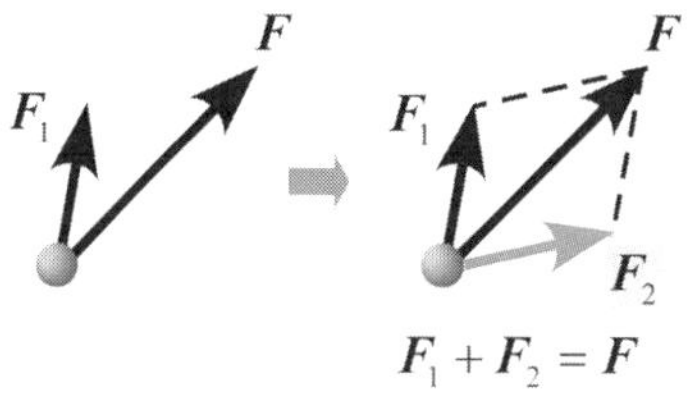

図 2.4　力の分解

（一方の力が与えられた場合）

$$\boldsymbol{F}_2 = \boldsymbol{F} - \boldsymbol{F}_1 = (F_x - F_{1x}, F_y - F_{1y}) = (F_x - F_{1x})\boldsymbol{i} + (F_y - F_{1y})\boldsymbol{j} \tag{2.6}$$

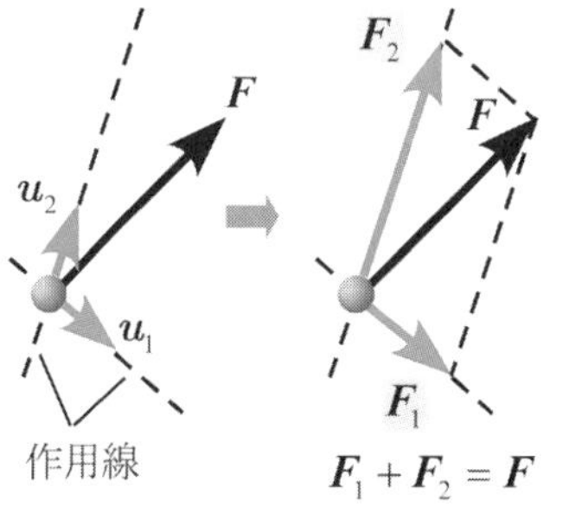

図 2.5　力の分解

（各分力の作用線が与えられた場合）

また，各分力の作用線が与えられた場合には（図 2.5），作用線に沿った単

位ベクトルを $\boldsymbol{u}_1$，$\boldsymbol{u}_2$ として $\boldsymbol{F}_1 = F_1\boldsymbol{u}_1$ ，$\boldsymbol{F}_2 = F_2\boldsymbol{u}_2$ と表し，F_1 と F_2 を未知数とする連立方程式

$$F_1\boldsymbol{u}_1 + F_2\boldsymbol{u}_2 = \boldsymbol{F} \tag{2.7}$$

を解けばよい．その解は $d = u_{1x}u_{2y} - u_{2x}u_{1y}$ として次式で表される．

$$\begin{aligned} F_1 &= (u_{2y}F_x - u_{2x}F_y)/d \\ F_2 &= (-u_{1y}F_x + u_{1x}F_y)/d \end{aligned} \tag{2.8}$$

このとき，$F_1 > 0$ となったなら分力 $\boldsymbol{F}_1$ は $\boldsymbol{u}_1$ と同じ向き，$F_1 < 0$ となったなら逆向きであることを意味する（$\boldsymbol{F}_2$ についても同様）．特別な場合を除き，平面上の力は，与えられた作用線を持つ 2 つの力には一意に分解することができるが，3 つ以上の力には一意には分解できない．

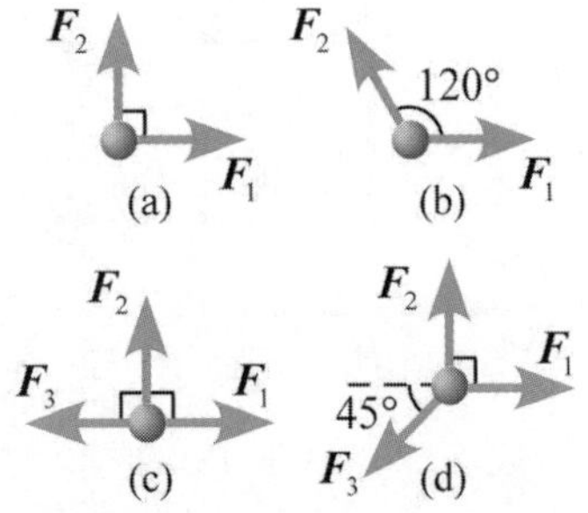

図 2.6　力の合成（例 2・1）

【例 2・1】　＊＊＊＊＊＊＊＊＊＊＊＊＊＊＊＊＊＊＊＊＊＊＊＊

図 2.6 のように，平面内で一点に力 $\boldsymbol{F}_1$，$\boldsymbol{F}_2$，$\boldsymbol{F}_3$ が作用している．(a)~(d)それぞれについて，合力を図示した上で，その大きさを求めよ．ただし，力 $\boldsymbol{F}_1$，$\boldsymbol{F}_2$，$\boldsymbol{F}_3$ の大きさは，いずれも 100N とする．

【解 2・1】

合力を $\boldsymbol{R}$ とする．(a), (b)については 2 つのベクトルの和 $\boldsymbol{R} = \boldsymbol{F}_1 + \boldsymbol{F}_2$ を，(c), (d)については 3 つのベクトルの和 $\boldsymbol{R} = \boldsymbol{F}_1 + \boldsymbol{F}_2 + \boldsymbol{F}_3$ を求めればよい．$\boldsymbol{F}_1 + \boldsymbol{F}_2$ は図 2.7(a), (b)に示すように，$\boldsymbol{F}_1$ と $\boldsymbol{F}_2$ を辺とする平行四辺形（(a)の場合は正方形）を構成するか，$\boldsymbol{F}_2$ の始点を $\boldsymbol{F}_1$ の終点に合わせることにより作図することができる．$\boldsymbol{F}_1 + \boldsymbol{F}_2 + \boldsymbol{F}_3$ は，2 つのベクトルの和を求める操作を繰り返せばよい．このとき，和をとる順番は任意である．例えば，図 2.7 (d)左では $\boldsymbol{F}_1 + \boldsymbol{F}_2$ と $\boldsymbol{F}_3$ の和，図 2.7 (d)右では $\boldsymbol{F}_1 + \boldsymbol{F}_3$ と $\boldsymbol{F}_2$ の和をとっているが，同じ合力 $\boldsymbol{R}$ が求まっている．また，各合力の大きさは，幾何学的な関係から以下のように計算できる．

(a) $\sqrt{2} \times 100 = 141$N（$\boldsymbol{F}_1$，$\boldsymbol{F}_2$，$\boldsymbol{R}$ が直角二等辺三角形を構成することに注目）

(b) 100N（$\boldsymbol{F}_1$，$\boldsymbol{F}_2$，$\boldsymbol{R}$ が正三角形を構成することに注目）

(c) 100N（$\boldsymbol{F}_1$ と $\boldsymbol{F}_3$ が互いに打ち消すことに注目）

(d) $\sqrt{2} \times 100 - 100 = 41.4$N（$\boldsymbol{F}_1 + \boldsymbol{F}_2$ と $\boldsymbol{F}_3$ の方向が一致していることに注目）

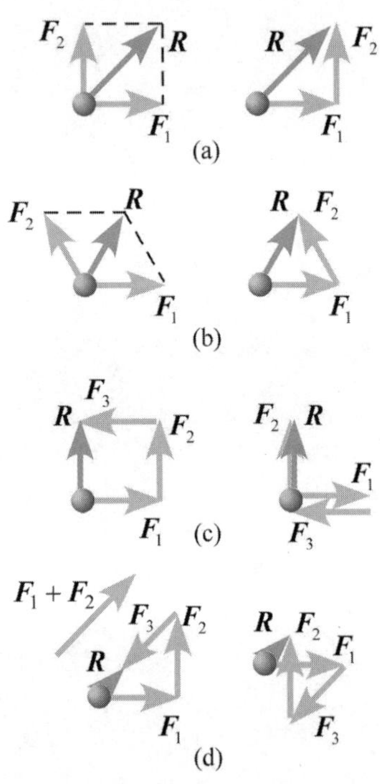

図 2.7　力の合成（解 2・1）

この例では，幾何学的な関係から求めるのが簡単であるが，もちろん，成分表示を用いて計算することもできる．例えば，図 2.6(d)について，紙面右方向に x 軸，上方向に y 軸をとり，各力を成分表示すると，$\boldsymbol{F}_1 = (100, 0)$N，$\boldsymbol{F}_2 = (0, 100)$N，$\boldsymbol{F}_3 = (-100\cos 45°, -100\sin 45°) = (-70.71, -70.71)$N となり，これらの合力 $\boldsymbol{R}$ とその大きさ R は次式のように計算できる．

$$\begin{aligned} \boldsymbol{R} &= \boldsymbol{F}_1 + \boldsymbol{F}_2 + \boldsymbol{F}_3 = (100 + 0 - 70.71, 0 + 100 - 70.71) \\ &= (29.29 , 29 , 29)\text{N} \end{aligned} \tag{2.9}$$

$$R = \sqrt{{R_x}^2 + {R_y}^2} = \sqrt{29.29^2 + 29.29^2} = 41.4\text{N} \tag{2.10}$$

【例 2・2】　＊＊＊＊＊＊＊＊＊＊＊＊＊＊＊＊＊＊＊＊＊＊＊＊＊
図 2.8 のように，滑車を介して質量 50kg のおもりを持ち上げるとき，滑車の軸に働く力の大きさ，および，鉛直下向きとなす角度はいくらか．ただし，滑車は十分に小さく軽く，滑らかに回転するものとする．

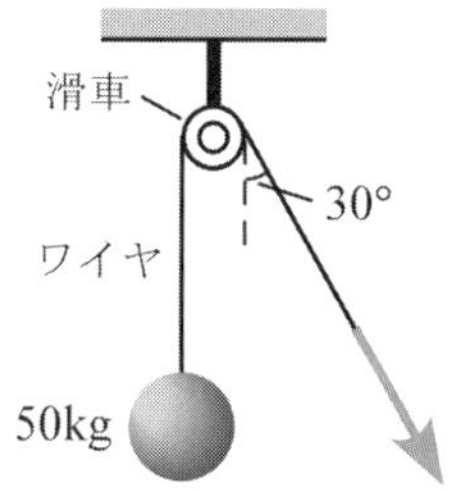

図 2.8　滑車（例 2・2）

【解 2・2】
ワイヤの張力の大きさは $50\text{kg}\times 9.81\text{m/s}^2 = 490.5\text{N}$ であり，滑車の軸には図 2.9 のように力 $\boldsymbol{F}_1$ と $\boldsymbol{F}_2$ の合力 $\boldsymbol{R}$ が作用する．$\boldsymbol{F}_1$ と $\boldsymbol{F}_2$ は大きさが等しいため，これらの合力 $\boldsymbol{R}$ は，$\boldsymbol{F}_1$ と $\boldsymbol{F}_2$ がなす角度を二等分する方向を向く．つまり，合力 $\boldsymbol{R}$ が鉛直下向きとなす角度は $15°$ である．また，合力 $\boldsymbol{R}$ の大きさ R は，図 2.9 に示した三角形に関する幾何学的関係から $R = 2\times 490.5\cos 15° = 948\text{N}$ と求まる．

別解として，成分表示を用いて求めてみる．図 2.9 のように座標系を定め，各力を成分表示すると，

$$\boldsymbol{F}_1 = (0, -490.5)\text{N} \tag{2.11}$$

$$\boldsymbol{F}_2 = (490.5\sin 30°, -490.5\cos 30°) = (245.3, -424.8)\text{N} \tag{2.12}$$

$$\boldsymbol{R} = \boldsymbol{F}_1 + \boldsymbol{F}_2 = (0 + 245.3, -490.5 - 424.8) = (245.3, -915.3)\text{N} \tag{2.13}$$

となる．したがって，合力の大きさは，

$$R = \sqrt{R_x{}^2 + R_y{}^2} = \sqrt{(245.3)^2 + (-915.3)^2} = 948\text{N} \tag{2.14}$$

と求まる．また，合力 $\boldsymbol{R}$ が鉛直下向きとなす角度を α とすると，$\tan\alpha = 245.3/915.3$ の関係が成り立つので，

$$\alpha = \tan^{-1}(245.3/915.3) = 15° \tag{2.15}$$

と求まる．このように，上で求めた解と同じ解が求まった．

この例題の場合，成分表示を用いるよりも，幾何学的関係に注目して解いた方が計算は簡単である．しかし，成分表示を用いると，特別な幾何学的関係を見つけることができなくても機械的に解くことができる．

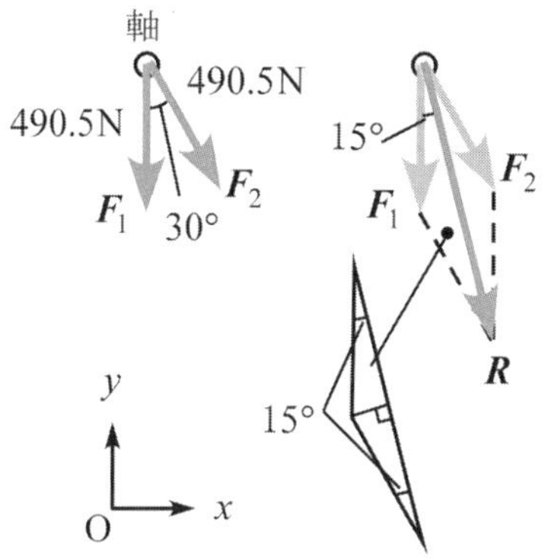

図 2.9　滑車（解 2・2）

【例 2・3】　＊＊＊＊＊＊＊＊＊＊＊＊＊＊＊＊＊＊＊＊＊＊＊＊＊
図 2.10 のように，平面上の点に作用する大きさ 100N の力 $\boldsymbol{F}$ を，図中に示した破線を作用線に持つ 2 つの力に分解したい．(a)~(c)それぞれについて，各分力を図示するとともに，その大きさを求めよ．

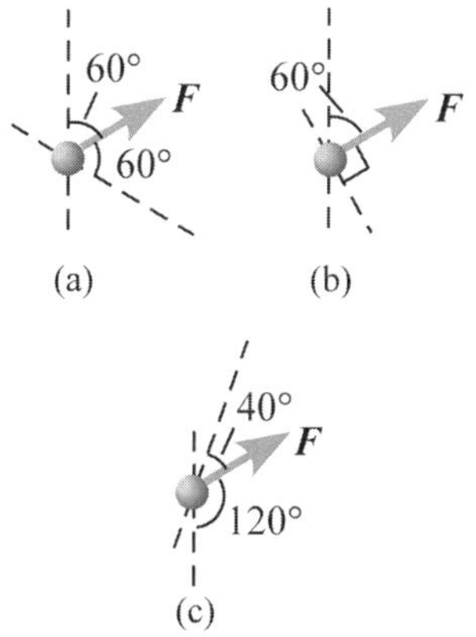

図 2.10　力の分解（例 2・3）

【解 2・3】
分力を $\boldsymbol{F}_1$，$\boldsymbol{F}_2$ とする．図 2.11 に示すように，$\boldsymbol{F}$ の終点から分解すべき方向と平行に補助線を引くことにより分力 $\boldsymbol{F}_1$，$\boldsymbol{F}_2$ を作図することができる．また，各分力の大きさ F_1，F_2 は以下のようにして求められる．

(a) 図 2.11(a)に示すように，力ベクトルによって構成される三角形が正三角形であることに注目すると，$F_1 = F = 100\text{N}$，$F_2 = F = 100\text{N}$ であることがわかる．

(b) 図 2.11(b)に示すように，力ベクトルによって構成される三角形が直角三角

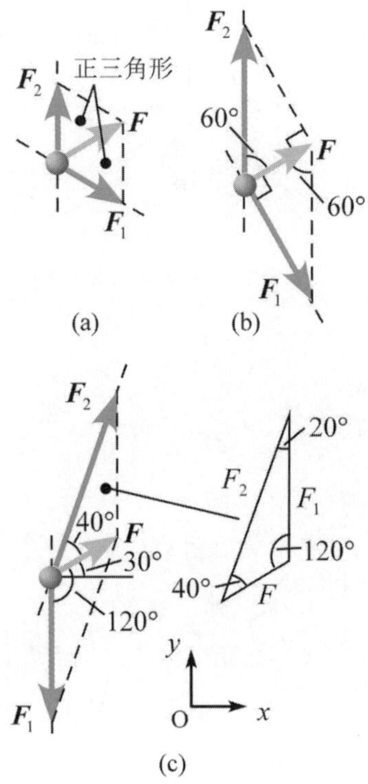

図 2.11　力の分解（解 2・3）

形であることに注目すると，$F_1 = F\tan 60°$，$F = F_2\cos 60°$ という関係が成り立つことがわかる．したがって，

$$F_1 = F\tan 60° = 100\tan 60° = 173\text{N} \tag{2.16}$$

$$F_2 = \frac{F}{\cos 60°} = \frac{100}{\cos 60°} = 200\text{N} \tag{2.17}$$

(c) 図 2.11(c)に示すように座標系 $\mathrm{O}-xy$ を設定し，成分表示を用いて解くことにする．$\boldsymbol{F}$，$\boldsymbol{F}_1$，$\boldsymbol{F}_2$ を成分表示すると次のようになる．

$$\boldsymbol{F} = (100\cos 30°\,, 100\sin 30°)\text{N} \tag{2.18}$$

$$\boldsymbol{F}_1 = (0\,, -F_1)\text{N} \tag{2.19}$$

$$\boldsymbol{F}_2 = (F_2\cos 70°\,, F_2\sin 70°)\text{N} \tag{2.20}$$

$\boldsymbol{F}_1$ と $\boldsymbol{F}_2$ を合成すると $\boldsymbol{F}$ になるのであるから，$\boldsymbol{F}_1 + \boldsymbol{F}_2 = \boldsymbol{F}$ を満足しなくてはならない．$\boldsymbol{F}_1 + \boldsymbol{F}_2 = (0 + F_2\cos 70°\,, -F_1 + F_2\sin 70°)\text{N}$ であるので，次式を満足する必要がある．

$$F_2\cos 70° = 100\cos 30° \tag{2.21}$$

$$-F_1 + F_2\sin 70° = 100\sin 30° \tag{2.22}$$

これは F_1 と F_2 を未知数とする連立方程式であり，これを解くことにより次式のように F_1 と F_2 が求まる．

$$F_2 = \frac{100\cos 30°}{\cos 70°} = 253.2 = 253\text{N} \tag{2.23}$$

$$\begin{aligned} F_1 &= F_2\sin 70° - 100\sin 30° = 253.2\sin 70° - 100\sin 30° \\ &= 187.9 = 188\text{N} \end{aligned} \tag{2.24}$$

もちろん，(a)，(b)についても，成分表示を用いて解くこともできる．

また，別解として，図 2.11(c)に示す三角形に注目して幾何学的に解いてみる．この三角形に正弦定理を適用すると，

$$\frac{F_1}{\sin 40°} = \frac{F_2}{\sin 120°} = \frac{F}{\sin 20°} \tag{2.25}$$

という関係式が得られる．この式から F_1，F_2 は次式のように計算できる．

$$F_1 = \frac{F\sin 40°}{\sin 20°} = \frac{100\sin 40°}{\sin 20°} = 188\text{N} \tag{2.26}$$

$$F_2 = \frac{F\sin 120°}{\sin 20°} = \frac{100\sin 120°}{\sin 20°} = 253\text{N} \tag{2.27}$$

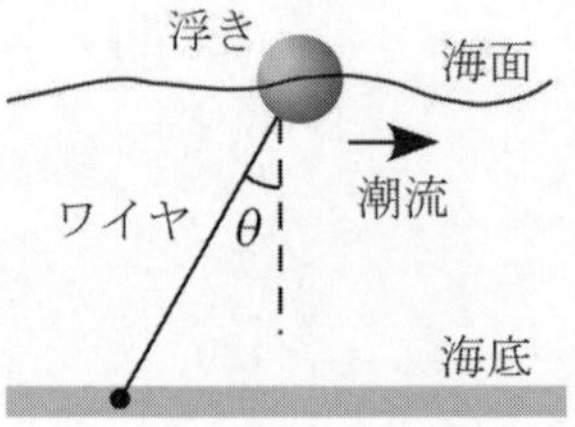

図 2.12　浮き（例 2・4）

【例 2・4】　＊＊＊＊＊＊＊＊＊＊＊＊＊＊＊＊＊＊＊＊＊＊＊＊＊

図 2.12 のように，ワイヤによって海底につながれた浮きが，潮流のある海面上に静止している．このときワイヤにたるみはなく，その張力の大きさは 250N，鉛直方向となす角度 θ は 30° であったとする．このとき，以下の問いに答えよ．ただし，ワイヤに働く重力やワイヤが潮流により受ける力は張力に比べて十分に小さいとする．また，角度 θ によらず，浮きは潮流により水平方向に一定の力を受けるものとする．

(1) ワイヤの張力によって浮きが水平方向に受ける力の大きさはいくらか．

(2) ワイヤの張力を 500N 以下に保つ場合，ワイヤの長さを調整することで角度 θ をどこまで小さくすることができるか．

【解 2・4】

(1)浮きがワイヤから受けている力の水平方向成分を求めればよい（図 2.13）.

$$250 \sin 30° = 125\text{N} \tag{2.28}$$

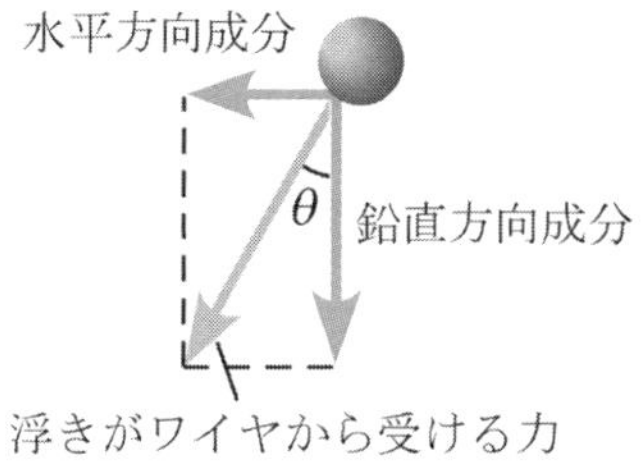

図 2.13　浮き（解 2・4）

(2)浮きが潮流から受ける力は変わらないため，張力の大きさを T とすると $T\sin\theta = 125\text{N}$ という関係が成り立つ．$\theta < 0 < 90°$ の範囲においては，角度 θ が小さいほど $\sin\theta$ の値も小さく，角度 θ が小さいほど張力は大きくなる．したがって，ちょうど $T = 500\text{N}$ となるときの θ を求めればよい．

$$\theta = \sin^{-1}\frac{125}{500} = 14.5° \tag{2.29}$$

【例 2・5】　＊＊＊＊＊＊＊＊＊＊＊＊＊＊＊＊＊＊＊＊＊＊＊＊＊

図 2.14 のように，レッカー車が故障車を牽引している．牽引ワイヤの張力が 4500N のとき，この張力が部材 AC および BC の長さ方向に与える力はいくらか．ただし，各部材には力は長さ方向にのみ作用するものとする．

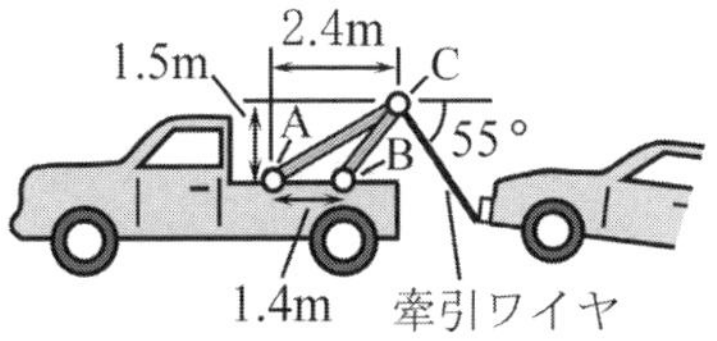

図 2.14　レッカー車（例 2・5）

【解 2・5】

点 C に作用する力 $\boldsymbol{F}_C$ を各部材の長さ方向に分解すればよい．図 2.15 のように点 A に原点を持つ座標系を設定して考えることにする．この座標系で表した各点の座標は A(0 , 0)，B(1.4 , 0)，C(2.4 , 1.5)m．また，点 C に作用する力 $\boldsymbol{F}_C$ の成分表示は

$$\boldsymbol{F}_C = (4500\cos 55°, -4500\sin 55°) = (2581, -3686)\text{N} \tag{2.30}$$

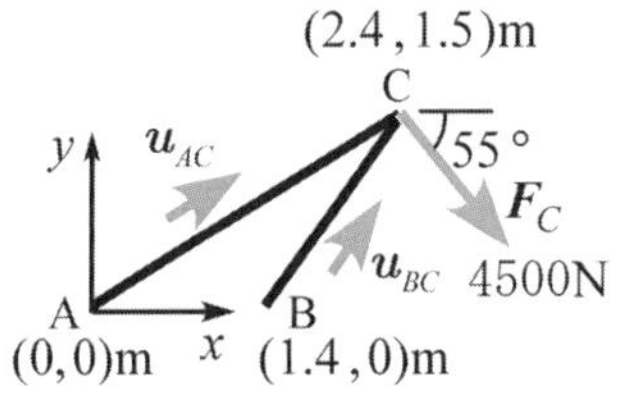

図 2.15　レッカー車（解 2・5）

となる．点 A から C の方を向く単位ベクトルを $\boldsymbol{u}_{AC}$，点 B から C の方を向く単位ベクトルを $\boldsymbol{u}_{BC}$ とすると，

$$\begin{aligned}\boldsymbol{u}_{AC} &= (2.4, 1.5)/\sqrt{2.4^2 + 1.5^2} = (0.8480, 0.5300)\\ \boldsymbol{u}_{BC} &= (2.4-1.4, 1.5)/\sqrt{(2.4-1.4)^2 + 1.5^2} = (0.5547, 0.8321)\end{aligned} \tag{2.31}$$

となる．これらを用いて各部材に作用する力を $F_{AC}\boldsymbol{u}_{AC}$，$F_{BC}\boldsymbol{u}_{BC}$ と表すとき，$F_{AC}\boldsymbol{u}_{AC} + F_{BC}\boldsymbol{u}_{BC} = \boldsymbol{F}_C$ を満足する．したがって，式(2.8)より，

$$d = u_{ACx}u_{BCy} - u_{BCx}u_{ACy} = 0.4116 \tag{2.32}$$

$$F_{AC} = (u_{BCy}F_{Cx} - u_{BCx}F_{Cy})/d = 1.02\times10^4\text{N} \tag{2.33}$$

$$F_{BC} = (-u_{ACy}F_{Cx} + u_{ACx}F_{Cy})/d = -1.09\times10^4\text{N} \tag{2.34}$$

すなわち，部材 AC には，F_{AC} の符号が正であることから，$\boldsymbol{u}_{AC}$ と同方向（引張方向）に大きさ $1.02\times10^4\text{N}$ の力が作用し，部材 BC には，F_{BC} の符号が負であることから，$\boldsymbol{u}_{BC}$ と逆方向（圧縮方向）に大きさ $1.09\times10^4\text{N}$ の力が作用する．

2・2　モーメント(moment)

・モーメントの計算

モーメント(moment)は物体を回転させる作用である．図 2.16 において，力 $\boldsymbol{F}$

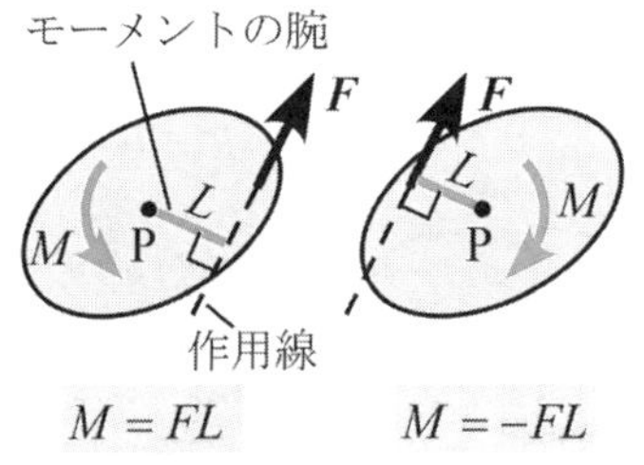

図 2.16　モーメント

（大きさ F ）が点 P に与えるモーメントは，次式によって表される．

$$M = \begin{cases} FL & \text{（反時計まわりのとき）} \\ -FL & \text{（時計まわりのとき）} \end{cases} \tag{2.35}$$

ここで， L は点 P から力 $\boldsymbol{F}$ の作用線に垂直に引いた線分，モーメントの腕 (moment arm), の長さである（作用線が点 P を通過する場合は $M=0$ となる）．また，図 2.17 において，点 Q に作用する成分表示された力 $\boldsymbol{F}$ が点 P に与えるモーメントは，次式によって計算できる．

$$M = F_y r_x - F_x r_y = F_y(x_Q - x_P) - F_x(y_Q - y_P) \tag{2.36}$$

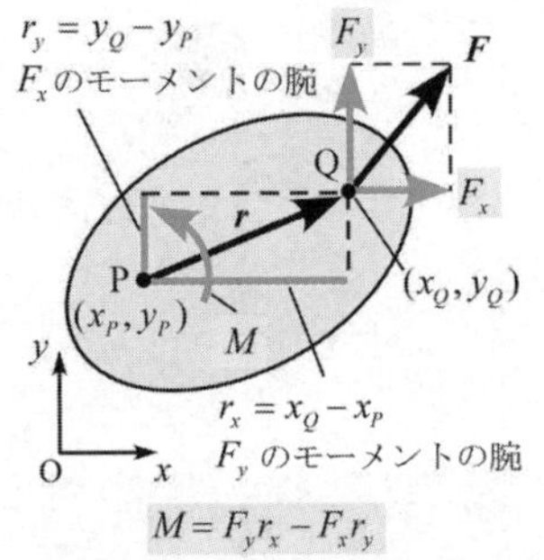

図 2.17　モーメントの計算

図 2.16 からわかるように，力をその作用線上で移動しても，与えるモーメントは変化しない．なお，工学ではモータ軸や車軸など軸のまわりのモーメントのことを特にトルク(torque)と呼ぶことが多い．

・偶力と純粋モーメント

大きさが同じで互いに逆向きの一組の力のことを偶力(couple)と呼ぶ．図 2.18 のように，偶力は物体に力を与えることなくモーメントだけを与え，そのモーメントは，どの点でも同じである．また，物体に直接的に与えられるモーメントのことを純粋モーメント(pure moment)と呼ぶ．純粋モーメントは，偶力と等価であり，どの点に対しても同じモーメントを与える（図 2.19）．

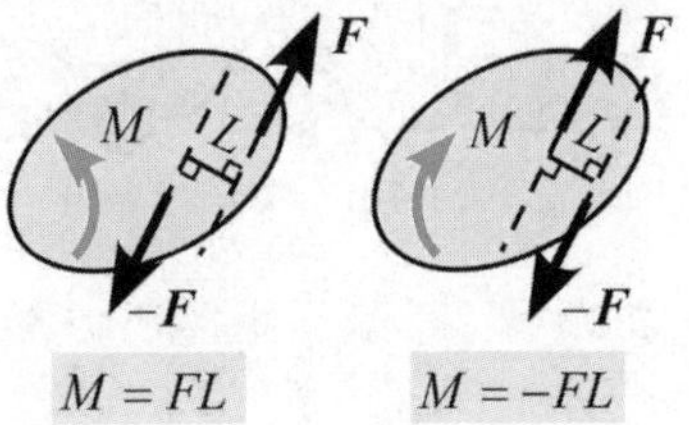

図 2.18　偶力によるモーメント

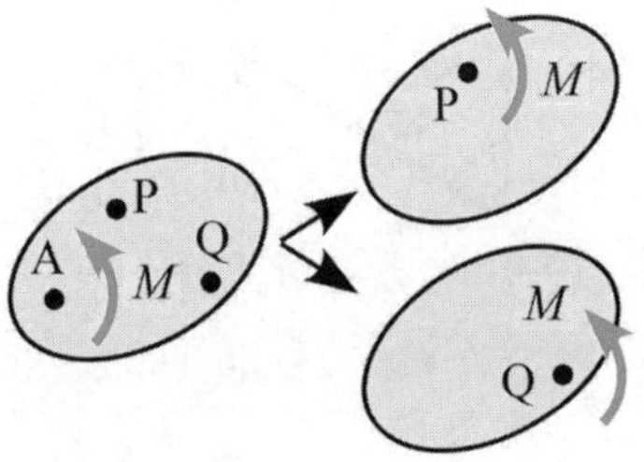

図 2.19　純粋モーメントの作用

・物体に働く力とモーメントの合成

図 2.20 において，点 A に作用する力 $\boldsymbol{F}$ は，この力 $\boldsymbol{F}$ が点 P のまわりに与えるモーメント M と点 P に作用する力 $\boldsymbol{F}$ によって置き換え可能である．

図 2.21 のように，物体上の点 A と B に，力 $\boldsymbol{F}_A$ と $\boldsymbol{F}_B$ が作用するとき，これらの力が点 P に与える力 $\boldsymbol{F}$ とモーメント M は次式によって計算できる．

$$\boldsymbol{F} = \boldsymbol{F}_A + \boldsymbol{F}_B = (F_{Ax} + F_{Bx}, F_{Ay} + F_{By}) \tag{2.37}$$

$$M = M_A + M_B = (F_{Ay} r_{Ax} - F_{Ax} r_{Ay}) + (F_{By} r_{Bx} - F_{Bx} r_{By}) \tag{2.38}$$

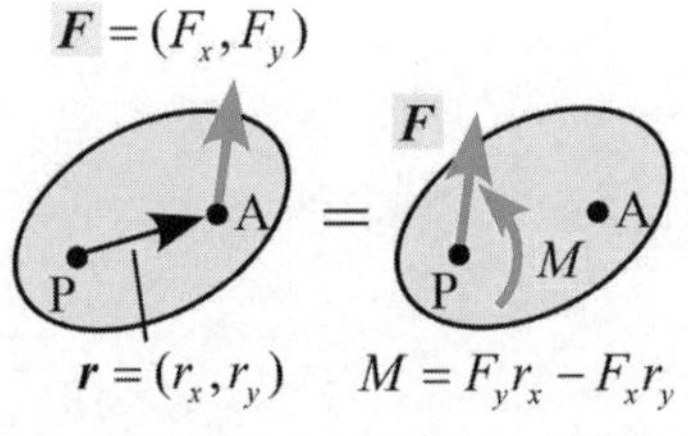

図 2.20　力が物体に与える作用

つまり， $\boldsymbol{F}$ は $\boldsymbol{F}_A$ と $\boldsymbol{F}_B$ の合力であり， M は $\boldsymbol{F}_A$ と $\boldsymbol{F}_B$ が，それぞれ，点 P のまわりに与えるモーメント M_A と M_B の和である．より一般的に，図 2.22 のように物体上の n 個の点に力 $\boldsymbol{F}_1,\cdots,\boldsymbol{F}_n$ が作用し，m 個の点に純粋モーメント $M_1,\ldots,M_m$ が作用する場合，こららが点 P に与える力 $\boldsymbol{F}$ とモーメント M は次式によって表される．

$$\boldsymbol{F} = \sum_{i=1}^{n} \boldsymbol{F}_i = \left(\sum_{i=1}^{n} F_{ix}, \sum_{i=1}^{n} F_{iy} \right) \tag{2.39}$$

$$M = \sum_{i=1}^{n} \left(F_{iy} r_{ix} - F_{ix} r_{iy} \right) + \sum_{j=1}^{m} M_j \tag{2.40}$$

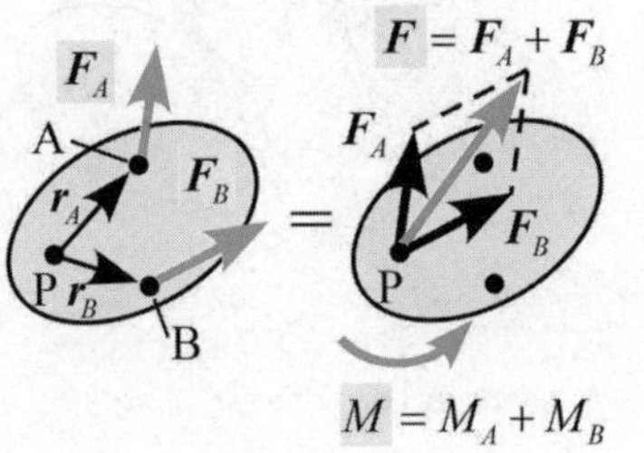

図 2.21　2つの力が物体に与える作用

【例2・6】　＊＊＊＊＊＊＊＊＊＊＊＊＊＊＊＊＊＊＊＊＊＊＊＊＊＊

図 2.23 のように，一辺 2m の正三角形の物体に 2 つの力 $\boldsymbol{F}_1$ と $\boldsymbol{F}_2$ が作用している．これらの力が，点 A，B，C のまわりに与えるモーメント M_A，M_B，M_C を求めよ．

【解 2・6】

力 $\boldsymbol{F}_1$ が点Aまわりに与えるモーメント M_{1A} は反時計まわりに大きさ $100\mathrm{N}\times 2\mathrm{m}=200\mathrm{N\cdot m}$（$M_{1A}=200\mathrm{N\cdot m}$）である．力 $\boldsymbol{F}_2$ が点Aまわりに与えるモーメント M_{2A} は，点Aから力 $\boldsymbol{F}_2$ の作用線に下ろした垂線の長さがモーメントの腕の長さとなるので，時計まわりに大きさ $80\mathrm{N}\times\sqrt{3}\mathrm{m}=138.6\mathrm{N\cdot m}$（$M_{2A}=-138.6\mathrm{N\cdot m}$）である．両方の力によるモーメント M_A は，これらを，符号を含めてたし合わせたものであるので，

$$M_A=M_{1A}+M_{2A}=200-138.6=61.4\mathrm{N\cdot m} \tag{2.41}$$

となる．つまり，反時計まわり（M_A の符号が正であるので）の大きさ $61.4\mathrm{N\cdot m}$ のモーメントである．

点Bまわりのモーメント M_B も同様に考えて，

$$M_{1B}=100\mathrm{N}\times 0.5\mathrm{m}=50\mathrm{N\cdot m} \tag{2.42}$$

$$M_{2B}=-80\mathrm{N}\times\sqrt{3}\mathrm{m}=-138.6\mathrm{N\cdot m} \tag{2.43}$$

$$M_B=M_{1B}+M_{2B}=50-138.6=-88.6\mathrm{N\cdot m} \tag{2.44}$$

時計まわり（M_B の符号が負であるので）の大きさ $88.6\mathrm{N\cdot m}$ のモーメントである．点Cまわりのモーメント M_C も同様に考えて，

$$M_{1C}=100\mathrm{N}\times 1.5\mathrm{m}=150\mathrm{N\cdot m} \tag{2.45}$$

$$M_{2C}=-80\mathrm{N}\times\sqrt{3}/2\mathrm{m}=-69.28\mathrm{N\cdot m} \tag{2.46}$$

$$M_C=M_{1C}+M_{2C}=150-69.28=80.7\mathrm{N\cdot m} \tag{2.47}$$

反時計まわりの大きさ $80.7\mathrm{N\cdot m}$ のモーメントである．

$M_A\neq M_B\neq M_C$ であることからわかるように，一般に，作用する力が同じでも，注目する点によってモーメントは異なる．したがって，モーメントを計算する際には，どの点に注目しているのか意識しなくてはならない．

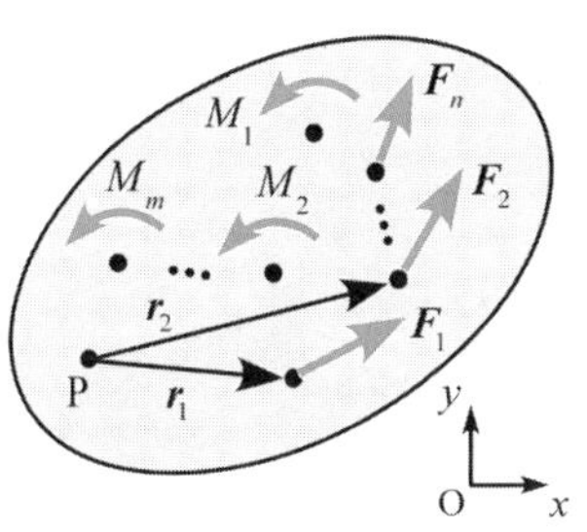

図 2.22　複数の力と純粋モーメントが物体に与える作用

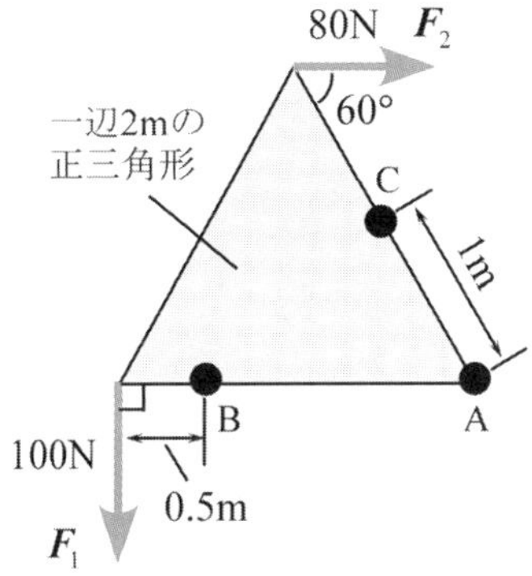

図 2.23　モーメントの計算（例 2・6）

【例 2・7】　＊＊＊＊＊＊＊＊＊＊＊＊＊＊＊＊＊＊＊＊＊＊＊＊

図 2.24 のような作業車がある．アーム角度 θ は $15°$ から $75°$ まで，アーム長さ a は 12m から 20m まで可動し，また，バケット部は水平に維持されるようになっている．このとき，以下の問いに答えよ．

(1)バケット部に鉛直下向きに作用する力を $\boldsymbol{F}$（大きさ F），アーム先端から力 $\boldsymbol{F}$ の作用線までの距離を b とするとき，力 $\boldsymbol{F}$ が点Pのまわりに与えるモーメントの大きさ M を F,a,b,θ を使って表せ．

(2) $F=1500\mathrm{N}$，$b=2\mathrm{m}$ のとき，力 $\boldsymbol{F}$ が点Pのまわりに与えるモーメントの大きさの最大値はいくらか．

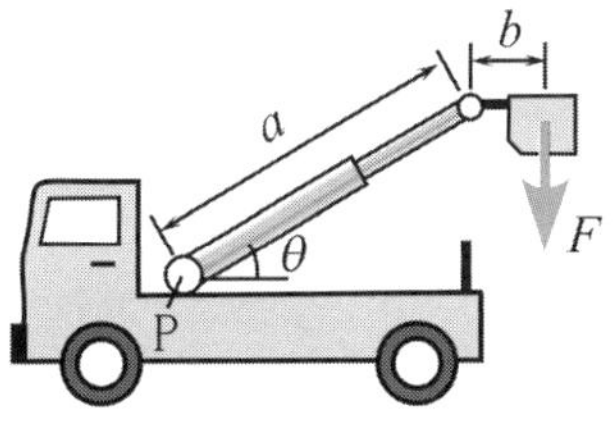

図 2.24　作業車（例 2・7）

【解 2・7】

(1) 図 2.25 に示すように，力 $\boldsymbol{F}$ が点Pに与えるモーメントを考える際のモーメントの腕の長さは $a\cos\theta+b$ である．したがって，モーメントの大きさ M は，次式によって表される．

$$M=F(a\cos\theta+b) \tag{2.48}$$

(2) F，b は一定であるので，M が最大となるのは $a\cos\theta$ が最大となるときである．アーム角度の可動範囲内では $\cos\theta$ は単調減少（θ が大きくなる

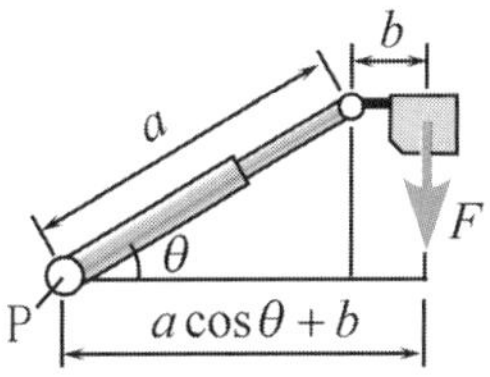

図 2.25　作業車（解 2・7）

ほど $\cos\theta$ の値は小さくなる）であることを考慮すると，$a = 20\mathrm{m}$，$\theta = 15°$ の時に $a\cos\theta$ は最大となり M も最大となる．つまり，M の最大値は次式のように計算できる．

$$M = 1500\times(20\cos 15° + 2) = 3.20\times10^4\,\mathrm{N\cdot m} \tag{2.49}$$

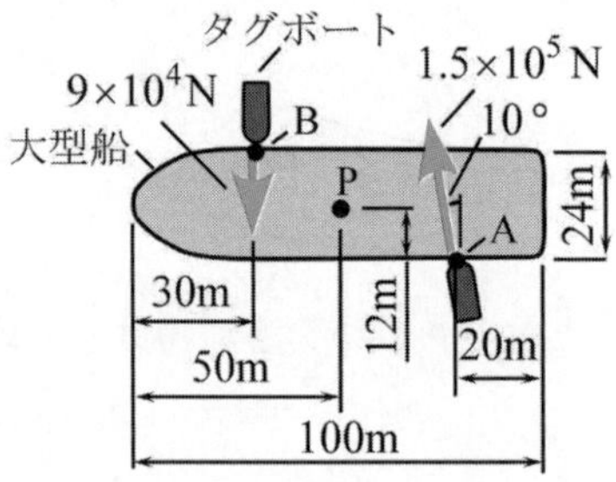

図 2.26　タグボート（例 2・8）

【例 2・8】　＊＊＊＊＊＊＊＊＊＊＊＊＊＊＊＊＊＊＊＊＊＊＊＊＊

図 2.26 のように，2 隻のタグボートが大型船を押している（図は上から見た様子を表している）．このとき，以下の問いに答えよ．

(1) 2 隻のタグボートが大型船上の点 P に与える力とモーメントはいくらか．

(2) 図 2.26 状態に 1 隻のタグボートを追加することで，点 P に生じているモーメントを変化させることなく並進力は生じないようにしたい．追加するタグボートはどのように大型船を押せばよいか．

【解 2・8】

(1) 各タグボートが点 P に与える力とモーメントを合成すればよい．

図 2.27(a)のように点 P に原点を持つ座標系を設定して考えることにする．この座標系で表した点 A の座標は (30,−12)m，点 B の座標は (−20,12)m となる．点 A，B を押す力を $\boldsymbol{F}_A$，$\boldsymbol{F}_B$ とすると，これらの成分表示は次式のようになる．

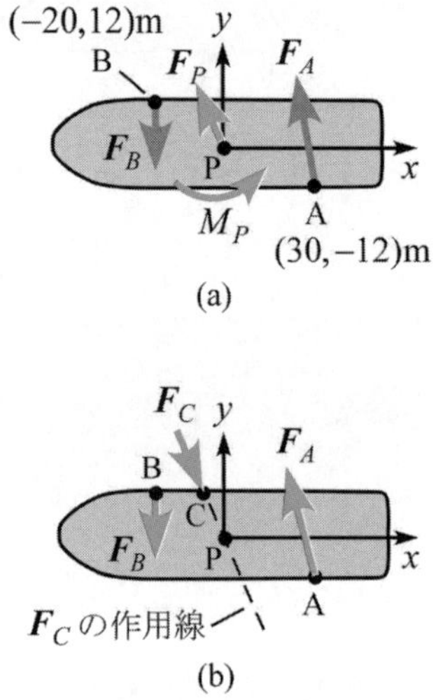

図 2.27　タグボート（解 2・8）

$$\begin{aligned}\boldsymbol{F}_A &= (-1.5\times10^5\sin 10°,\, 1.5\times10^5\cos 10°)\\ &= (-2.605\times10^4,\, 1.477\times10^5)\mathrm{N}\end{aligned} \tag{2.50}$$

$$\boldsymbol{F}_B = (0, -9\times10^4)\mathrm{N} \tag{2.51}$$

2 隻のタグボートが点 P に与える力 $\boldsymbol{F}_P$ は，

$$\boldsymbol{F}_P = \boldsymbol{F}_A + \boldsymbol{F}_B = (-2.61\times10^4,\, 5.77\times10^4)\mathrm{N} \tag{2.52}$$

$\boldsymbol{F}_A$，$\boldsymbol{F}_B$ それぞれが点 P のまわりに与えるモーメントを M_A，M_B とすると，式(2.36)より，

$$\begin{aligned}M_A &= (1.477\times10^5)\times30 - (-2.605\times10^4)\times(-12)\\ &= 4.118\times10^6\,\mathrm{N\cdot m}\end{aligned} \tag{2.53}$$

$$M_B = (-9\times10^4)\times(-20) - 0\times12 = 1.800\times10^6\,\mathrm{N\cdot m} \tag{2.54}$$

タグボートが点 P に与えるモーメント M_P は，

$$M_P = M_A + M_B = 4.118\times10^6 + 1.800\times10^6 = 5.918\times10^6\,\mathrm{N\cdot m} \tag{2.55}$$

つまり，大きさ $5.92\times10^6\,\mathrm{N\cdot m}$，反時計まわり（$M_P$ の符号が正であるので）のモーメントである．

(2) 追加するタグボートが大型船を押す力を $\boldsymbol{F}_C$ とする．大型船に与える並進力をゼロとするためには，$\boldsymbol{F}_A + \boldsymbol{F}_B + \boldsymbol{F}_C = \boldsymbol{0}$ を満たすようにしなくてはならない．したがって，

$$\boldsymbol{F}_C = -\boldsymbol{F}_A - \boldsymbol{F}_B = -\boldsymbol{F}_P = (2.61\times10^4, -5.77\times10^4)\mathrm{N} \tag{2.56}$$

$\boldsymbol{F}_C$ が点 P に与えるモーメントは作用点によって異なる．M_P を変化させないためには，$\boldsymbol{F}_C$ が点 P に与えるモーメントをゼロとしなくてはならない．そのためには，図 2.27(b)に示すように，$\boldsymbol{F}_C$ の作用線が点 P を通過するよう点 C を作用点とすればよい．点 C の座標は (−5.43 , 12.0)m となる．

【例 2・9】　＊＊＊＊＊＊＊＊＊＊＊＊＊＊＊＊＊＊＊＊＊＊＊＊＊

図 2.28 のようなロボットアームがある．手先部の点 H に図に示すような力とモーメントが同時に作用するとき，これらが関節部の点 J_1 および J_2 に与えるモーメントはいくらか．関節角度 (θ_1,θ_2) が，$(0,90)°$，$(90,90)°$，それぞれの場合について計算せよ．

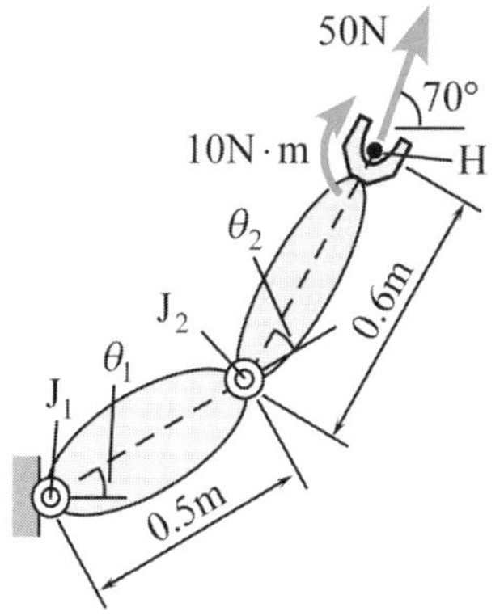

図 2.28　ロボットアーム（例 2・9）

【解 2・9】

図 2.29 に示すように点 J_1 に原点を持つ座標系を設定して考える．点 H に作用する力を $\boldsymbol{F}$，モーメントを M とすると，

$$\boldsymbol{F} = (50\cos 70°, 50\sin 70°) = (17.10, 46.98)\mathrm{N} \tag{2.57}$$

$$M = -10\mathrm{N\cdot m} \tag{2.58}$$

・$(\theta_1,\theta_2) = (0,90)°$ の場合（図 2.29(a)）

点 J_1 から H にいたるベクトルを $\boldsymbol{r}_1$，点 J_2 から H にいたるベクトルを $\boldsymbol{r}_2$ とすれば，

$$\boldsymbol{r}_1 = (0.5, 0.6)\mathrm{m} \tag{2.59}$$

$$\boldsymbol{r}_2 = (0.5-0.5, 0.6-0) = (0, 0.6)\mathrm{m} \tag{2.60}$$

点 J_1 に与えられるモーメント M_1 は，点 H に作用する力 $\boldsymbol{F}$ が点 J_1 に与えるモーメントと，モーメント M が点 J_1 に与えるモーメント（ M そのもの）の和として表される．式(2.40)より，

$$\begin{aligned} M_1 &= (F_y r_{1x} - F_x r_{1y}) + M \\ &= 46.98\times 0.5 - 17.10\times 0.6 - 10 = 3.23\mathrm{N\cdot m} \end{aligned} \tag{2.61}$$

つまり，点 J_1 に与えられるモーメントは，大きさ 3.23N・m，反時計まわりのモーメントである．

点 J_2 に与えられるモーメント M_2 についても同様に考えて，

$$\begin{aligned} M_2 &= (F_y r_{2x} - F_x r_{2y}) + M \\ &= 46.98\times 0 - 17.10\times 0.6 - 10 = -20.26\mathrm{N\cdot m} \end{aligned} \tag{2.62}$$

点 J_2 に与えられるモーメントは，大きさ 20.3N・m，時計まわりのモーメントである．

・$(\theta_1,\theta_2) = (90,90)°$ の場合（図 2.29(b)）

$\boldsymbol{r}_1 = (-0.6, 0.5)\mathrm{m}$，$\boldsymbol{r}_2 = (-0.6, 0)\mathrm{m}$ として，同様の計算を行えばよい．

$$\begin{aligned} M_1 &= (F_y r_{1x} - F_x r_{1y}) + M \\ &= 46.98\times(-0.6) - 17.10\times 0.5 - 10 = -46.74\mathrm{N\cdot m} \end{aligned} \tag{2.63}$$

$$\begin{aligned} M_2 &= (F_y r_{2x} - F_x r_{2y}) + M \\ &= 46.98\times(-0.6) - 17.10\times 0 - 10 = -38.19\mathrm{N\cdot m} \end{aligned} \tag{2.64}$$

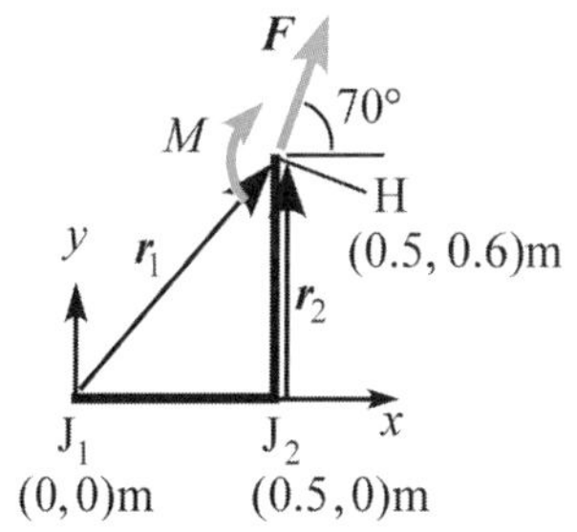

(a) $\theta_1 = 0°$, $\theta_2 = 90°$

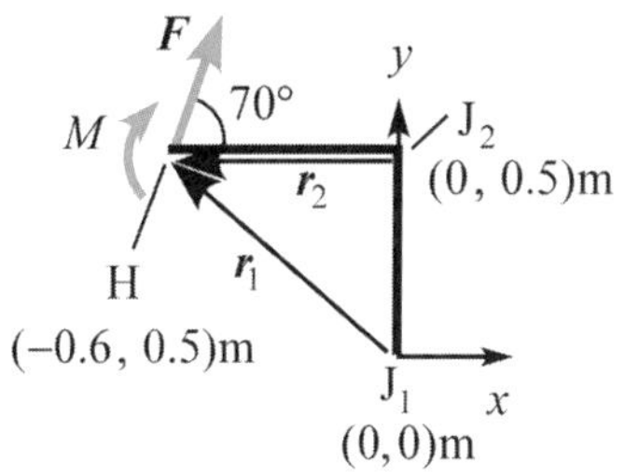

(b) $\theta_1 = 90°$, $\theta_2 = 90°$

図 2.29　ロボットアーム（解 2・9）

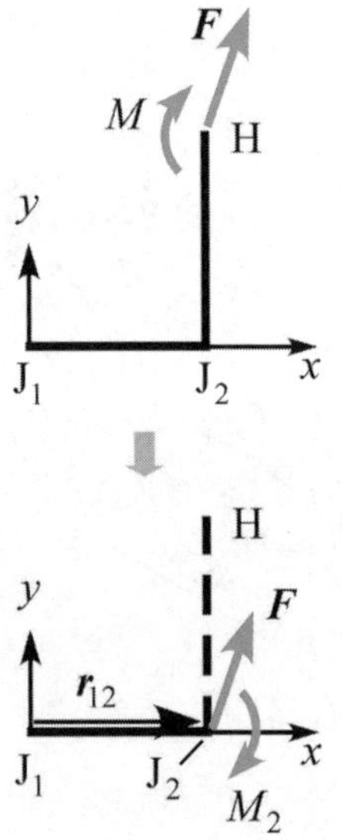

図 2.30　ロボットアーム（解 2・9）

つまり，点 J_1 に与えられるモーメントは，大きさ $46.7\mathrm{N\cdot m}$ の時計まわりのモーメント，点 J_2 に与えられるモーメントは，大きさ $38.2\mathrm{N\cdot m}$ の時計まわりのモーメントである．

・参考

点 J_1，J_2 には，モーメント M_1，M_2 だけではなく，点 H に作用する力 $\boldsymbol{F}$ と同じ力も与えられている（図 2.20）．また，点 H に作用する力 $\boldsymbol{F}$ とモーメント M は，点 J_1 に作用する力 $\boldsymbol{F}$ とモーメント M_1，あるいは，点 J_2 に作用する力 $\boldsymbol{F}$ とモーメント M_2 に置き換えることが可能である．

$(\theta_1,\theta_2)=(0,90)°$ の場合について，点 J_2 に作用する力 $\boldsymbol{F}$ とモーメント M_2 が, 点 J_1 に与えるモーメントを計算してみる (図 2.30). 点 J_2 に作用する力 $\boldsymbol{F}$ が点 J_1 に与えるモーメントは，点 J_1 から J_2 にいたるベクトルを $\boldsymbol{r}_{12}$ とすると

$$F_y r_{12x} - F_x r_{12y} = 46.98\times 0.5 - 17.10\times 0 = 23.49\mathrm{N\cdot m} \tag{2.65}$$

となり，これと点 J_2 に作用するモーメント M_2 が点 J_1 に与えるモーメント（M_2 そのもの）の和をとると $23.49-20.26=3.23\mathrm{N\cdot m}$ となる．これは，先に求めた M_1 と等しい．

2・3　3 次元の力とモーメント (3 dimensional force and moment)

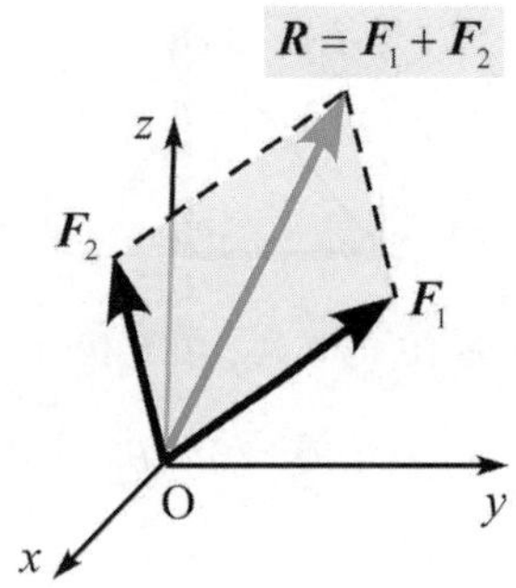

図 2.31　3 次元の力の合成

・3 次元のベクトルの表し方

3 次元のベクトル $\boldsymbol{V}$ は 3 つの成分を持ち，以下のように表される．

$$\text{成分表示：} \boldsymbol{V}=(V_x,V_y,V_z) \tag{2.66}$$

$$\text{単位ベクトルによる表現：} \boldsymbol{V}=V_x\boldsymbol{i}+V_y\boldsymbol{j}+V_z\boldsymbol{k} \tag{2.67}$$

$\boldsymbol{i}$，$\boldsymbol{j}$，$\boldsymbol{k}$ は，それぞれ，x，y，z 軸に沿った単位ベクトルである．また，ベクトル $\boldsymbol{V}$ の大きさ V を，成分 V_x，V_y，V_z によって表すと，

$$V=\sqrt{{V_x}^2+{V_y}^2+{V_z}^2} \tag{2.68}$$

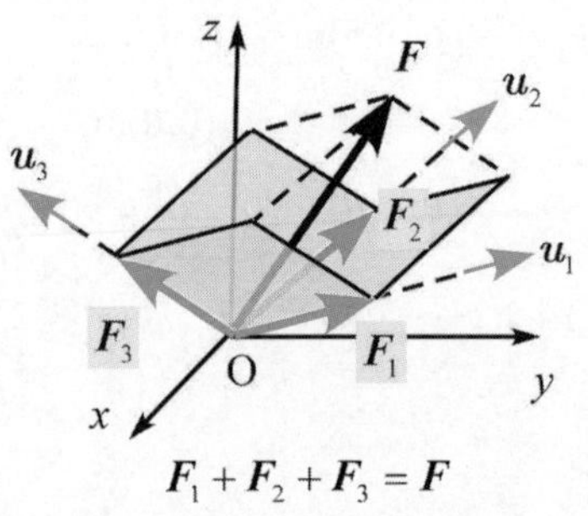

図 2.32　3 次元の力の分解

・3 次元の力

2 つの力 $\boldsymbol{F}_1,\boldsymbol{F}_2$ の合力 $\boldsymbol{R}$ は次式で表される（図 2.31）．

$$\begin{aligned}\boldsymbol{R}&=\boldsymbol{F}_1+\boldsymbol{F}_2=(F_{1x}+F_{2x},F_{1y}+F_{2y},F_{1z}+F_{2z})\\&=(F_{1x}+F_{2x})\boldsymbol{i}+(F_{1y}+F_{2y})\boldsymbol{j}+(F_{1z}+F_{2z})\boldsymbol{k}\end{aligned} \tag{2.69}$$

より一般的に，n 個の力 $\boldsymbol{F}_1,\boldsymbol{F}_2,\ldots,\boldsymbol{F}_n$ の合力 $\boldsymbol{R}$ は，

$$\begin{aligned}\boldsymbol{R}&=\sum_{i=1}^{n}\boldsymbol{F}_i=\left(\sum_{i=1}^{n}F_{ix},\sum_{i=1}^{n}F_{iy},\sum_{i=1}^{n}F_{iz}\right)\\&=\left(\sum_{i=1}^{n}F_{ix}\right)\boldsymbol{i}+\left(\sum_{i=1}^{n}F_{iy}\right)\boldsymbol{j}+\left(\sum_{i=1}^{n}F_{iz}\right)\boldsymbol{k}\end{aligned} \tag{2.70}$$

力 $\boldsymbol{F}$ を，与えられた 3 つの方向に分解する場合（図 2.32），分解する方向に沿った単位ベクトルを $\boldsymbol{u}_1$，$\boldsymbol{u}_2$，$\boldsymbol{u}_3$，それぞれの方向への力の成分を F_1,F_2,F_3 とし，F_1,F_2,F_3 を未知数とする連立一次方程式

$$u_{1x}F_1 + u_{2x}F_2 + u_{3x}F_3 = F_x$$
$$u_{1y}F_1 + u_{2y}F_2 + u_{3y}F_3 = F_y \tag{2.71}$$
$$u_{1z}F_1 + u_{2z}F_2 + u_{3z}F_3 = F_z$$

を解けばよい．各分力は $\boldsymbol{F}_1 = F_1\boldsymbol{u}_1$，$\boldsymbol{F}_2 = F_2\boldsymbol{u}_2$，$\boldsymbol{F}_3 = F_3\boldsymbol{u}_3$ と表される．特別な場合を除き，空間内の力は，与えられた作用線を持つ3つの力には一意に分解することができるが，4つ以上の力には一意には分解できない．

・3次元のモーメント

モーメントは，平面問題ではスカラー量として表されるが，空間問題では3つの成分を持つベクトル量として表される．図2.33のように，ドライバーが右ねじの軸まわりに与えるモーメントを表すモーメントベクトル $\boldsymbol{M}$ を考えたとき，$\boldsymbol{M}$ の大きさは「モーメントの大きさ」に，向きは「右ねじの進む向き」に対応する（「右ねじの規則」）．

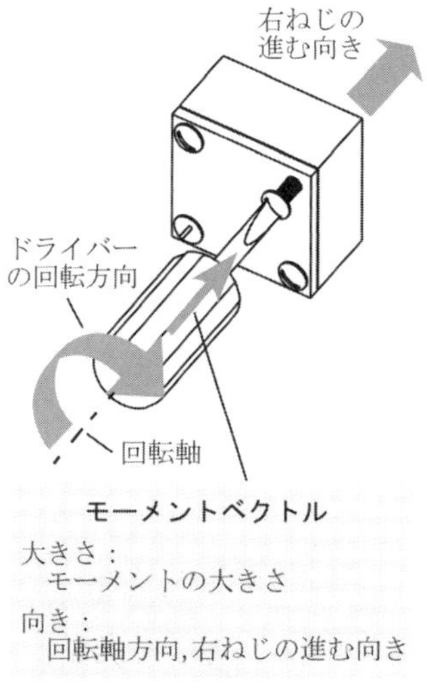

図2.33　3次元のモーメント

モーメントベクトルの成分表示 $\mathbf{M} = (M_x, M_y, M_z)$ における各成分は，図2.34に示すように，設定した座標軸に平行な軸のまわりのモーメントに対応する．また，モーメントの大きさ M は次式で表される．

$$M = \sqrt{{M_x}^2 + {M_y}^2 + {M_z}^2} \tag{2.72}$$

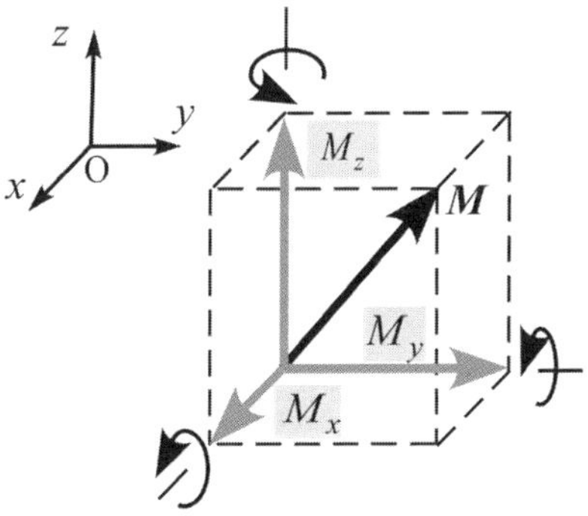

図2.34　モーメントベクトルの成分

図2.35において，物体上の点に作用する力 $\boldsymbol{F}$ が点Pに与えるモーメントベクトル $\boldsymbol{M}$ は，点Pから力 $\boldsymbol{F}$ の作用点にいたるベクトル $\boldsymbol{r}$ と $\boldsymbol{F}$ の外積(outer product) $\boldsymbol{r}\times\boldsymbol{F}$ よって表される．

$$\boldsymbol{M} = \boldsymbol{r}\times\boldsymbol{F} = \begin{vmatrix} \boldsymbol{i} & \boldsymbol{j} & \boldsymbol{k} \\ r_x & r_y & r_z \\ F_x & F_y & F_z \end{vmatrix}$$
$$= (F_z r_y - F_y r_z)\boldsymbol{i} + (F_x r_z - F_z r_x)\boldsymbol{j} + (F_y r_x - F_x r_y)\boldsymbol{k} \tag{2.73}$$
$$= (F_z r_y - F_y r_z\ , F_x r_z - F_z r_x\ , F_y r_x - F_x r_y)$$

このとき，図2.35に示すように，モーメントベクトル $\boldsymbol{M}$ の大きさ M は，モーメントの腕の長さを L とすると FL であり，これは，$\boldsymbol{r}$ と $\boldsymbol{F}$ を辺とする平行四辺形の面積に等しい．また，$\boldsymbol{M}$ は $\boldsymbol{r}$ と $\boldsymbol{F}$ を含む平面に垂直であり，$\boldsymbol{F}$ によって与えられる回転方向を考えることにより，右ねじの規則から向きが決まる．

図2.36のように3次元物体上の n 個の点に力 $\boldsymbol{F}_1,\cdots,\boldsymbol{F}_n$ が作用し，m 個の点に純粋モーメント $\boldsymbol{M}_1,\ldots,\boldsymbol{M}_m$ が作用する場合，これらが，点Pに与える力 $\boldsymbol{F}$ とモーメント $\boldsymbol{M}$ は，点Pから力 $\boldsymbol{F}_i$ の作用点にいたるベクトルを $\boldsymbol{r}_i$ として，次式によって表される．

$$\boldsymbol{F} = \sum_{i=1}^{n} \boldsymbol{F}_i \tag{2.74}$$

$$\boldsymbol{M} = \sum_{i=1}^{n} \boldsymbol{r}_i \times \boldsymbol{F}_i + \sum_{j=1}^{m} \boldsymbol{M}_j \tag{2.75}$$

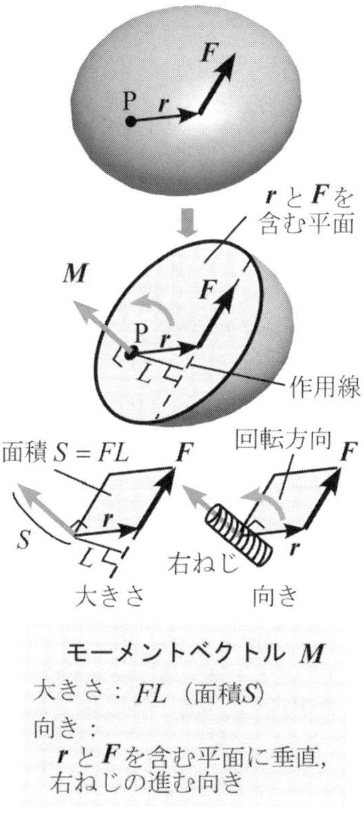

図2.35　3次元の力による

図2.37のように，軸のまわりに生じるモーメント τ（スカラー量）を求め

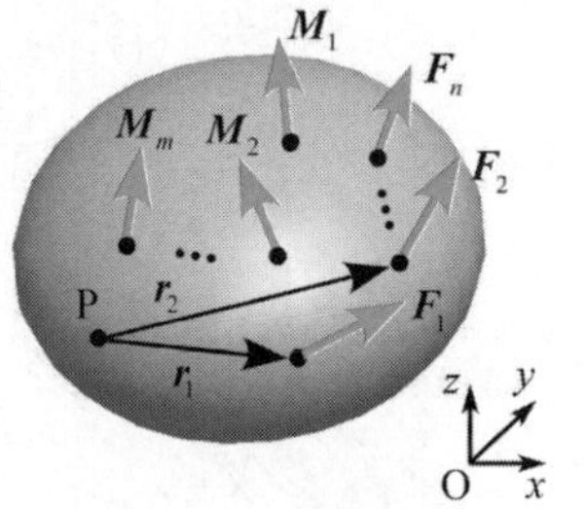

図 2.36　複数の力と純粋モーメントが物体に与える作用

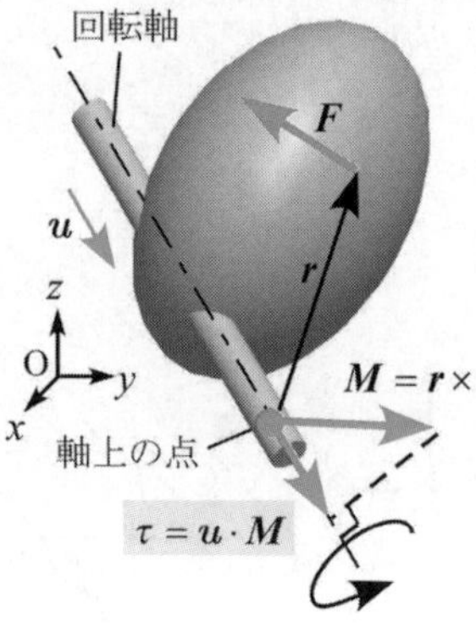

図 2.37 軸まわりのモーメント計算

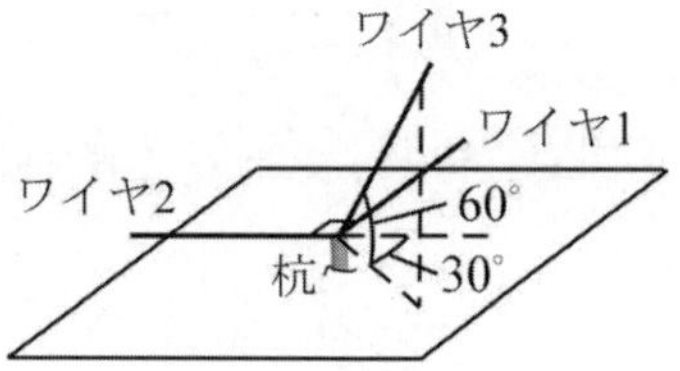

図 2.38　3 次元の力の合成と分解（例 2・10）

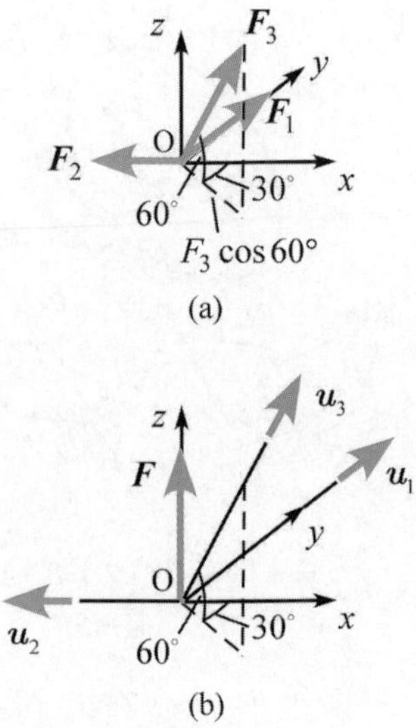

図 2.39　3 次元の力の合成と分解（解 2・10）

る場合，軸上の任意の点に作用するモーメントベクトル $\boldsymbol{M}$ を求めた上で，その軸方向の成分を求めればよい．軸の向きを表す単位ベクトルを $\boldsymbol{u}$ とすると，τ は $\boldsymbol{u}$ と $\boldsymbol{M}$ の内積により次式のように計算できる．

$$\tau = \boldsymbol{u}\cdot\boldsymbol{M} = u_x M_x + u_y M_y + u_z M_z \tag{2.76}$$

このとき，τ が正になれば $\boldsymbol{u}$ に対して右ねじの規則によって決まる向きのモーメントを，負になれば逆向きのモーメントを表す．

【例 2・10】　＊＊＊＊＊＊＊＊＊＊＊＊＊＊＊＊＊＊＊＊＊＊＊＊＊

図 2.38 のように，地面に垂直に刺さった杭が，3 本のワイヤを通して力を受けている（ワイヤ 1,2 は互いに垂直で，いずれも地面に平行である）．このとき以下の問に答えよ．

(1) ワイヤ 1,2,3 の張力の大きさが，それぞれ，80N , 50N , 100N のとき，杭に作用する力の大きさはいくらか．
(2) ワイヤを通して杭に作用する力の合力が，杭をまっすぐ引き抜く方向に大きさ 200N であるとき，各ワイヤの張力の大きさはいくらか．

【解 2・10】

図 2.39 のような座標系を設定して考えることにする．

(1) 図 2.39(a)のように，ワイヤ 1,2,3 を通して杭に与えられる力ベクトル $\boldsymbol{F}_1$, $\boldsymbol{F}_2$, $\boldsymbol{F}_3$ を成分表示すると，

$$\begin{aligned}
&\boldsymbol{F}_1 = (0,80,0)\mathrm{N} \quad , \quad \boldsymbol{F}_2 = (-50,0,0)\mathrm{N} \quad , \\
&\boldsymbol{F}_3 = (100\cos 60^\circ \cos 30^\circ, -100\cos 60^\circ \sin 30^\circ, 100\sin 60^\circ) \\
&\quad = (43.30,-25.00,86.60)\mathrm{N}
\end{aligned} \tag{2.77}$$

これらの力の合力 $\boldsymbol{R}$ が杭に作用するので，その大きさ R を求めればよい．

$$\boldsymbol{R} = \boldsymbol{F}_1 + \boldsymbol{F}_2 + \boldsymbol{F}_3 = (-6.70,55.00,86.60)\mathrm{N} \tag{2.78}$$

$$R = \sqrt{(-6.70)^2 + 55.00^2 + 86.60^2} = 102.8 = 103\mathrm{N} \tag{2.79}$$

(2) 図 2.39(b)のように，杭に作用する力 $\boldsymbol{F} = (0,0,200)\mathrm{N}$ を，各ワイヤの方向へ分解すればよい．各ワイヤの方向を表す単位ベクトル $\boldsymbol{u}_1$, $\boldsymbol{u}_2$, $\boldsymbol{u}_3$ を成分表示すると，

$$\begin{aligned}
&\boldsymbol{u}_1 = (0,1,0) \ , \ \boldsymbol{u}_2 = (-1,0,0) \ , \\
&\boldsymbol{u}_3 = (\cos 60^\circ \cos 30^\circ, -\cos 60^\circ \sin 30^\circ, \sin 60^\circ) \\
&\quad = (0.4330,-0.2500,0.8660)
\end{aligned} \tag{2.80}$$

各ワイヤ方向への分力の成分を F_1, F_2, F_3 とすれば次式を満足しなくてはならない．

$$F_1\boldsymbol{u}_1 + F_2\boldsymbol{u}_2 + F_3\boldsymbol{u}_3 = \mathbf{F} \tag{2.81}$$

これを各座標成分ごとに分けて表すと（式(2.71)），

x 軸方向： $-F_2 + 0.4330F_3 = 0$ 　(2.82)

y 軸方向： $F_1 - 0.2500F_3 = 0$ 　(2.83)

z 軸方向： $0.8660F_3 = 200$ 　(2.84)

この F_1, F_2, F_3 に関する連立一次方程式を解くと，

$$F_1 = 57.73\text{N}\ ,\ F_2 = 99.98\text{N}\ ,\ F_3 = 230.9\text{N} \quad (2.85)$$

したがってワイヤ 1, 2, 3 の張力の大きさは57.7N , 100N , 231N である．

【例 2・11】　＊＊＊＊＊＊＊＊＊＊＊＊＊＊＊＊＊＊＊＊＊＊＊＊＊

図 2.40 のように，支柱上の点 P に大きさ100N の力 $\boldsymbol{F}$ が作用している．(a),(b),(c)それぞれの場合について，力 $\boldsymbol{F}$ が点 O に与えるモーメントとその大きさを求めよ．ただし，力 $\boldsymbol{F}$ の方向は，(a) z 軸負の方向，(b) y 軸負の方向，(c)点 P から Q に向かう方向である．

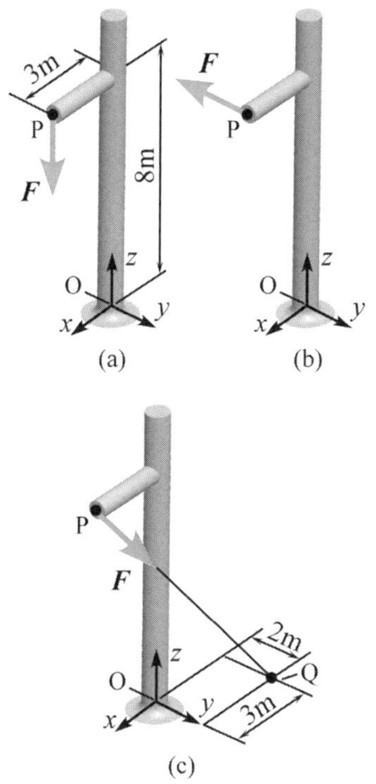

図 2.40　支柱（例 2・11）

【解 2・11】

点 P の座標は (3,0,8)m であり，点 O から点 P にいたるベクトル $\boldsymbol{r}$ も $\boldsymbol{r} = (3,0,8)$m と表される．力 $\boldsymbol{F}$ を成分表示すれば，式(2.73)を用いて，ただちに力 $\boldsymbol{F}$ が点 O に与えるモーメント $\boldsymbol{M}$ とその大きさ M を計算することができる．

(a) 力 $\boldsymbol{F}$ の成分表示は $\boldsymbol{F} = (0,0,-100)$N であり，これを式(2.73)に代入すると，

$$\boldsymbol{M} = \boldsymbol{r} \times \boldsymbol{F} = \begin{vmatrix} \boldsymbol{i} & \boldsymbol{j} & \boldsymbol{k} \\ 3 & 0 & 8 \\ 0 & 0 & -100 \end{vmatrix} = 0\boldsymbol{i} + 300\boldsymbol{j} + 0\boldsymbol{k} = (0,300,0)\text{N}\cdot\text{m} \quad (2.86)$$

$$M = \sqrt{0^2 + 300^2 + 0^2} = 300\text{N}\cdot\text{m} \quad (2.87)$$

つまり，y 軸正まわりに大きさ300N·m のモーメントが作用し，x 軸および z 軸のまわりにはモーメントは作用しない．なお，力 $\boldsymbol{F}$ が xz 平面（x 軸と z 軸を含む平面）に含まれていることに注目すれば，図 2.35 より，ただちにモーメントベクトルが求まる．

(b) 力 $\boldsymbol{F}$ の成分表示は $\boldsymbol{F} = (0,-100,0)$N であり，これを式(2.73)に代入すると，

$$\begin{aligned}\boldsymbol{M} = \boldsymbol{r} \times \boldsymbol{F} &= \begin{vmatrix} \boldsymbol{i} & \boldsymbol{j} & \boldsymbol{k} \\ 3 & 0 & 8 \\ 0 & -100 & 0 \end{vmatrix} \\ &= 800\boldsymbol{i} + 0\boldsymbol{j} - 300\boldsymbol{k} = (800,0,-300)\text{N}\cdot\text{m}\end{aligned} \quad (2.88)$$

$$M = \sqrt{800^2 + 0^2 + (-300)^2} = 854\text{N}\cdot\text{m} \quad (2.89)$$

(c) 点 Q の座標は $(-3,2,0)$m であり，点 P から Q にいたるベクトル $\boldsymbol{V}$ は

$$\boldsymbol{V} = (-3,2,0) - (3,0,8) = (-6,2,-8)\text{m} \quad (2.90)$$

また，点 P から Q に向かう単位ベクトル $\boldsymbol{u}$ は，

$$\begin{aligned}\boldsymbol{u} &= \boldsymbol{V} / V = (-6,2,-8) / \sqrt{(-6)^2 + 2^2 + (-8)^2} \\ &= (-0.5884, 0.1961, -0.7845)\end{aligned} \quad (2.91)$$

力 $\boldsymbol{F}$ の大きさは100N であるので，

$$\boldsymbol{F} = 100\boldsymbol{u} = (-58.84, 19.61, -78.45)\text{N} \quad (2.92)$$

式(2.73)より，

$$\boldsymbol{M}=\boldsymbol{r}\times\boldsymbol{F}=\begin{vmatrix}\boldsymbol{i} & \boldsymbol{j} & \boldsymbol{k}\\ 3 & 0 & 8\\ -58.84 & 19.61 & -78.45\end{vmatrix}$$
$$=-156.9\boldsymbol{i}-235.4\boldsymbol{j}+58.83\boldsymbol{k}=(-157,-235,58.8)\mathrm{N\cdot m} \tag{2.93}$$

$$M=\sqrt{(-156.9)^2+(-235.4)^2+(58.83)^2}=289\mathrm{N\cdot m} \tag{2.94}$$

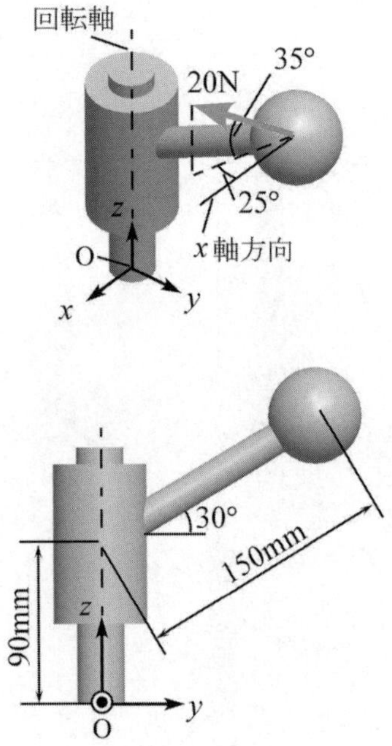

図 2.41　レバー（例 2・12）

【例 2・12】　＊＊＊＊＊＊＊＊＊＊＊＊＊＊＊＊＊＊＊＊＊＊＊＊＊

図 2.41 のように，レバーの取っ手に大きさ 20N の力が作用している．このとき，この力が回転軸のまわりに与えるモーメントを求めよ．

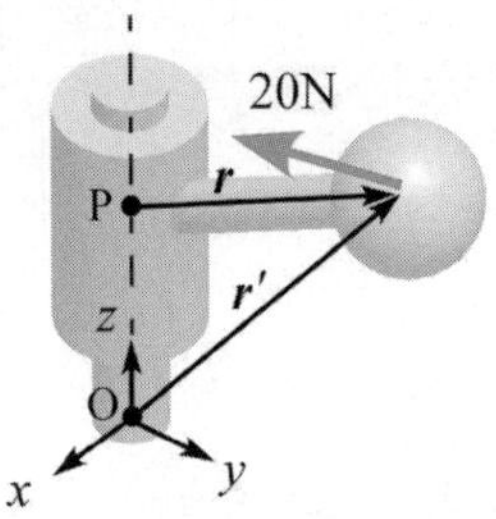

図 2.42　レバー（解 2・12）

【解 2・12】

取っ手に作用する力を $\boldsymbol{F}$ として，これを成分表示すると

$$\boldsymbol{F}=(20\cos35°\cos25°\,,-20\cos35°\sin25°\,,20\sin35°)$$
$$=(14.85\,,-6.924\,,11.47)\mathrm{N} \tag{2.95}$$

図 2.42 に示すように，回転軸上の点 P から作用点にいたるベクトル $\boldsymbol{r}$ は，

$$\boldsymbol{r}=(0\,,0.15\cos30°\,,0.15\sin30°)$$
$$=(0\,,0.1299\,,0.07500)\mathrm{m} \tag{2.96}$$

力 $\boldsymbol{F}$ が点 P に与えるモーメント $\boldsymbol{M}$ は，式(2.73)より，

$$\boldsymbol{M}=\boldsymbol{r}\times\boldsymbol{F}=\begin{vmatrix}\boldsymbol{i} & \boldsymbol{j} & \boldsymbol{k}\\ 0 & 0.1299 & 0.07500\\ 14.85 & -6.924 & 11.47\end{vmatrix}$$
$$=2.009\boldsymbol{i}+1.114\boldsymbol{j}-1.929\boldsymbol{k}=(2.009,1.114,-1.929)\mathrm{N\cdot m} \tag{2.97}$$

回転軸は z 軸に一致しているので，$\boldsymbol{M}$ の z 成分が求めるべき回転軸まわりのモーメントに対応する（$u=(0,0,1)$ として，式(2.76)によって計算してもよい）．つまり，z 軸負の方向，大きさ $1.93\mathrm{N\cdot m}$ のモーメントである．

・参考

力 $\boldsymbol{F}$ が回転軸上の別の点 O（座標原点）に与えるモーメント $\boldsymbol{M}'$ を計算してみる．点 O から作用点にいたるベクトル $\boldsymbol{r}'$ は（図 2.42），

$$\boldsymbol{r}'=(0\,,0.1299\,,0.1650)\mathrm{m} \tag{2.98}$$

と表されるので，$\boldsymbol{M}'$ は次式のように計算できる．

$$\boldsymbol{M}'=\boldsymbol{r}'\times\boldsymbol{F}=\begin{vmatrix}\boldsymbol{i} & \boldsymbol{j} & \boldsymbol{k}\\ 0 & 0.1299 & 0.1650\\ 14.85 & -6.924 & 11.47\end{vmatrix}$$
$$=2.632\boldsymbol{i}+2.450\boldsymbol{j}-1.929\boldsymbol{k}=(2.632,2.450,-1.929)\mathrm{N\cdot m} \tag{2.99}$$

$\boldsymbol{M}$ と $\boldsymbol{M}'$ を比較すると，x，y 成分は異なるが，求めるべき回転軸まわりのモーメントを表す z 成分は同じであることが確認できる．軸まわりのモーメント計算に際して軸上の点を選ぶにあたっては，計算のしやすさ等を考慮して適当に選べばよい．

＝＝＝＝＝　練習問題　＝＝＝＝＝＝＝＝＝＝＝＝＝＝＝＝＝＝＝＝＝＝＝＝

【2・1】　図 2.43 のように綱渡りをしている人がいる．人の質量は 60kg，前後のロープはいずれも水平面と 10° の角度をなしている．ロープに作用する張力の大きさを求めよ．

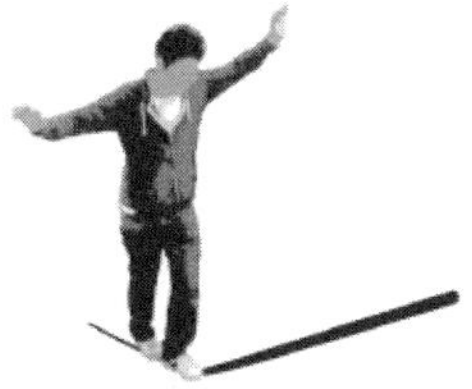
図 2.43　綱渡り

【2・2】　図 2.44 のように，質量の荷物をワイヤでつるし，ワイヤの上部で 2 本のワイヤにつなぐ．それぞれの張力は，水平方向と角度 θ をなす大きさ F_A の力と水平方向で大きさ F_B の力である．

(1) 張力の大きさ F_A を求めよ．

(2) 張力の大きさ F_B を求めよ．

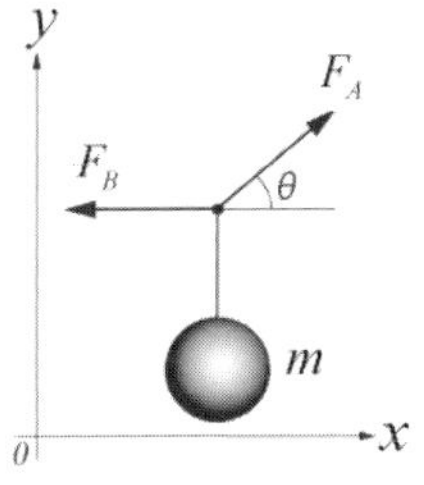

図 2.44　ワイヤでつる

【2・3】　In the O-xy plane, find the resultant of the following forces acting on a body at O. Force $\boldsymbol{F}_1$ is equal to 400 N and is in the direction of the positive x-axis, and force $\boldsymbol{F}_2$ is equal to 180 N and makes an angle of 135° with the positive x-axis.

【2・4】　図 2.45 のように，テストコースで自動車の走行テストを行う．曲率半径 200m のカーブを時速 120km/h で走行するとき，自動車が横滑りする方向の力が作用しないようにするためにはバンク角(路面が水平面となす角) θ を何度にすればよいか．ただし，遠心力の大きさは $F = mv^2/R$ であり，m は質量，v は速さ，R は半径である．

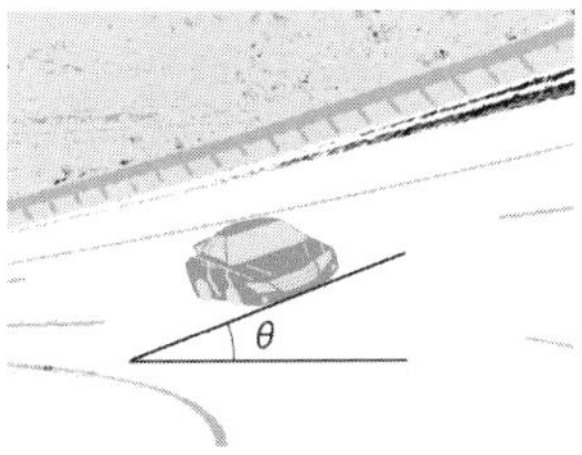

図 2.45　テストコース

【2・5】　What force parallel to the roadway is required to keep an automobile weighing 3600 lbf from starting down a incline which makes an angle of 10.0° with the horizontal? Also what force perpendicular to it is required?

【2・6】　図 2.46 のように，長さ 4.00m，質量 8.00kg の一様な板がしっかりとした飛び込み台に固定されていて，その先端に質量 60.0kg の人が立っている．板の根元の点 A において台に作用する力とモーメントを求めよ．ただし，板の重力は板の中央に作用する．

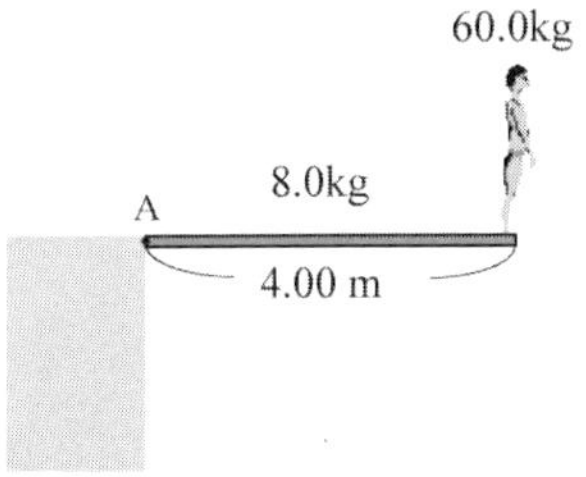

図 2.46　飛び込み

【2・7】　In the O-xy plane, the force $\boldsymbol{F} = (130\ \text{lbf}\ ,\ 50\ \text{lbf})$ applied at point A$(2.50\text{ft}, -1.00\text{ft})$ acts on a rigid body. Find the moment due to this force around O.

【2・8】　図 2·47 のようにヨーヨーに糸を巻きつけてテーブルの上に置き，糸を引いてヨーヨーをころがす．糸と水平面とのなす角 θ が 0° から 90° の範囲であるとき，糸を引く方向(右向き)にヨーヨーがころがる場合の θ の範囲を求めよ．ただし，ヨーヨーの外半径を R_1，内半径 R_2 をとし，ヨーヨーはテーブルの上を滑らずにころがるものとする．

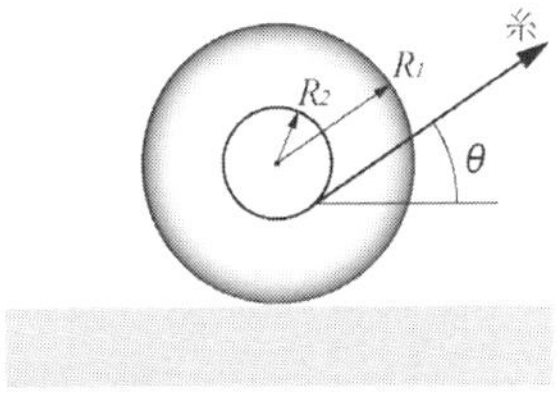

図 2.47　ヨーヨー

【2・9】　図 2.48 のように，質量 3.00kg の魚を釣り上げ，点 A の位置で釣

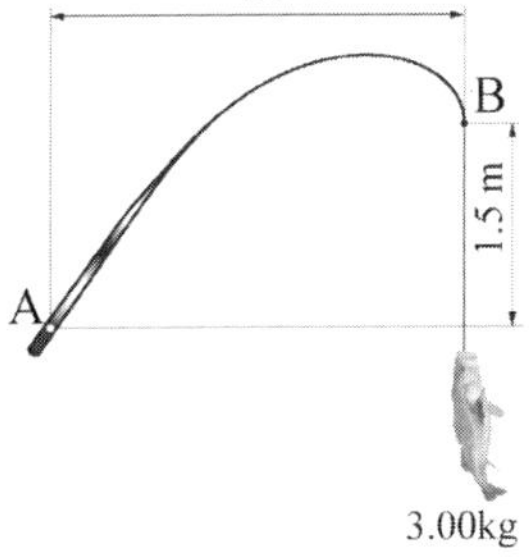

図 2.48　釣り

ざおを支えている．支える手に作用する力とモーメントを求めよ．なお，釣ざおと糸などの質量は無視できるものとする．

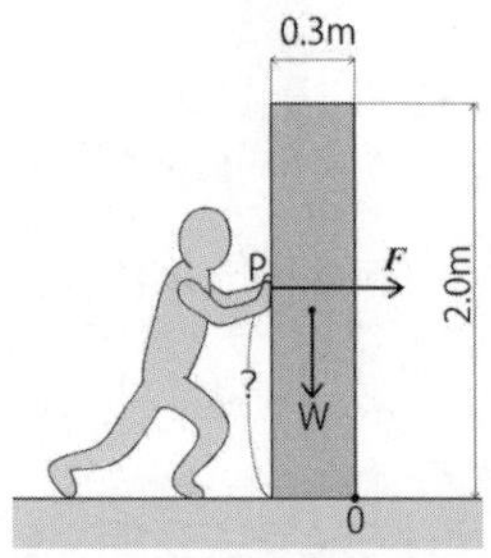

Fig.2.49　A person pushes a block (1)

【2・10】　A person pushes a block (height 2.00m, thickness 0.30m and weight 100.0kgf) by a horizontal force F of 17.0kgf as shown in Fig.2.49.

(1) Find the moment due to the gravity force W about point O.

(2) Determine the height of point of action P when the moment due to pushing force F has the same magnitude as that due to the gravity force W .

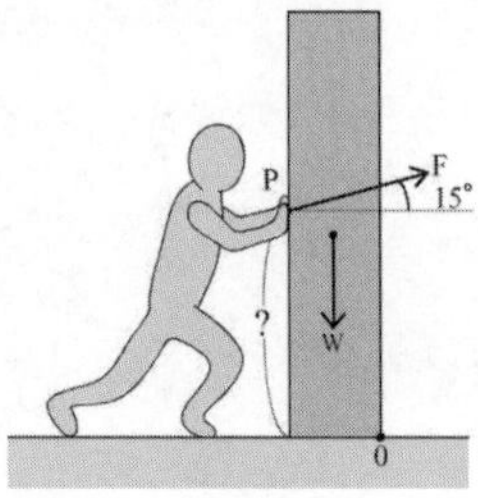

Fig.2.50　A person pushes a block (2)

【2・11】　Solve (2) of the previous problem【2・10】assuming that the pushing force F forms 15° angle from the horizontal plane as shown in Fig.2.50.

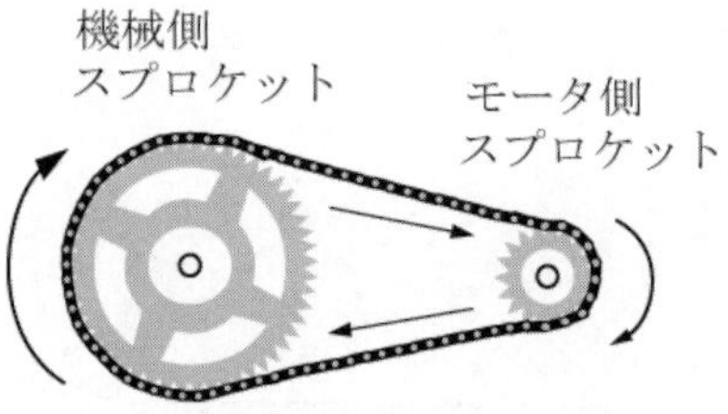

図 2.51　チェーン

【2・12】　図 2.51 のように，チェーンを使ってモータの動力を機械側に伝達している．モータ側スプロケットの半径が 100mm，機械側スプロケットの半径が 250mm，モータが発生するトルク（モーメント）が 8.00N·m である．図 2.51 において下側のチェーンの張力が 0 とみなされるとき，以下の問いに答えよ．

(1) 上側のチェーンに作用する張力の大きさはいくらか.

(2) 機械側の軸に作用するトルクはいくらか.

(3) モータ軸が 600rpm で回転しているとき，モータ側の動力と機械側の動力（＝仕事率＝仕事／時間＝力×移動距離／時間）をそれぞれ求めよ．

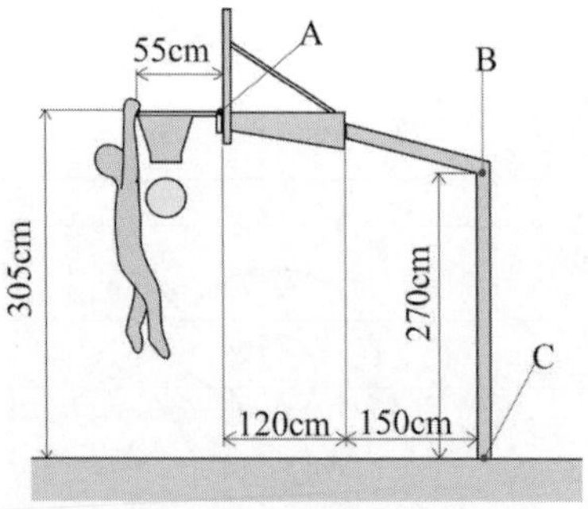

図 2.52　ダンクシュートの後で(1)

【2・13】　図 2.52 のように，バスケットボールでダンクシュートをした後，選手（質量 80.0kg）がリングにぶら下がっている．この選手の体重によって図中の点 A，点 B，点 C に作用する力の大きさと向き，および力のモーメントの大きさと向きをそれぞれ求めよ．

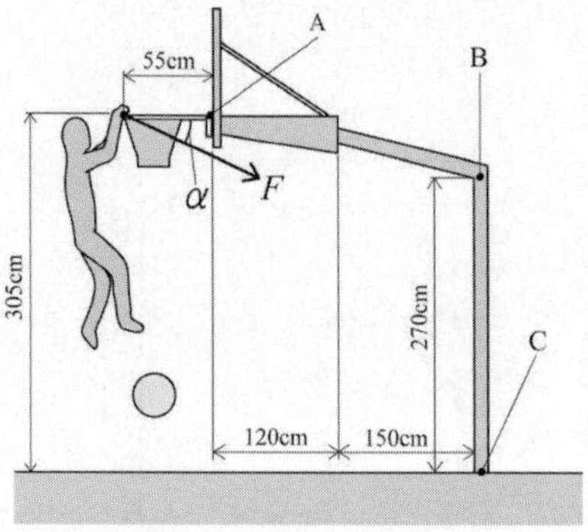

図 2.53　ダンクシュートの後で(2)

【2・14】　図 2·53 のように，ゴール正面から走り込んできた選手がダンクシュートをして，リングに飛び付いた．ある瞬間，選手の手からリングに作用する力がななめ前方下向きに (α=30°) 400N であった．この力によって図中の点 A，点 B，点 C に作用する力のモーメントの大きさをそれぞれ求めよ．

【2・15】　選手がななめ方向から走り込んでダンクシュートを決めた場合を考える．図 2.53 において，右方向に x 軸，鉛直上方に y 軸，紙面に垂直で手前方向を z 軸とする．ある瞬間，選手の左右の手からリングに作用する力を成分表示すると (100 , −160 , 200) であった（単位は N）．この力によって図中の点 A，点 B，点 C に作用する力のモーメントの各成分を求めよ．

【2・16】　In the O-xyz space, the force $\boldsymbol{F}$ = (200 lbf , −100 lbf , 100 lbf) applied at point A(0 ft, 1.00 ft, −3.50 ft) acts on a rigid body. Find the moment due to this force around O.

第 3 章

力とモーメントの釣合い

Equilibrium of Forces and Moments

3・1　釣合い（equilibrium）

・図 3.1 に示すように n 個の力 $\boldsymbol{F}_i\ (i=1,2,\cdots,n)$ が 1 点に作用する（力の作用線が 1 点で交わる）場合の釣合い(equilibrium)条件は次式で与えられる．

$$\boldsymbol{F}_1+\boldsymbol{F}_2+\cdots+\boldsymbol{F}_n=\sum_{i=1}^{n}\boldsymbol{F}_i=\boldsymbol{0} \tag{3.1}$$

式(3.1)を x， y， z 方向の成分を用いて表せば次式となる．

$$\sum_{i=1}^{n}F_{ix}=0,\quad \sum_{i=1}^{n}F_{iy}=0,\quad \sum_{i=1}^{n}F_{iz}=0 \tag{3.2}$$

ここに F_{ix}， F_{iy}， F_{iz} は $\boldsymbol{F}_i$ の x， y， z 方向の成分である．

・図 3.2 に示すように複数の点に力が作用する場合の釣合い条件は， xy 平面内で n 個の力 $\boldsymbol{F}_i$ が作用するときには次式で与えられる．

$$\begin{aligned}&\sum_{i=1}^{n}\boldsymbol{F}_i=\boldsymbol{0}\\&\sum_{i=1}^{n}\left(F_{iy}r_{ix}-F_{ix}r_{iy}\right)=0\end{aligned} \tag{3.3}$$

ここに r_{ix}，r_{iy} は注目する点 P から力 $\boldsymbol{F}_i$ の作用点に向かうベクトルの x，y 方向の成分である．式(3.3)の第 2 式は力 $\boldsymbol{F}_i$ による点 P まわりのモーメント(moment)の釣合い式を表す．図 3.3 に示すように，3 次元空間内で n 個の力 $\boldsymbol{F}_i$ および m 個の純粋モーメント(pure moment) $\boldsymbol{M}_j$ が作用するときには，釣合い条件は次式で与えられる．

$$\begin{aligned}&\sum_{i=1}^{n}\boldsymbol{F}_i=\boldsymbol{0}\\&\sum_{i=1}^{n}\left(F_{iz}r_{iy}-F_{iy}r_{iz}\right)+\sum_{j=1}^{m}M_{jx}=0\\&\sum_{i=1}^{n}\left(F_{ix}r_{iz}-F_{iz}r_{ix}\right)+\sum_{j=1}^{m}M_{jy}=0\\&\sum_{i=1}^{n}\left(F_{iy}r_{ix}-F_{ix}r_{iy}\right)+\sum_{j=1}^{m}M_{jz}=0\end{aligned} \tag{3.4}$$

ここに M_{jx}， M_{jy}， M_{jz} は $\boldsymbol{M}_j$ の x， y， z 方向の成分である．式(3.4)の第 2，3，4 式は，外積を用いると以下のように書ける．

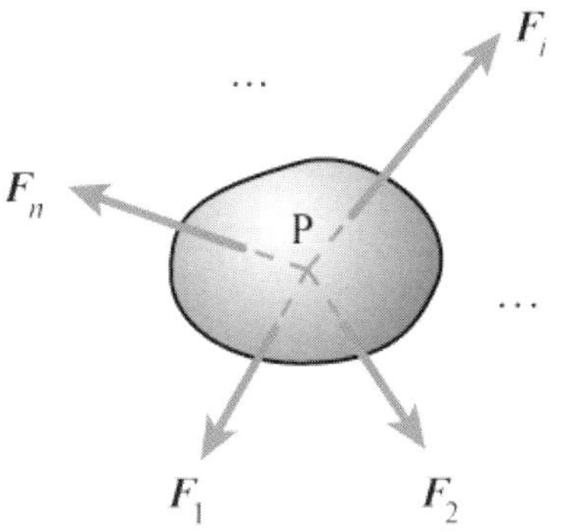

図 3.1　1 点に力が作用する（力の作用線が 1 点で交わる）場合

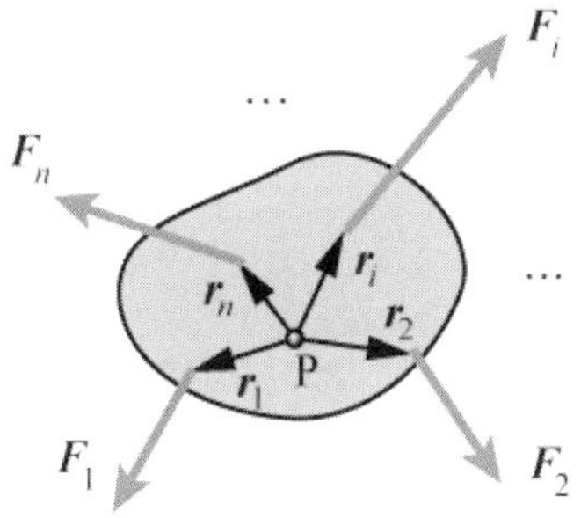

図 3.2　複数の点に力が作用する場合

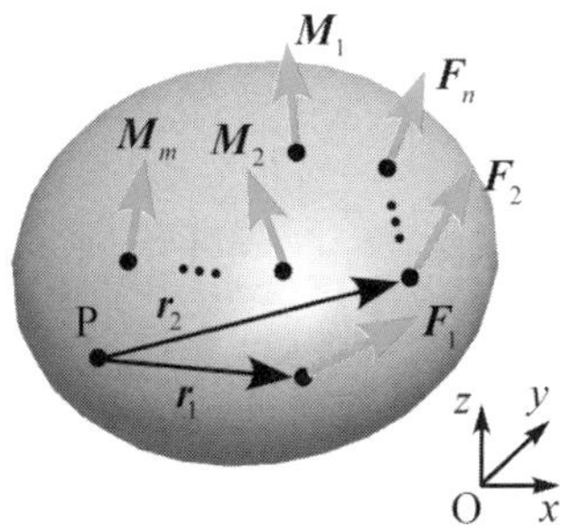

図 3.3　複数の点に力と純粋モーメントが作用する場合

$$\sum_{i=1}^{n} \boldsymbol{r}_i \times \boldsymbol{F}_i + \sum_{j=1}^{m} \boldsymbol{M}_j = \boldsymbol{0} \tag{3.5}$$

【例3・1】　＊＊＊＊＊＊＊＊＊＊＊＊＊＊＊＊＊＊＊＊＊＊＊＊＊

図3.4(a)のように，バーゲンセールで3人が1枚のシャツを取り合っている．3人の力は水平面内にあり，上から見た力の向きは(b)のようである．シャツはどの方向にも動かないという．力 $\boldsymbol{F}_1$ の大きさが50Nのとき，力 $\boldsymbol{F}_2$，$\boldsymbol{F}_3$ の大きさを求めよ．

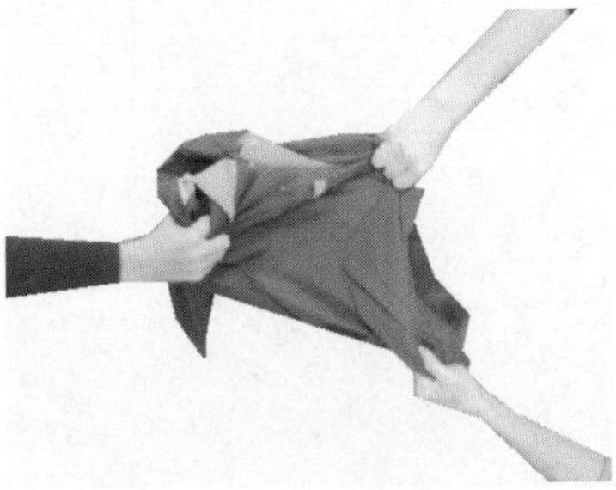

(a) シャツの取り合い

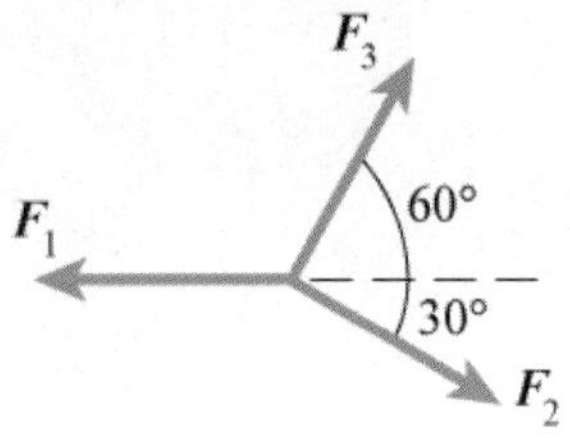

(b) 力の向き

図3.4　バーゲンセール

【解3・1】

図3.4(b)において右向きに x 軸を定め，x 軸に垂直で上向きに y 軸を定める．x 方向および y 方向の単位ベクトルをそれぞれ $\boldsymbol{i}$，$\boldsymbol{j}$ とする．また $\boldsymbol{F}_2$，$\boldsymbol{F}_3$ の大きさをそれぞれ F_2，F_3 とする．このとき $\boldsymbol{F}_1$，$\boldsymbol{F}_2$，$\boldsymbol{F}_3$ は次式で表される．

$$\begin{aligned} \boldsymbol{F}_1 &= -50\boldsymbol{i} \\ \boldsymbol{F}_2 &= F_2 \cos 30° \boldsymbol{i} - F_2 \sin 30° \boldsymbol{j} \\ \boldsymbol{F}_3 &= F_3 \cos 60° \boldsymbol{i} + F_3 \sin 60° \boldsymbol{j} \end{aligned} \tag{3.6}$$

式(3.6)を釣合い条件式(3.1)に代入すれば次式を得る．

$$\begin{aligned} &\boldsymbol{F}_1 + \boldsymbol{F}_2 + \boldsymbol{F}_3 \\ &= -50\boldsymbol{i} + \left(F_2 \cos 30° \boldsymbol{i} - F_2 \sin 30° \boldsymbol{j}\right) + \left(F_3 \cos 60° \boldsymbol{i} + F_3 \sin 60° \boldsymbol{j}\right) \\ &= \left(-50 + F_2 \cos 30° + F_3 \cos 60°\right)\boldsymbol{i} + \left(-F_2 \sin 30° + F_3 \sin 60°\right)\boldsymbol{j} \\ &= \boldsymbol{0} \end{aligned} \tag{3.7}$$

式(3.7)が成り立つためには次式が成り立たねばならない．

$$\begin{aligned} &-50 + F_2 \cos 30° + F_3 \cos 60° = 0 \\ &-F_2 \sin 30° + F_3 \sin 60° = 0 \end{aligned} \tag{3.8}$$

式(3.8)を F_2，F_3 について解けば以下を得る．

$$F_2 = 43.3 \text{ N}, \quad F_3 = 25 \text{ N}$$

各力の成分に注目して解く場合には以下のようにすればよい．$\boldsymbol{F}_1$，$\boldsymbol{F}_2$，$\boldsymbol{F}_3$ の x，y 方向の成分をそれぞれ F_{1x}，F_{1y}，F_{2x}，F_{2y}，F_{3x}，F_{3y} とすると，これらは次式で表される．

$$\begin{aligned} &F_{1x} = -50, F_{1y} = 0 \\ &F_{2x} = F_2 \cos 30°, F_{2y} = -F_2 \sin 30° \\ &F_{3x} = F_3 \cos 60°, F_{3y} = F_3 \sin 60° \end{aligned} \tag{3.9}$$

式(3.9)を式(3.2)に代入すれば式(3.8)を得る．

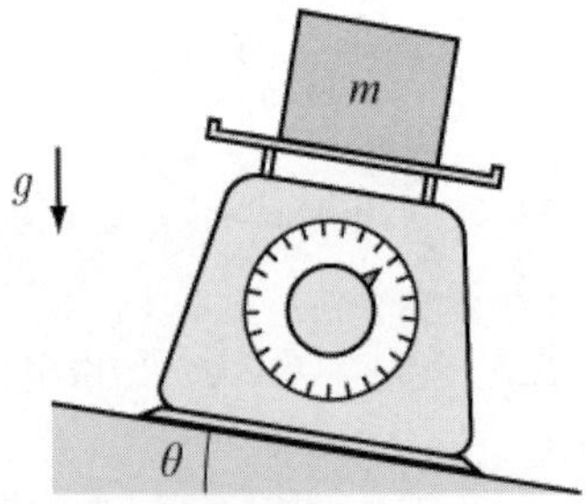

(a) 斜面に置かれたはかり

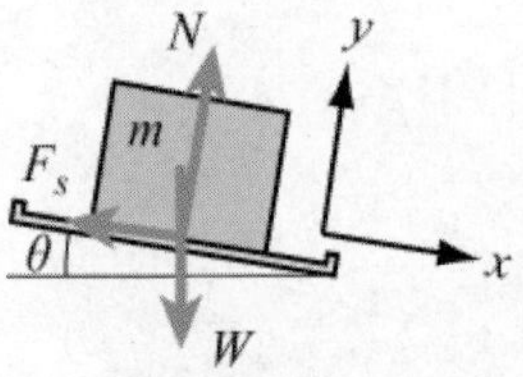

(b) 荷物に作用する力

図3.5　斜面に置かれたはかりによる荷物の重さの測定

【例3・2】　＊＊＊＊＊＊＊＊＊＊＊＊＊＊＊＊＊＊＊＊＊＊＊＊＊

図3.5(a)のように，角度 θ だけ傾いた斜面に重量はかりを置いて荷物の重さを測った．$\theta = 10°$ のとき，表示された重量が8.0kgfであった．この荷物の重さはいくらか．ただし，このはかりは横方向に力が作用してもその影響を受けないものとする．また荷物およびはかりは滑らないものとする．

【解 3・2】

荷物の質量を m，重力加速度を g とし，荷物に作用する重力を $\boldsymbol{W}$ とする．また重量はかりから荷物に作用する垂直抗力および静摩擦力を $\boldsymbol{N}$，$\boldsymbol{F}_s$ とすると，荷物には図 3.5(b)のように力が作用する．斜面に平行に x 軸を定め，x 軸に垂直に y 軸を定める．摩擦力 $\boldsymbol{F}_s$ の大きさを F_s とする．$\boldsymbol{W}$，$\boldsymbol{N}$，$\boldsymbol{F}_s$ の x，y 方向成分をそれぞれ W_x，W_y，N_x，N_y，F_{sx}，F_{sy} とするとこれらは次式で与えられる．

$$
\begin{aligned}
&W_x = mg\sin 10^\circ,\quad W_y = -mg\cos 10^\circ \\
&N_x = 0,\quad N_y = 8.0g \\
&F_{sx} = -F_s,\quad F_{sy} = 0
\end{aligned}
\tag{3.10}
$$

ここに g は重力加速度である．式(3.10)より x，y 方向成分の釣合い条件として次式を得る．

$$
\begin{aligned}
&mg\sin 10^\circ - F_s = 0 \\
&-mg\cos 10^\circ + 8.0g = 0
\end{aligned}
\tag{3.11}
$$

式(3.11)の第 2 式より荷物の質量として次式を得る．

$$
m = \frac{8.0}{\cos 10^\circ} = 8.12\,\mathrm{kg} \tag{3.12}
$$

また式(3.11)の第 1 式より摩擦力の大きさとして次式を得る．

$$
F_s = 13.8\,\mathrm{N} \tag{3.13}
$$

【例 3・3】　＊＊＊＊＊＊＊＊＊＊＊＊＊＊＊＊＊＊＊＊＊＊＊＊

図 3.6(a)のように，スパナでボルトを締め付ける．力を加えてもスパナが回転しないとき，ボルトに作用する力とモーメントを求めよ．

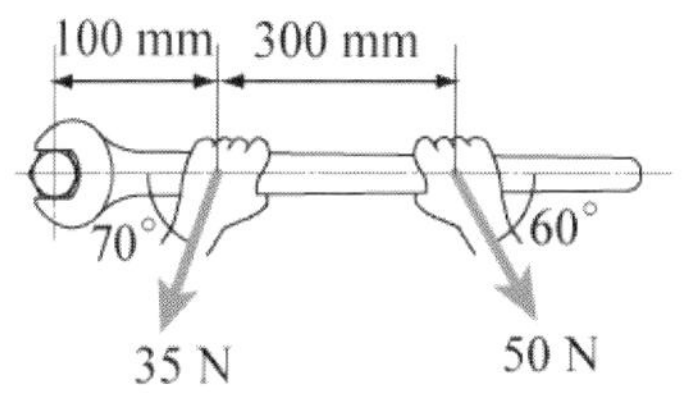

(a) スパナによるボルトの締め付け

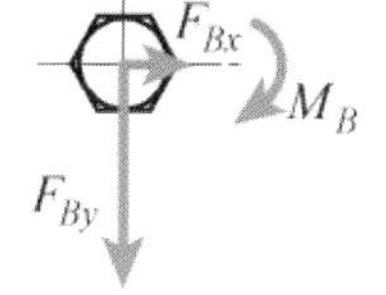

(b) ボルトに作用する力とモーメント

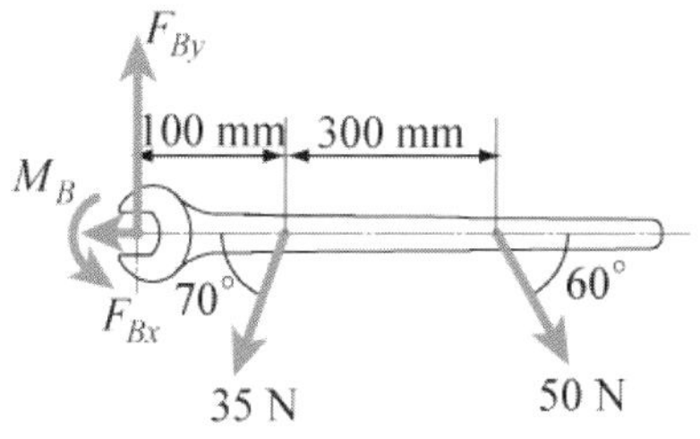

(c) スパナに作用する力とモーメント

図 3.6　スパナによるボルトの締め付け

【解 3・3】

図 3.6(b)に示すようにスパナからボルトに作用する力の右向きおよび下向きの力の大きさを F_{Bx}，F_{By} とし，時計まわりの向きのモーメントを M_B とする．作用反作用の法則(law of action and reaction)によりボルトはスパナに対して左向きに大きさ F_{Bx} の力，上向きに大きさ F_{By} の力，反時計まわりの向きに大きさ M_B のモーメントを及ぼす．したがってスパナには図 3.6(c)に示すような力およびモーメントが作用する．この状態でスパナは回転しないので，力の釣合いおよびボルトの中心軸まわりのモーメントの釣合い条件は次式となる．

$$
\begin{aligned}
&50\cos 60^\circ - 35\cos 70^\circ - F_{Bx} = 0 \\
&F_{By} - 50\sin 60^\circ - 35\sin 70^\circ = 0 \\
&M_B - 0.1\times 35\sin 70^\circ - 0.4\times 50\sin 60^\circ = 0
\end{aligned}
\tag{3.14}
$$

これより次式を得る．

$$
\begin{aligned}
&F_{Bx} = 13.0\,\mathrm{N} \\
&F_{By} = 76.2\,\mathrm{N} \\
&M_B = 20.6\,\mathrm{N\cdot m}
\end{aligned}
\tag{3.15}
$$

【例 3・4】　＊＊＊＊＊＊＊＊＊＊＊＊＊＊＊＊＊＊＊＊＊＊＊＊＊

図 3.7(a)のように，一輪車で，前側ペダルが水平な状態で体重の 5 分の 1 の力を鉛直下方に加えて斜面を登り始める．乗っている人は前後左右に倒れないようにバランスを取れるものとする．また人の体重は 40kg，一輪車の質量は 4.5kg，車軸中心からペダルに乗せた足までの距離は 160mm，タイヤの半径は 230mm とする．斜面の傾斜角がいくら未満のとき，登ることができるか．ただし，斜面と一輪車の間には十分な大きさの摩擦力が生じ得るものとする．

(a) 一輪車

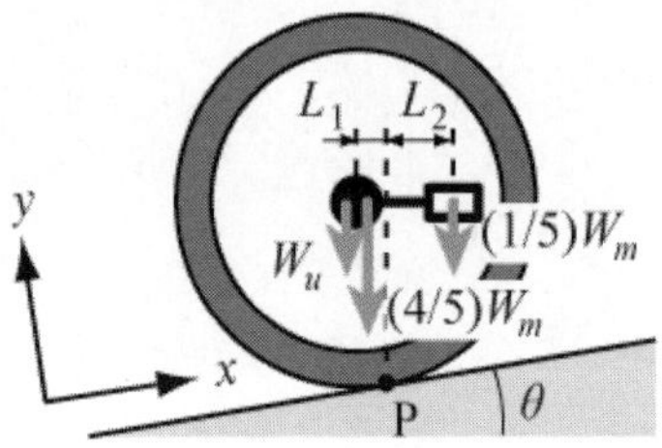

(b) 一輪車に作用する力
（垂直抗力，摩擦力は省略）

図 3.7　一輪車の釣合い

【解 3・4】

斜面の傾斜角をθとし，一輪車および人に作用する重力の大きさをそれぞれW_u，W_mとすると，一輪車には図 3.7(b)に示すように力が作用する．なおこの図では煩雑さを防ぐため，斜面から一輪車に作用する垂直抗力および摩擦力を省略してある．垂直抗力および摩擦力は一輪車と斜面の接触点 P に作用する．また点 P を通る鉛直線と一輪車の中心およびペダルに作用する力の作用点までの距離をL_1，L_2とする．図に示す力による点 P まわりの合モーメントが一輪車を時計まわりに回そうとする作用を与えるとき，一輪車は斜面を登ることができる．合モーメントが 0 のとき，すなわちモーメントが釣合うとき，一輪車はその場で静止する．以下，釣合うときの傾斜角θを求める．釣合い条件は次式で与えられる．

$$\left(\frac{4}{5}W_m + W_u\right)L_1 - \frac{1}{5}W_m L_2 = 0 \tag{3.16}$$

問題で与えられた条件よりW_u，W_m，L_1，L_2は以下のようである．

$$\begin{aligned} W_u &= 4.5g \text{ N} \\ W_m &= 40g \text{ N} \\ L_1 &= 0.23\sin\theta \text{ m} \\ L_2 &= 0.16 - L_1 = 0.16 - 0.23\sin\theta \text{ m} \end{aligned} \tag{3.17}$$

式(3.17)を式(3.16)へ代入し，整理すれば次式を得る．

$$\theta = \sin^{-1} 0.125 = 7.18° \tag{3.18}$$

したがって斜面の傾斜角が 7.18° 未満のとき，一輪車は斜面を登ることができる．

3・2　重心（center of gravity）

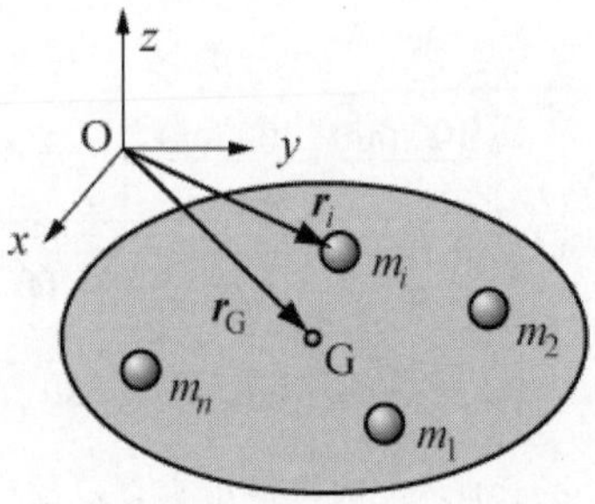

図 3.8　n 質点系の重心

・図 3.8 に示すような n 個の質点からなる質点系を考える．i 番目($i = 1, 2, \cdots, n$)の各質点の質量と位置をm_i，$\boldsymbol{r}_i$とすると，重心(center of gravity)は次式で与えられる．

$$\boldsymbol{r}_G = \frac{\sum_{i=1}^{n} m_i \boldsymbol{r}_i}{\sum_{i=1}^{n} m_i} \tag{3.19}$$

成分で表せば次式となる．

$$
\boldsymbol{r}_G = (x_G, y_G, z_G) = \left(\frac{\sum_{i=1}^{n} x_i m_i}{\sum_{i=1}^{n} m_i}, \frac{\sum_{i=1}^{n} y_i m_i}{\sum_{i=1}^{n} m_i}, \frac{\sum_{i=1}^{n} z_i m_i}{\sum_{i=1}^{n} m_i} \right) \tag{3.20}
$$

・連続体の重心は質点系の極限として導かれる．図 3.9 に示すような x 軸上におかれた線密度 ρ の棒の重心は次式で与えられる．

$$
x_G = \frac{\lim_{\Delta x \to 0} \sum_i x_i \rho \Delta x}{\lim_{\Delta x \to 0} \sum_i \rho \Delta x} = \frac{\int_0^l \rho x dx}{\int_0^l \rho dx} \tag{3.21}
$$

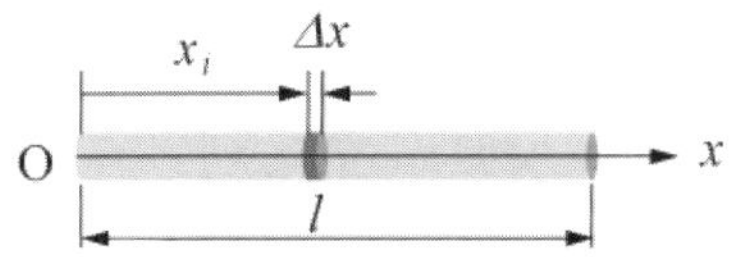

図 3.9 棒の重心

図 3.10 に示すような xy 平面上におかれた面密度 ρ，面積 S の板の重心は次式で与えられる．

$$
\boldsymbol{r}_G = \frac{\lim_{\Delta x, \Delta y \to 0} \sum_i \boldsymbol{r}_i \rho \Delta x \Delta y}{\lim_{\Delta x, \Delta y \to 0} \sum_i \rho \Delta x \Delta y} = \frac{\int_S \rho \boldsymbol{r} dS}{\int_S \rho dS} = \left(\frac{\int_S \rho x dS}{\int_S \rho dS}, \frac{\int_S \rho y dS}{\int_S \rho dS}, 0 \right) \tag{3.22}
$$

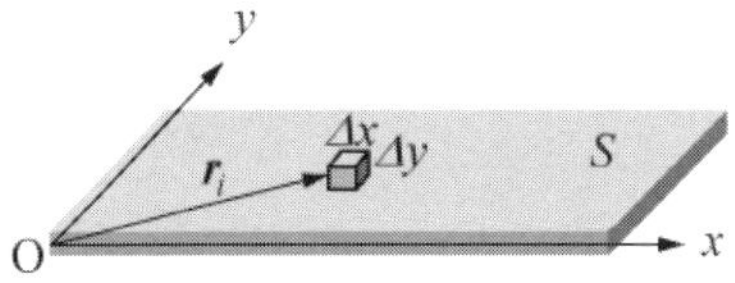

図 3.10 板の重心

密度 ρ，体積 V の 3 次元物体の重心は次式で与えられる．

$$
\boldsymbol{r}_G = \frac{\int_V \rho \boldsymbol{r} dV}{\int_V \rho dV} = \left(\frac{\int_V \rho x dV}{\int_V \rho dV}, \frac{\int_V \rho y dV}{\int_V \rho dV}, \frac{\int_V \rho z dV}{\int_V \rho dV} \right) \tag{3.23}
$$

【例 3・5】 ＊＊＊＊＊＊＊＊＊＊＊＊＊＊＊＊＊＊＊＊＊＊＊＊

図 3.11 のように，辺の長さが a，b の長方形の頂点に，質量 m，$3m$，$2m$，$4m$ の 4 つの質点が置かれ，質量の無視できる細い剛体棒でつながれている．この質点系の重心を求めよ．

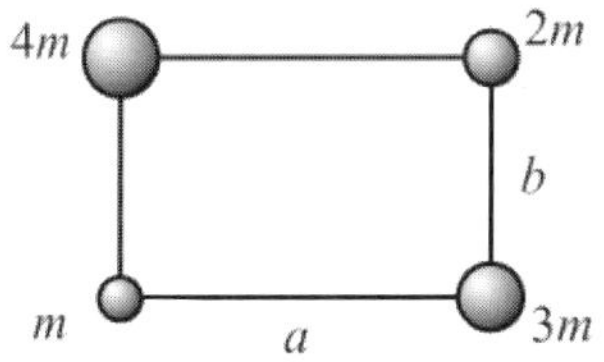

図 3.11 4 質点系

【解 3・5】

長方形の左下の頂点を原点として，直交する 2 辺に沿って x 軸，y 軸を定める．重心の座標の x 成分，y 成分を x_G，y_G とすると式(3.20)より次式を得る．

$$
\begin{aligned}
x_G &= \frac{0 \times m + a \times 3m + a \times 2m + 0 \times 4m}{m + 3m + 2m + 4m} = \frac{1}{2} a \\
y_G &= \frac{0 \times m + 0 \times 3m + b \times 2m + b \times 4m}{m + 3m + 2m + 4m} = \frac{3}{5} b
\end{aligned} \tag{3.24}
$$

【例 3・6】 ＊＊＊＊＊＊＊＊＊＊＊＊＊＊＊＊＊＊＊＊＊＊＊＊

図 3.12 のように，長さが l で，質量が $3m$ および m の 2 つの棒をつなげてできた棒がある．この棒の重心を求めよ．

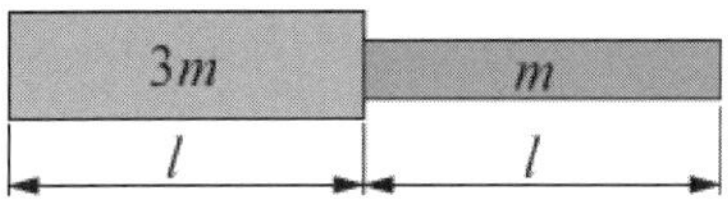

図 3.12 段付き棒の重心

【解 3・6】

棒の左端を原点とし，長手方向に x 軸を定める．棒の左側半分および右側半分の線密度を ρ_L，ρ_R とするとこれらは次式で与えられる．

$$
\rho_L = \frac{3m}{l}, \rho_R = \frac{m}{l} \tag{3.25}
$$

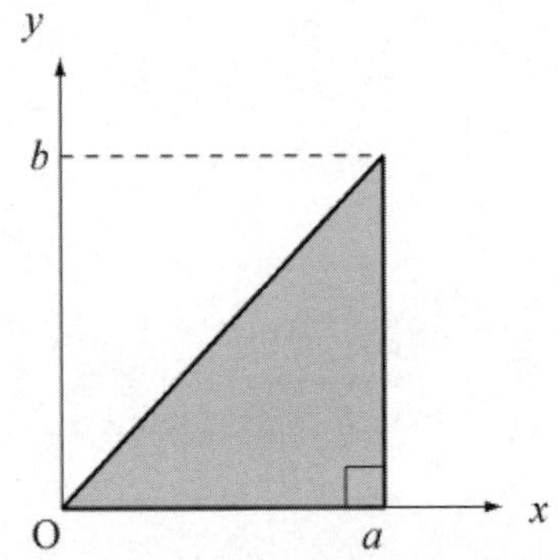

図 3.13　三角形板の重心

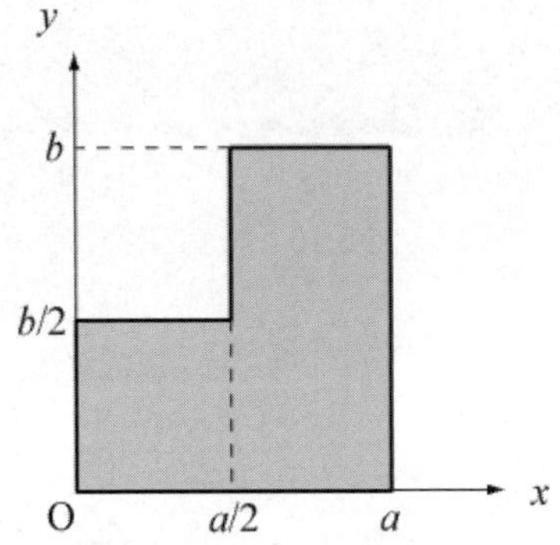

(a) 複雑な形状の板

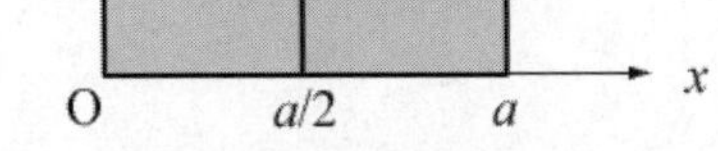

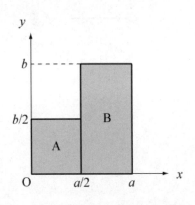

(b) 二つの長方形の和とした場合

図 3.14 (1)　複雑な形状の板の重心

棒の重心を x_G とすると式(3.21)より次式を得る．

$$x_G = \frac{\int_0^l \frac{3m}{l} x dx + \int_l^{2l} \frac{m}{l} x dx}{\int_0^l \frac{3m}{l} dx + \int_l^{2l} \frac{m}{l} dx} = \frac{3}{5} l \tag{3.26}$$

【例 3・7】　＊＊＊＊＊＊＊＊＊＊＊＊＊＊＊＊＊＊＊＊＊＊＊＊

図 3.13 のように，2 辺の長さが a，b で間の角が直角である，一様な面密度の直角三角形の板がある．この板の重心を求めよ．

【解 3・7】

板の斜辺を表す式は次式である．

$$y = \frac{b}{a} x \tag{3.27}$$

したがって式(3.22)の積分は，まず y 軸方向に関して 0 から式(3.27)で与えられる範囲で y について積分を行い，次に x について 0 から a まで積分すればよい．板の面密度を ρ とし，重心の x 座標，y 座標をそれぞれ x_G，y_G とすると，これらは次式のようになる．

$$\begin{aligned} x_G &= \frac{\int_S \rho x dS}{\int_S \rho dS} = \frac{\int_0^a \int_0^{(b/a)x} \rho x dy dx}{\int_0^a \int_0^{(b/a)x} \rho dy dx} = \frac{\frac{\rho a^2 b}{3}}{\frac{\rho ab}{2}} = \frac{2}{3} a \\ y_G &= \frac{\int_S \rho y dS}{\int_S \rho dS} = \frac{\int_0^a \int_0^{(b/a)x} \rho y dy dx}{\int_0^a \int_0^{(b/a)x} \rho dy dx} = \frac{\frac{\rho a b^2}{6}}{\frac{\rho ab}{2}} = \frac{1}{3} b \end{aligned} \tag{3.28}$$

【例 3・8】　＊＊＊＊＊＊＊＊＊＊＊＊＊＊＊＊＊＊＊＊＊＊＊＊

図 3.14 (a)に示す形状の，一様な面密度の板がある．この板の重心を求めよ．

【解 3・8】

図 3.14(b)に示すように，与えられた板は二つの長方形 A，B からなると考える．板の面密度を ρ とすると，長方形 A の重心の x 座標 x_{AG}，y 座標 y_{AG} および質量 m_A は以下で与えられる．

$$x_{AG} = \frac{a}{4}, y_{AG} = \frac{b}{4}, m_A = \frac{\rho ab}{4} \tag{3.29}$$

同様に，長方形 B の重心の x 座標 x_{BG}，y 座標 y_{BG} および質量 m_B は以下で与えられる．

$$x_{BG} = \frac{3a}{4}, y_{BG} = \frac{b}{2}, m_B = \frac{\rho ab}{2} \tag{3.30}$$

以上のようにすれば，今考えている板は，静力学的には図 3.14(c)に示すように，長方形 A の重心位置におかれた質量 m_A の質点と，長方形 B の重心位置におかれた質量 m_B の質点からなる系と等価である．この系の重心の x 座標，

y 座標をそれぞれ x_G，y_G とすると，式(3.20)より次式を得る．

$$x_G = \frac{x_{AG} \times m_A + x_{BG} \times m_B}{m_A + m_B} = \frac{7\rho a^2 b/16}{3\rho ab/4} = \frac{7}{12}a$$
$$y_G = \frac{y_{AG} \times m_A + y_{BG} \times m_B}{m_A + m_B} = \frac{5\rho ab^2/16}{3\rho ab/4} = \frac{5}{12}b \tag{3.31}$$

この問題は，図 3.14(d)に示す長方形 C から長方形 D を引いたものと考えることもできる．長方形 C の重心の x 座標 x_{CG}，y 座標 y_{CG} および質量 m_C は以下で与えられる．

$$x_{CG} = \frac{a}{2}\ ,\ y_{CG} = \frac{b}{2}\ ,\ m_C = \rho ab \tag{3.32}$$

同様に，長方形 D の重心の x 座標 x_{DG}，y 座標 y_{DG} および質量 m_D は以下で与えられる．

$$x_{DG} = \frac{a}{4}\ ,\ y_{DG} = \frac{3b}{4}\ ,\ m_D = \frac{\rho ab}{4} \tag{3.33}$$

問題に与えられた板は長方形Cから長方形Dを引いたものであることに注意すると，今考えている板は，静力学的には図 3.14(e)に示すように，長方形 C の重心位置におかれた質量 m_C の質点と，長方形 D の重心位置におかれた質量 $-m_D$ の質点からなる系とみなすことができる．これを考慮して式(3.20)を適用すれば，式(3.31)と同じ結果を得る．

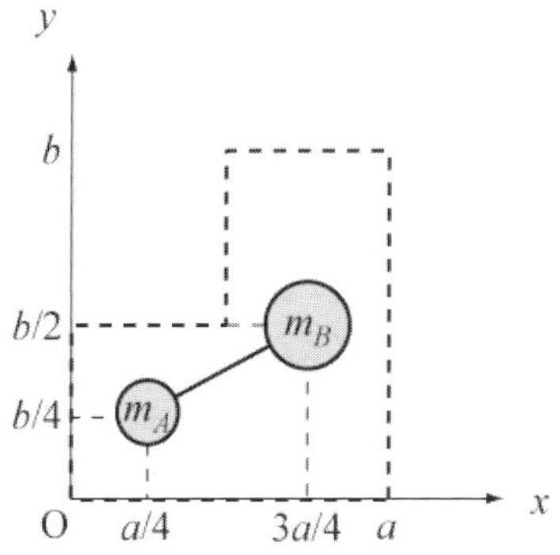

(c) 質点モデルへの置き換え

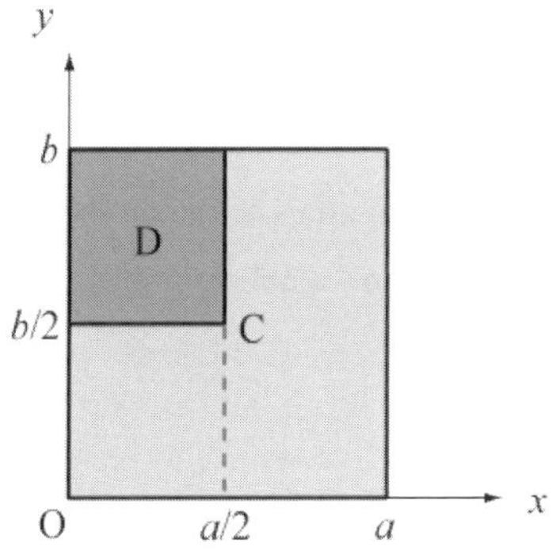

(d) 二つの長方形の差とした場合
（C は辺の長さが a，b の長方形）

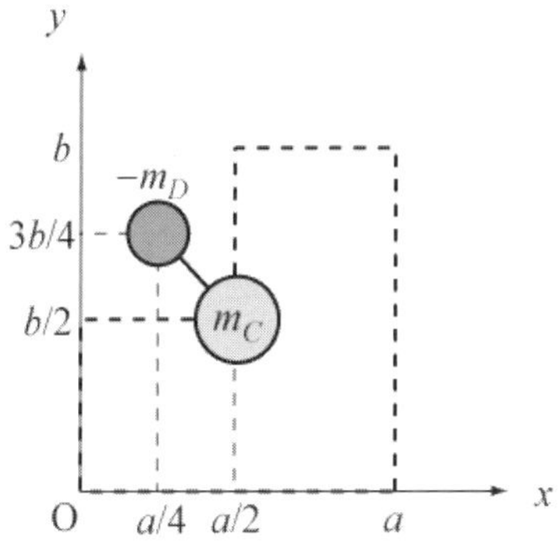

(e) 質点モデルへの置き換え

図 3.14 (2)　複雑な形状の板の重心

3・3　摩擦力（friction force）

・摩擦力（friction force）とは，例えば図 3.15 に示すように荷重 $\boldsymbol{W}$ により押し付け合って接触している 2 つの物体 A，B の一方に力 $\boldsymbol{F}$ を加えて他方に対して接触面に沿って滑らせようとするとき，その動きを妨げる方向に作用する力 $\boldsymbol{F}_S$ のことである．一方の物体が他方に対して動かない場合の摩擦力を静摩擦力(static friction force)という．したがって $\boldsymbol{F}_S = -\boldsymbol{F}$ である．静摩擦力には上限があり，これを最大静摩擦力(maximum static friction force)という．図 3.15 の場合，最大静摩擦力は次式で与えられる．

$$F_{S\max} = \mu_S N \tag{3.34}$$

ここに μ_s は静摩擦係数(coefficient of static friction)と呼ばれる量であり，N は垂直抗力 $\boldsymbol{N}$ の大きさである．

・摩擦力が作用する場合の釣合い問題は，静摩擦力の大きさが最大静摩擦力を越えない限り，通常の釣合い問題と同じである．ただし釣合うために必要な静摩擦力がいくらになるかは問題を解くまでわからない．このため，まず通常の釣合い問題として解き，その後に，求めた静摩擦力が最大静摩擦力以下であるかどうかを確認する．

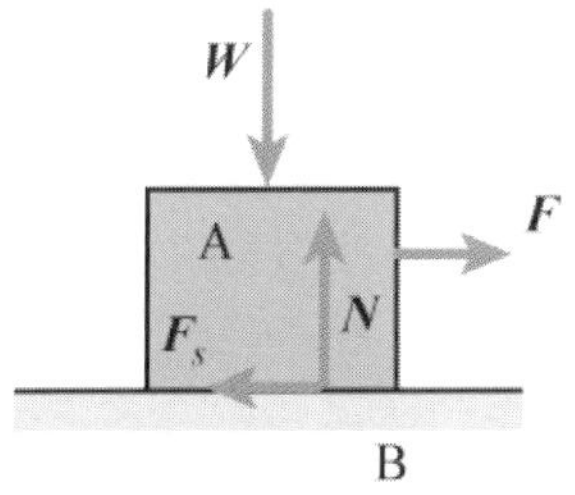

図 3.15　摩擦力

【例 3・9】　＊＊＊＊＊＊＊＊＊＊＊＊＊＊＊＊＊＊＊＊＊＊＊

A uniform box which has a mass of 30kg is placed on a floor. The coefficient of static friction between the box and the floor is $\mu_s = 0.3$. When a force $F = 120$ N is applied to the box as shown in Fig.3.16 (a), determine if the box remains in equilibrium.

【解 3・9】

Assuming that the box is in equilibrium, we determine the friction force. As shown in Fig. 3.16(b), we denote the magnitude of the friction force by F_s and the normal force from the floor by N. Then, the equilibrium conditions are given by the following equations:

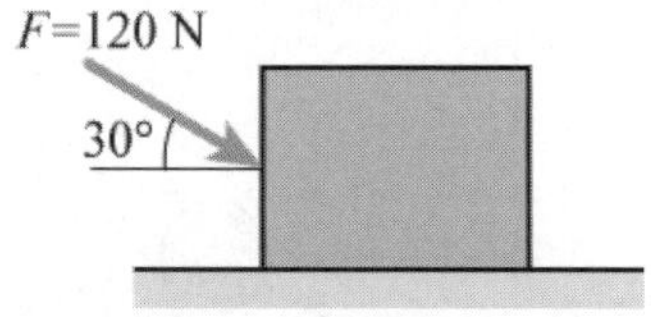

(a) Uniform box subjected to a force

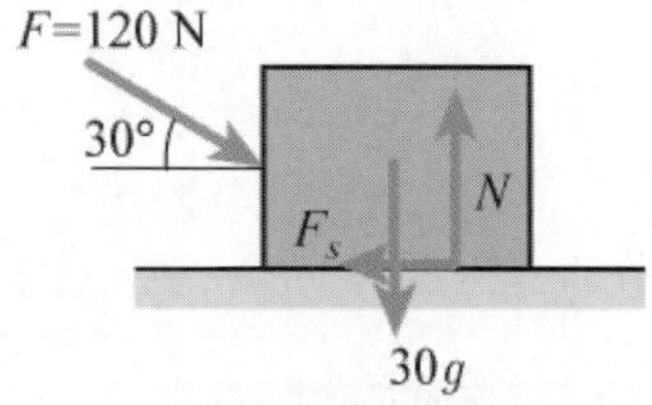

(b) Forces acting on the box

Fig. 3.16　Equilibrium with friction force

$$\begin{aligned} &120\cos 30^\circ - F_s = 0 \\ &N - 120\sin 30^\circ - 30g = 0 \end{aligned} \tag{3.35}$$

From the above equations we obtain

$$F_s = 104\ \text{N},\ N = 354\ \text{N} \tag{3.36}$$

On the other hand, the maximum static friction force is given by the following equation:

$$F_{s\max} = \mu_s N = 0.3 \times 354 = 106\ \text{N} \tag{3.37}$$

From the above equation, we confirm that the friction force needed for the equilibrium is less than the maximum static friction force. Thus , we conclude that the box is in equilibrium.

【例 3・10】　＊＊＊＊＊＊＊＊＊＊＊＊＊＊＊＊＊＊＊＊＊＊＊

図 3.17(a)のように，角度 θ の斜面の上に直方体の荷物（質量 m，高さ h，幅 b）が置かれ，静止している．荷物の重心は直方体の中央にあるとする．また斜面と荷物の間の静摩擦係数を μ_s とする．

(1) 斜面が荷物に及ぼす垂直抗力が 1 点に作用するとしたとき，この力が作用する位置を求めよ．

(2) 斜面の角度 θ を大きくしていくと荷物はどうなるか．

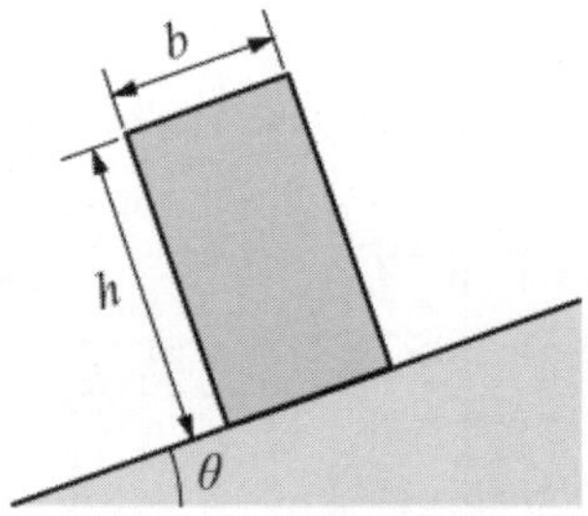

(a) 斜面上におかれた荷物

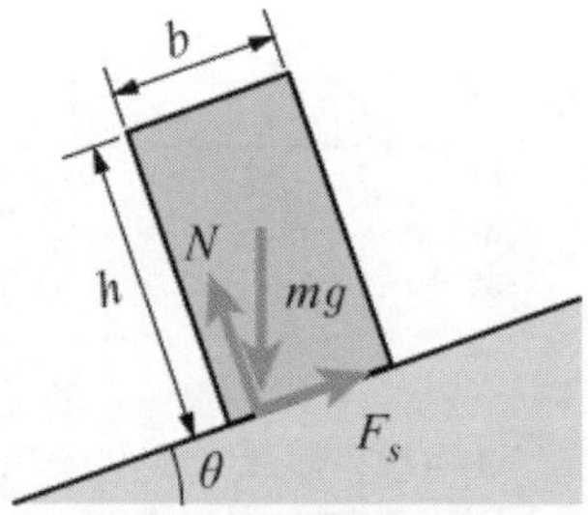

(b) 荷物に作用する力

図 3.17　斜面上におかれた荷物の釣合い

【解 3・10】

(1) 問題に与えられた前提のもとでは，荷物には図 3.17(b)に示すように重力 mg，垂直抗力 N，摩擦力 F_s が作用する．これらの力によるモーメントの釣合いを考える．垂直抗力の作用点まわりのモーメントを考えた場合，垂直抗力および摩擦力はモーメントを生じない．したがって重力によるモーメントも 0 となる必要がある．この条件を満たすのは，垂直抗力の作用点が重力の作用線上にある場合である．したがって垂直抗力は，荷物の底面上で重心の真下の点に作用する．

(2) 荷物が斜面上で静止するためには，十分な大きさの摩擦力が作用する必要がある．このための条件は「機械工学のための力学」p.40,【例題 3・6】にあるように次式で与えられる．

$$\tan\theta \le \mu_s \tag{3.38}$$

ただし摩擦力が荷物に作用するためには，垂直抗力の作用点は荷物の底面内にある必要がある．(1)で議論したように，釣合う場合には垂直抗力の作用点は重心の真下にある．これを考慮すれば，垂直抗力の作用点が底面内にあるための条件は次式となる．

$$\tan\theta \le \frac{b}{h} \tag{3.39}$$

荷物が釣合うためには式(3.38)と(3.39)を同時に満たす必要がある．式(3.38)が満たされない場合は荷物は滑り，式(3.39)が満たされない場合は荷物は転がる．どちらが先に起こるかは μ_s と b/h の大きさの関係に依存する．$\mu_s < b/h$ のとき，θ が $\tan^{-1}\mu_s$ を超えると荷物は滑る．$\mu_s > b/h$ のとき，θ が $\tan^{-1}(b/h)$ を超えると荷物は転がる．

【例 3・11】 ************************

図 3.18(a)のように，台の上におかれた質量 6kg のブロック A，B が，質量の無視できる剛体リンクでつながれている．台とブロック A，B の間の静摩擦係数はそれぞれ $\mu_A = 0.8$，$\mu_B = 0.2$ である．リンクの結合点 C に荷重 P を作用させる．このとき，ブロック A，B を滑らせることなく作用させられる最大の荷重を求めよ．

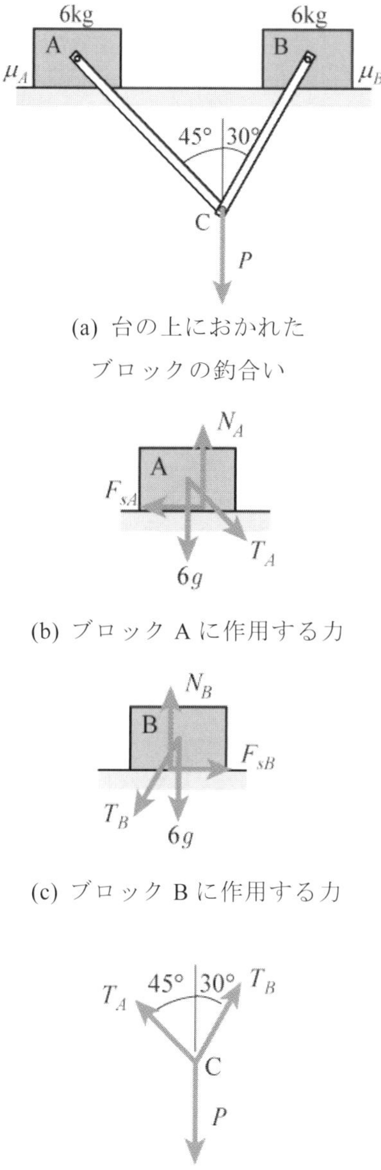

(a) 台の上におかれたブロックの釣合い

(b) ブロック A に作用する力

(c) ブロック B に作用する力

(d) 点 C に作用する力

図 3.18 台の上におかれたブロックの釣合い

【解 3・11】

ブロック A と荷重点 C をつなぐリンクに生じる張力を T_A，ブロック B と荷重点 C をつなぐリンクに生じる張力を T_B，台からブロック A，ブロック B に作用する垂直抗力および摩擦力をそれぞれ N_A，N_B および F_{sA}，F_{sB} とする．このとき，ブロック A，ブロック B，リンクの結合点 C にはそれぞれ図 3.18(b)，(c)，(d)に示すように力が作用する．

荷重 P が最大になるのは，ブロック A に作用する摩擦力が最大静摩擦力となった場合またはブロック B に作用する摩擦力が最大静摩擦力となった場合のどちらかのうち，そのときの P の値が小さい方である．

まずブロック A に作用する摩擦力が最大静摩擦力となった場合，すなわち $F_{sA} = \mu_A N_A$ の場合を考える．このときブロック A、ブロック B および点 C に作用する力の釣合い条件は次式で与えられる．

$$\begin{aligned}
&T_A \sin 45^\circ - \mu_A N_A = 0\\
&N_A - 6g - T_A \cos 45^\circ = 0\\
&F_{sB} - T_B \sin 30^\circ = 0\\
&N_B - 6g - T_B \cos 30^\circ = 0\\
&T_B \sin 30^\circ - T_A \sin 45^\circ = 0\\
&T_A \cos 45^\circ + T_B \cos 30^\circ - P = 0
\end{aligned} \tag{3.40}$$

上式を解いて P を求めれば次式を得る．

$$P = \frac{6g\mu_A \sin(45^\circ + 30^\circ)}{(\sin 45^\circ - \mu_A \cos 45^\circ)\sin 30^\circ} = 643.2\ \mathrm{N} \tag{3.41}$$

同様にしてブロック B に作用する摩擦力が最大静摩擦力となった場合の P を求めれば次式を得る．

$$P = \frac{6g\mu_B \sin(45^\circ + 30^\circ)}{\sin 45^\circ(\sin 30^\circ - \mu_B \cos 30^\circ)} = 49.2\ \mathrm{N} \tag{3.42}$$

式(3.41)と(3.42)で小さい方の P は式(3.42)であるので，ブロック A，B を滑らせることなく作用させられる最大の荷重は 49. 2N である

3・4　平面トラスの解析（analysis of planar trusses）

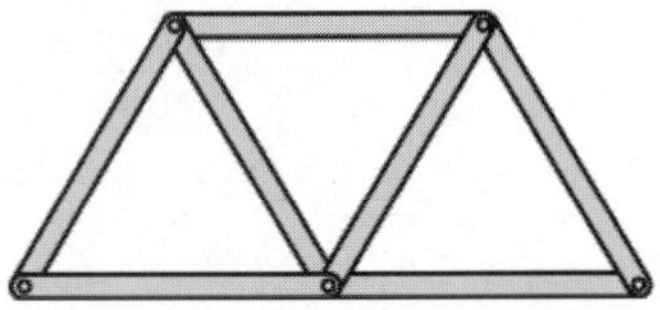

図 3.19　トラスの例

・トラス(truss)とは図 3.19 に示すように三角形を基本とし，相対運動ができないように回転自由なピンによって結合されてできた構造をいう．トラスに静荷重が作用する場合に，部材に生じる内力を求めるための方法として節点法(method of joints)と切断法(method of sections)がある．

・節点法は，各節点(joint)（結合点）における力の釣合いを考えて部材に生じる力を求める方法である．切断法はトラスを仮想的に切断し，切断面に作用する力の釣合いを考えて部材に生じる力を求める方法である．

【例 3・12】　＊＊＊＊＊＊＊＊＊＊＊＊＊＊＊＊＊＊＊＊＊＊＊

図 3.20(a)に示す平面トラスの部材 BC および部材 BE に生じる力を節点法により求めよ．またそれぞれの部材は圧縮状態と引張状態のどちらにあるか．

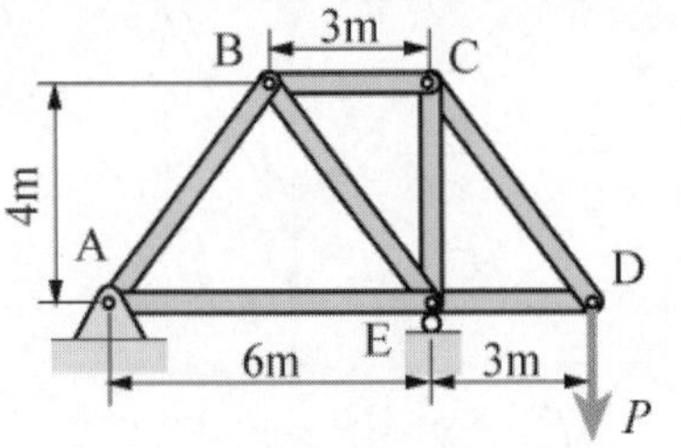

(a) トラスの釣合い

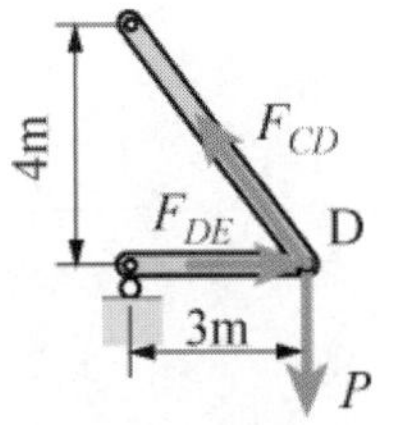

(b) 節点 D に作用する力

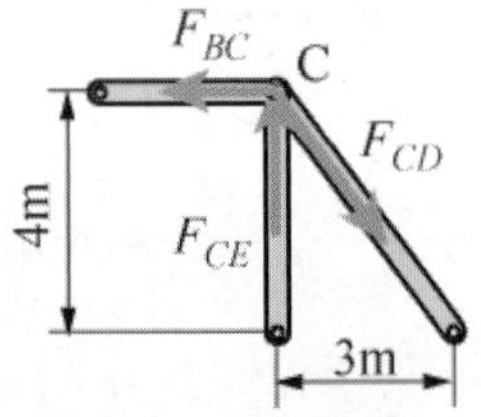

(c) 節点 C に作用する力

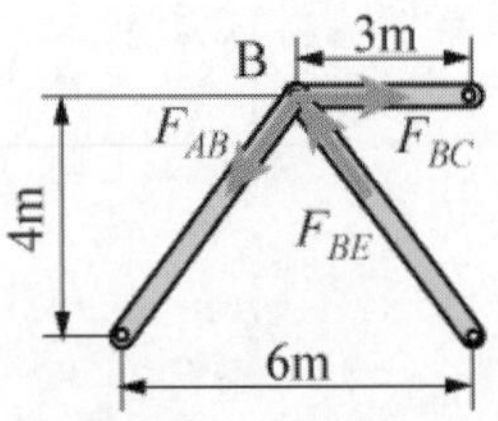

(d) 節点 B に作用する力

図 3.20　トラスの釣合い

【解 3・12】

節点法では，節点に作用する力の釣合いを考えて問題を解くため，未知量が二つ以下の節点を見つけ，その節点から解いていく．いま考えている問題の場合，以下のようにする．

まず節点 D に注目する．この点には荷重 P と，部材 CD および DE からの力が作用する．未知量はこれらの二つの力であるため，この点における力の釣合い問題は解くことができる．荷重 P の作用する向きを考慮し，部材 CD は引張状態，部材 DE は圧縮状態であると仮定し，図 3.20(b)に示すように力が作用するとする．ここに F_{CD}，F_{DE} は部材 CD および DE から節点 D に作用する力の大きさである．図の左右方向および上下方向の力の釣合い条件として次式を得る．

$$F_{DE} - \frac{3}{5}F_{CD} = 0 \qquad \frac{4}{5}F_{CD} - P = 0 \tag{3.43}$$

これより次式を得る．

$$F_{CD} = \frac{5}{4}P, F_{DE} = \frac{3}{4}P \tag{3.44}$$

この結果はいずれも正であるため，部材 CD および DE の引張あるいは圧縮状態は上で仮定したとおりであった．

次に節点 C に注目する．部材 BC は引張状態，部材 CE は圧縮状態であると仮定し，図 3.20(c)に示すように力が作用するとする．ここに F_{BC}，F_{CE} は部材 BC および CE から節点 C に作用する力の大きさである．図の左右方向および上下方向の力の釣合い条件として次式を得る．

$$\frac{3}{5}F_{CD} - F_{BC} = 0 \qquad F_{CE} - \frac{4}{5}F_{CD} = 0 \tag{3.45}$$

これより次式を得る．

$$F_{BC} = \frac{3}{4}P \tag{3.46}$$

この結果は正であるため，部材 BC は仮定したとおり引張状態にある．

次に節点 B に注目する．部材 AB は引張状態，部材 BE は圧縮状態であると仮定し，図 3.20(d)に示すように力が作用するとする．ここに F_{AB}，F_{BE} は部材 AB および BE から節点 B に作用する力の大きさである．図の左右方向および上下方向の力の釣合い条件として次式を得る．

$$\left.\begin{aligned} &F_{BC} - \frac{3}{5}F_{BE} - \frac{3}{5}F_{AB} = 0 \\ &\frac{4}{5}F_{BE} - \frac{4}{5}F_{AB} = 0 \end{aligned}\right\} \tag{3.47}$$

これより次式を得る．

$$F_{BE} = \frac{5}{8}P \tag{3.48}$$

この結果は正であるため，部材 BE は仮定したとおり圧縮状態にある．

【例 3・13】　＊＊＊＊＊＊＊＊＊＊＊＊＊＊＊＊＊＊＊＊＊＊＊

【例 3・12】と同じ問題を切断法により解け．

【解 3・13】

図 3.21(a)に破線で示すように切断し，右側の部分に注目する．部材 BC, BE, AE に作用する内力の大きさをそれぞれ F_{BC}，F_{BE}，F_{AE} とし，これらは図 3.21(b)に示す向きに作用する，すなわち全て引張状態であるとする．このときの支点 E まわりのモーメントの釣合いより次式を得る．

$$4F_{BC} - 3P = 0 \tag{3.49}$$

これより次式を得る．

$$F_{BC} = \frac{3}{4}P \tag{3.50}$$

この結果は正であるため，部材 BC には仮定した向きに内力が作用し，引張状態にある．

次に図 3.21(a)の左側の部分に注目する．この部分には図 3.21(c)に示す向きに力が作用する．なお，支点 A には支持力が作用するが，図 3.21(c)では省略してある．このとき支点 A まわりのモーメントの釣合いより次式を得る．

$$4F_{BC} + \frac{24}{5}F_{BE} = 0 \tag{3.51}$$

なお, 式(3.51)では節点 A と部材 BE 間の距離は 24/5m であることを用いている．式(3.51)より次式を得る．

$$F_{BE} = -\frac{5}{8}P \tag{3.52}$$

この結果は負であるため，部材 BE には仮定した向きとは逆向きに内力が生じており，圧縮状態にある．

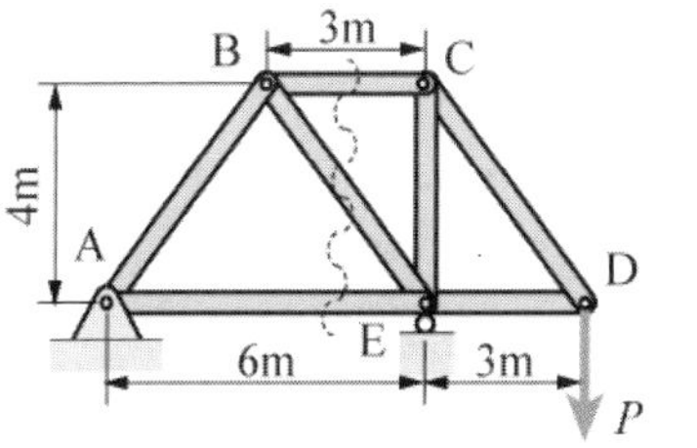

(a) トラスの切断

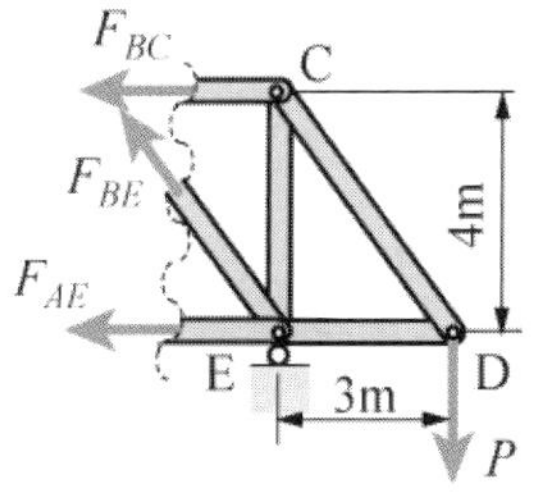

(b) 切断部右側に作用する力

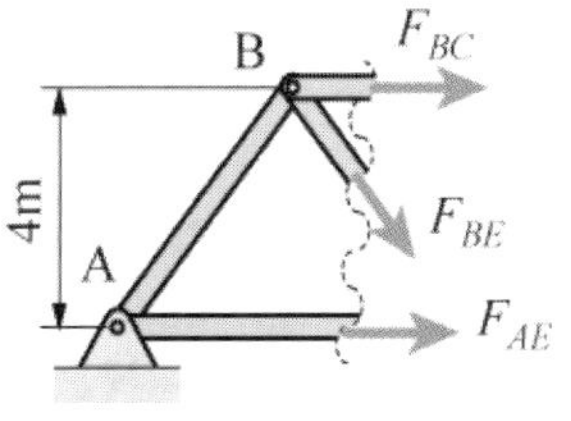

(c) 切断部右側に作用する力

図 3.21　トラスの釣合い

【例 3・14】　＊＊＊＊＊＊＊＊＊＊＊＊＊＊＊＊＊＊＊＊＊＊＊＊

図 3.22(a)に示す平面トラスの部材 BC および部材 BE に生じる力を節点法により求めよ．またそれぞれの部材は圧縮状態と引張状態のどちらにあるか．

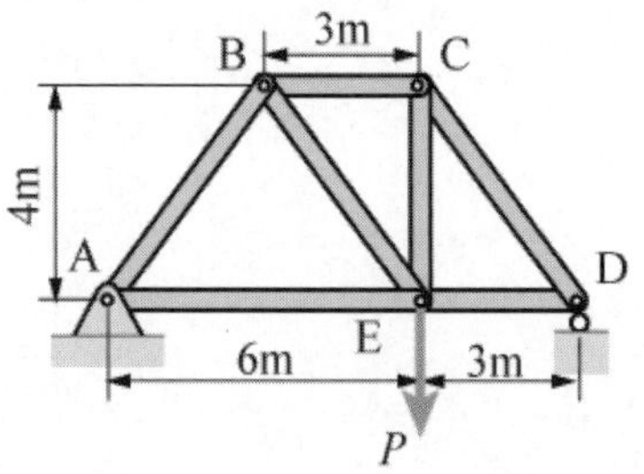

(a) トラスの釣合い

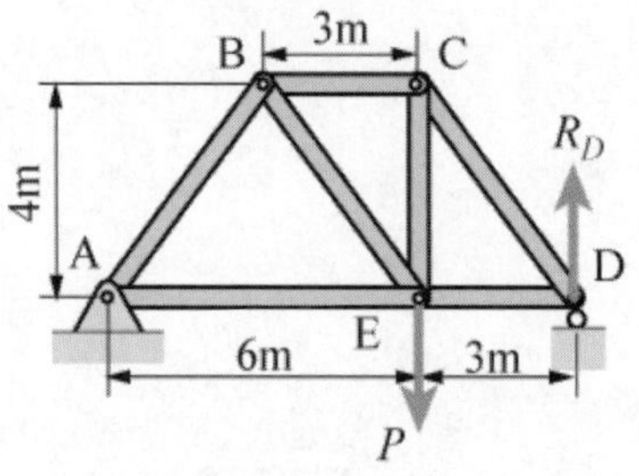

(b) 支点 D における支持力

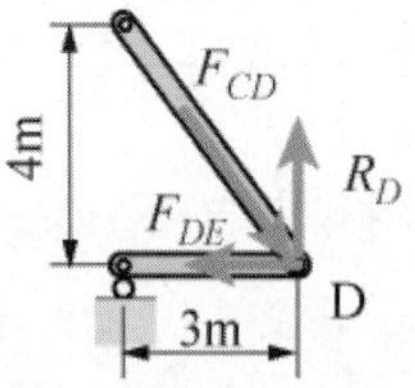

(c) 節点 D に作用する力

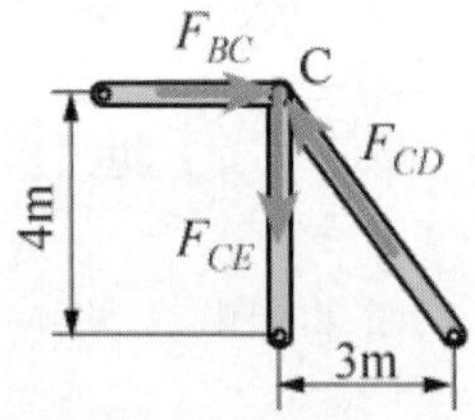

(d) 節点 C に作用する力

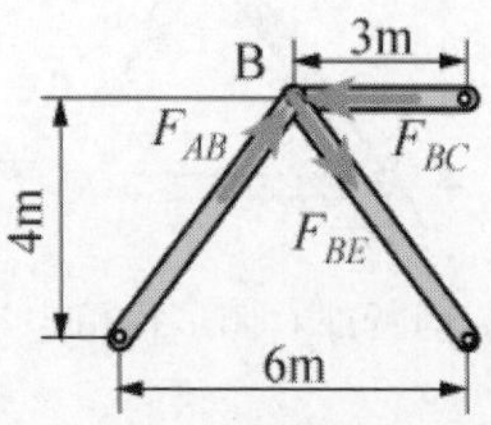

(e) 節点 B に作用する力

図 3.22　トラスの釣合い

【解 3・14】

この問題は**【例 3・12】**と異なり，未知量が二つ以下の節点が存在しない．このためまず支点の支持力を求める．支点 D に作用する支持力の大きさを R_D とし図 3.22(b)に示すように上向きに作用するとすれば，点 A まわりのモーメントの釣合いより次式を得る．

$$9R_D - 6P = 0 \tag{3.53}$$

これより次式を得る．

$$R_D = \frac{2}{3}P \tag{3.54}$$

以下，**【例 3・12】**と同様に，節点ごとに釣合い方程式をたて，これを解く．まず節点 D における力の釣合いを考える．節点 D に作用する支持力は**【例 3・12】**における荷重とは逆向きであるので，各部材からの力も逆向きであるとする．このようにすれば節点 D に作用する力は図 3.22(c)のようであり，これより釣合い方程式をたてれば次式を得る．

$$\left.\begin{aligned} &\frac{3}{5}F_{CD} - F_{DE} = 0 \\ &R_D - \frac{4}{5}F_{CD} = 0 \end{aligned}\right. \tag{3.55}$$

これより次式を得る．

$$F_{CD} = \frac{5}{6}P,\ F_{DE} = \frac{1}{2}P \tag{3.56}$$

次に節点 C における力の釣合いを考える．節点 C に作用する力は図 3.22(d)のようであり，これより釣合い方程式をたてれば次式を得る．

$$\left.\begin{aligned} &F_{BC} - \frac{3}{5}F_{CD} = 0 \\ &\frac{4}{5}F_{CD} - F_{CE} = 0 \end{aligned}\right. \tag{3.57}$$

これより次式を得る．

$$F_{BC} = \frac{1}{2}P \tag{3.58}$$

最後に節点 B における力の釣合いを考える．節点 B に作用する力は図 3.22(e)のようであり，これより釣合い方程式をたてれば次式を得る．

$$\left.\begin{aligned} &\frac{3}{5}F_{BE} + \frac{3}{5}F_{AB} - F_{BC} = 0 \\ &\frac{4}{5}F_{AB} - \frac{4}{5}F_{BE} = 0 \end{aligned}\right. \tag{3.59}$$

これより次式を得る．

$$F_{BE} = \frac{5}{12}P \tag{3.60}$$

得られた解は全て正であったので，各部材の引張，圧縮状態は仮定したとおり【例 3・12】とは逆，すなわち部材 BC は圧縮状態，部材 BE は引張状態である．

【例 3・15】　* *

【例 3・14】と同じ問題を切断法により解け．

【解 3・15】

この問題では，切断法で解を求める場合にも，まず支持力を求める必要がある．これは式(3.54)により与えられる．この結果を用いて切断法により解を求める．図 3.23(a)に示すように切断し，右側の部分に注目する．部材 BC, BE, AE に作用する内力の大きさをそれぞれ F_{BC}，F_{BE}，F_{AE} とし，これらは図 3.23(b)に示す向きに作用する，すなわち全て引張状態であるとする．左右方向，上下方向の力の釣合いおよび節点 E まわりのモーメントの釣合いより次式を得る．

$$
\begin{aligned}
&-F_{BC}-\frac{3}{5}F_{BE}-F_{AE}=0 \\
&\frac{4}{5}F_{BE}+R_D-P=0 \\
&4F_{BC}+3R_D=0
\end{aligned}
\tag{3.61}
$$

上式第 3 式および第 2 式より次式を得る．

$$
F_{BC}=-\frac{1}{2}P,\ F_{BE}=\frac{5}{12}P \tag{3.62}
$$

F_{BC} は負であるため，部材 BC には仮定した向きとは内力は逆向きに生じている．したがって部材 BC は圧縮状態にあり，部材 BE は仮定どおり引張状態にある．

＝＝＝＝＝＝　練習問題　＝＝＝＝＝＝＝＝＝＝＝＝＝＝＝＝＝＝＝

【3・1】　図 3.24 に示す円弧状のはりがある．はりは，支点 A で自由に回転できるように支持されており，支点 B では水平方向に自由に移動できるようにローラで支持されている．同図に示すように大きさが 500N の力および 200N の力が作用するとき，支点 A，B における支持力を求めよ．ただしはりの質量は無視できるとする．

【3・2】　図 3.25 のように，棒が支点 A で自由に回転できるように支持されている．またこの棒には天井に固定された滑車 B を介してロープが取り付けられている．棒の先端に純粋モーメント M が作用するとき，支点 A における支持力およびロープの張力を求めよ．ただし棒およびロープの質量は無視できるとする．

【3・3】　図 3.26 のように，質量 m，半径 r の半円弧状の細い一様な棒がある．この棒の重心を求めよ．

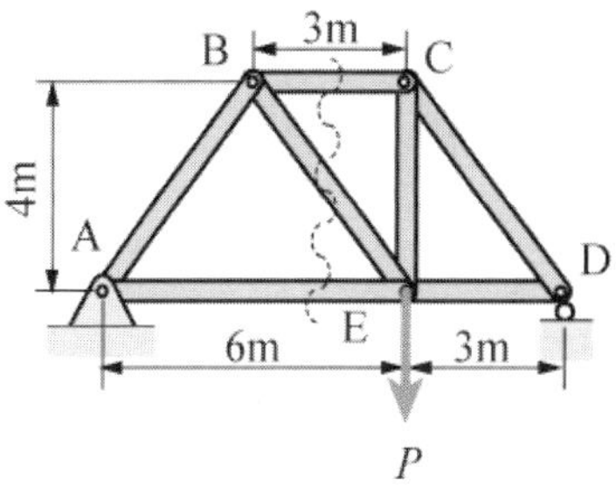

(a) トラスの切断

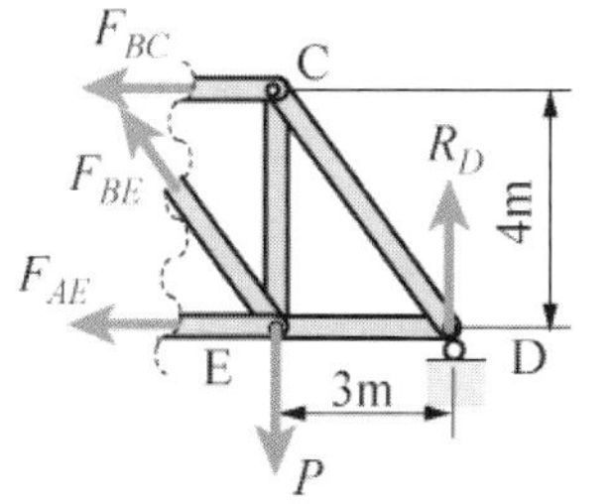

(b) 切断部および支点 D に作用する力

図 3.23　トラスの釣合い

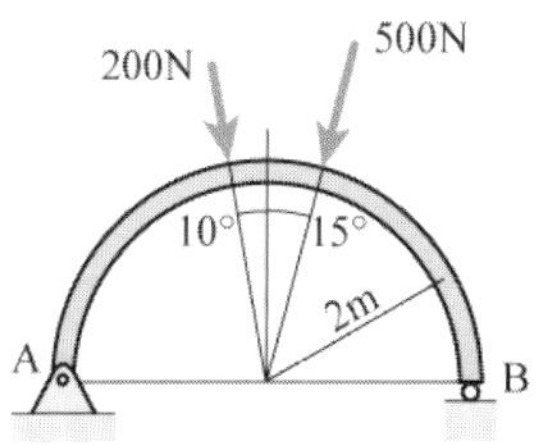

図 3.24 円弧状のはりの釣合い

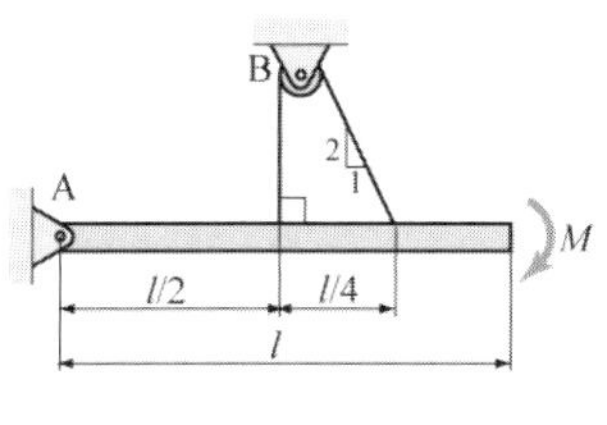

図 3.25 棒の釣合い

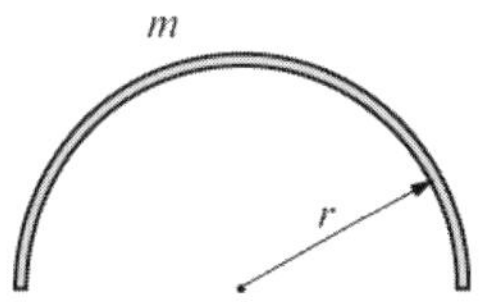

図 3.26　半円弧状の棒の重心

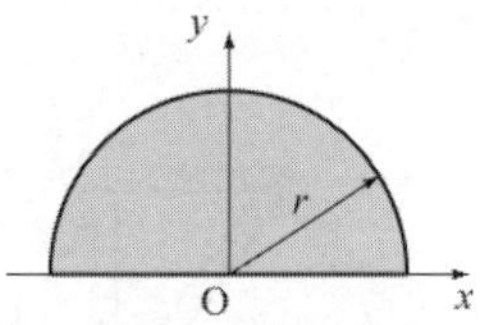

図 3.27　半円板の重心

【3・4】　図 3.27 のように，面密度が一様で半径 r の半円の板がある．この板の重心の y 座標を求めよ．

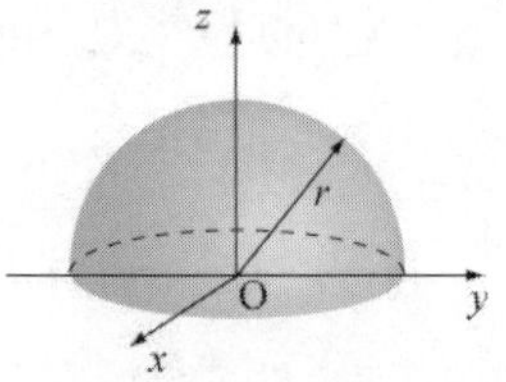

図 3.28　半球の重心

【3・5】　図 3.28 のように，密度が一様で半径 r の半球がある．この半球の重心の z 座標を求めよ．

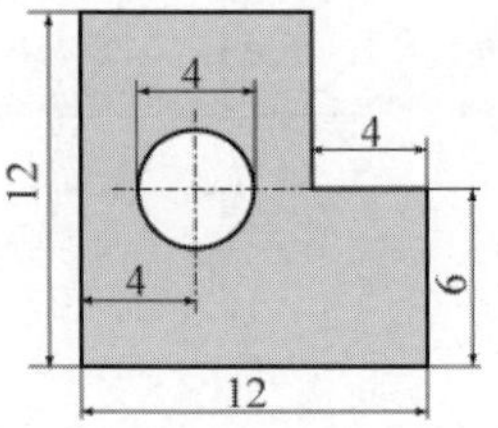

図 3.29　板の重心

【3・6】　図 3.29 に示す形状の，面密度が一様な板がある．この板の重心を求めよ．

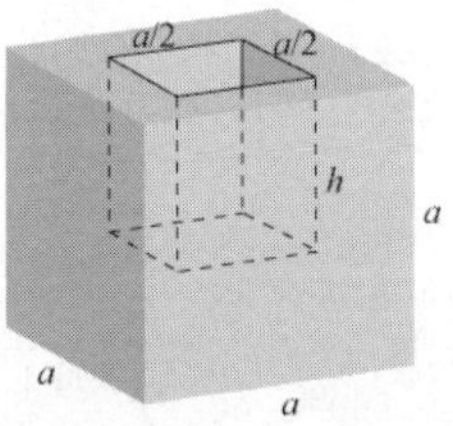

図 3.30　直方体の穴をもつ立方体の重心

【3・7】　密度が一様で辺の長さが a の立方体がある．この立方体の中央に，図 3.30 に示すように辺の長さが $a/2$ の正方形断面の穴をあける．穴の深さを h とするとき，この立体の重心の高さ方向の位置を求めよ．また重心を最も低くするためには穴の深さ h をいくらにすればよいか．

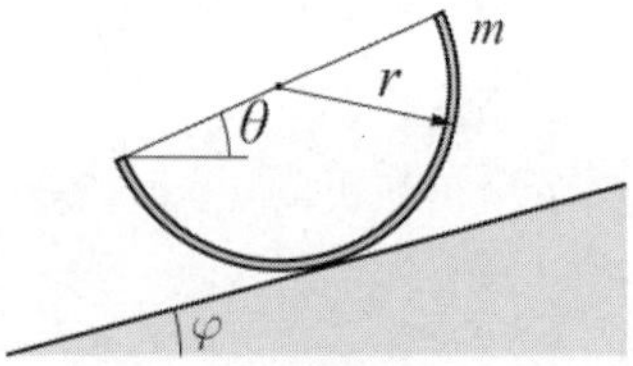

図 3.31　粗い斜面におかれた円筒の釣合い

【3・8】　図 3.31 のように，質量 m，半径 r の薄い半円筒が粗い斜面上に置かれている．斜面の傾斜角 φ が 15°のとき，半円筒が滑ることなく釣合うために必要な最小の静摩擦係数はいくらか．また釣合っているときの半円筒の傾斜角 θ はいくらか．

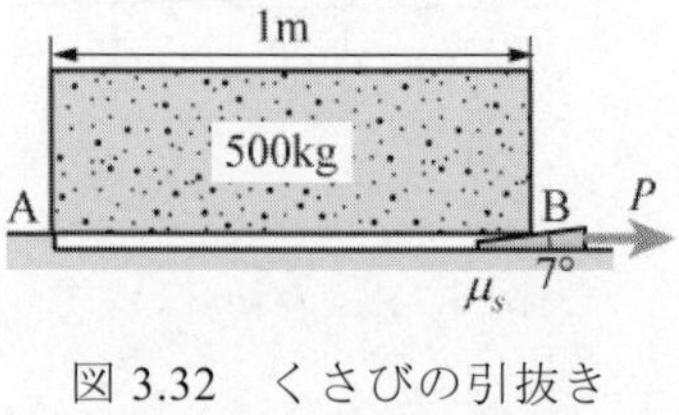

図 3.32　くさびの引抜き

【3・9】　図 3.32 のように，質量 500kg の一様な石が点 B において，7°の傾斜角を持つくさびを用いて水平に支持されている．石とくさび，くさびと床の間の静摩擦係数 μ_s は 0.3 である．くさびを引き抜くのに必要な最小の力 P はいくらか．ただし，くさびを引き抜く際，石は点 A では滑らないものとする．

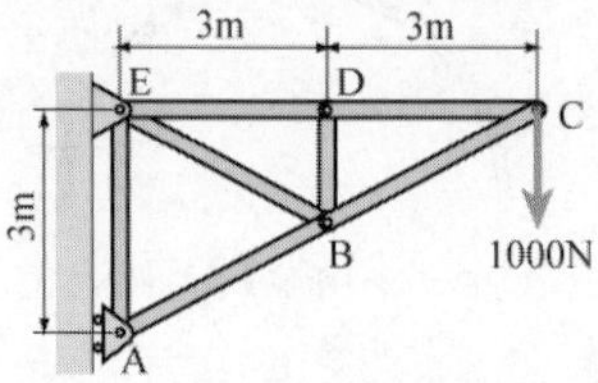

図 3.33　トラスの釣合い

【3・10】　図 3.33 に示す平面トラスの各部材に生じる力を求めよ．またそれぞれの部材は圧縮状態と引張状態のどちらにあるか．

【3・11】　図 3.34 に示す平面トラスの部材 FE，FC，BC，BF に生じる力を求めよ．またそれぞれの部材は圧縮状態と引張状態のどちらにあるか．

【3・12】　図 3.35 に示す平面トラスの各部材の引張および圧縮に対する許容力がそれぞれ 8kN，6kN であるとする．このとき，トラスが支持可能な荷重 P の最大値はいくらか．

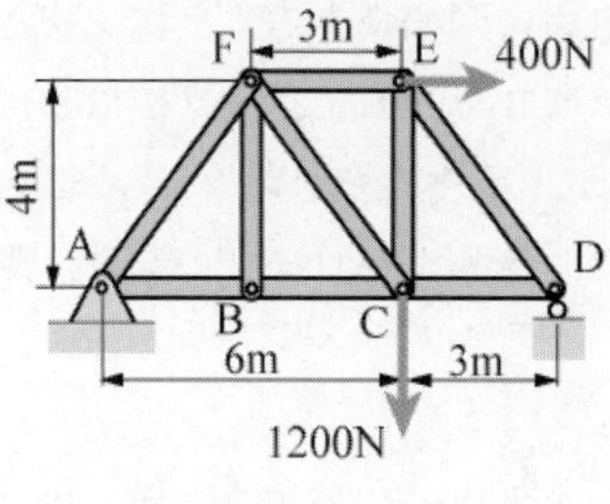

図 3.34　複数の力が作用する

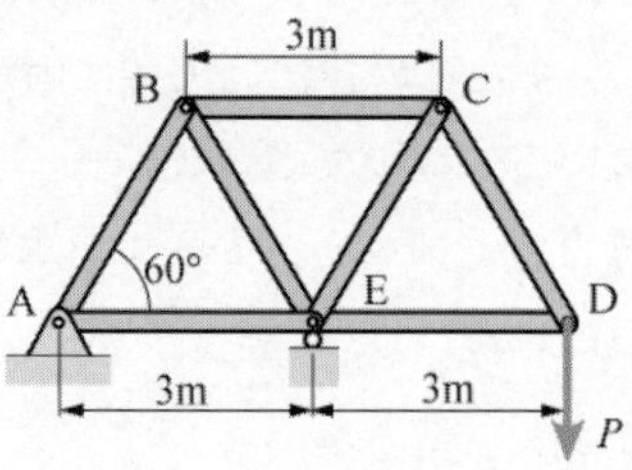

図 3.35　トラスが支持可能な最大荷重の決定

第 4 章

質点の力学

Dynamics of Particle

4・1　速度と加速度（velocity and acceleration）

この章では，質点の力学を学ぶが，質点に力が働くと運動が生じる．
まずはその運動について学び，質点に働く力との関係について理解を深める．

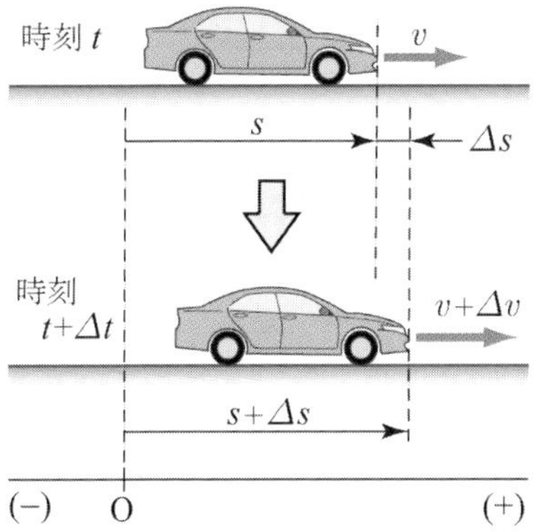

図 4.1　直線運動の例

・直線運動(linear motion)

直線運動している物体(図 4.1)が時刻 t で s の位置(position)にあり，時刻 $t+\Delta t$ で $s+\Delta s$ の位置に移動したとき，時刻 t における速度(velocity)は，

$$v = \lim_{\Delta t \to 0} \frac{\Delta s}{\Delta t} = \frac{ds}{dt} = \dot{s} \tag{4.1}$$

で表される．速度は位置の時間微分（時間変化率）であり，t に対する s の値を表す図 4.2(a)では，速度 v は s の t に対する傾きとなる．t に対する v の値は図 4.2(b)となる．速度の大きさ $|v|$ が速さ(speed)である．

加速度(acceleration) a は速度の時間微分（時間変化率）であり，位置 s の t に関する 2 階微分としても表される．

$$\begin{aligned} a &= \lim_{\Delta t \to 0} \frac{\Delta v}{\Delta t} = \frac{dv}{dt} = \dot{v} \\ &= \frac{d}{dt}\left(\frac{ds}{dt}\right) = \frac{d^2 s}{dt^2} = \ddot{s} \end{aligned} \tag{4.2}$$

t に対する v を表す図 4.2(b)では，加速度 a は v の t に関する傾きとなる．t に対する a の値は図 4.2(c)となる．

逆に，位置の変化量は速度の積分，速度の変化量は加速度の積分で表される．時刻 t_1, t_2 における位置および速度をそれぞれ s_1, s_2 および v_1, v_2 とすると(図 4.2)，以下の関係がある．

$$\int_{s_1}^{s_2} ds = \int_{t_1}^{t_2} v dt\,, \qquad s_2 - s_1 = \int_{t_1}^{t_2} v dt \tag{4.3}$$

$$\int_{v_1}^{v_2} dv = \int_{t_1}^{t_2} a dt\,, \qquad v_2 - v_1 = \int_{t_1}^{t_2} a dt \tag{4.4}$$

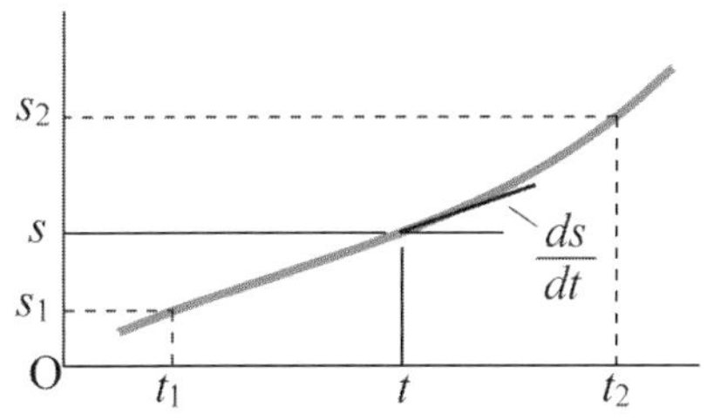

(a)　位置

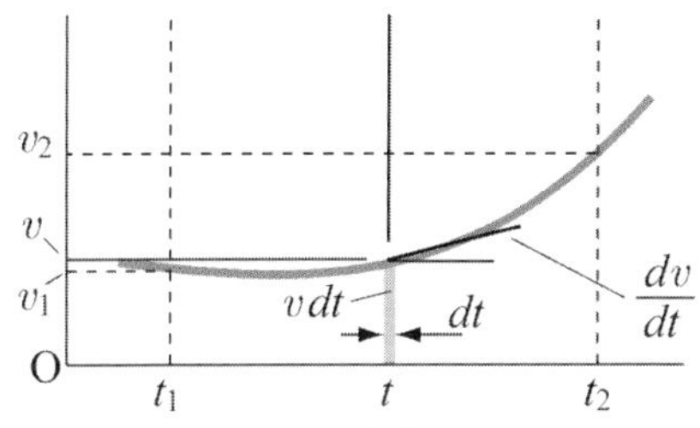

(b)　速度

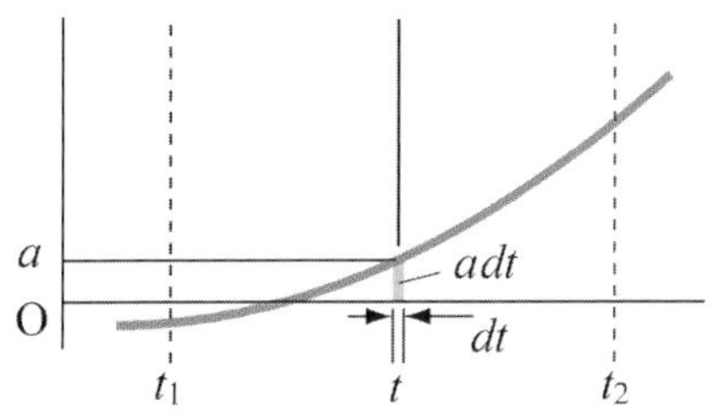

(c)　加速度

図 4.2　質点の位置，速度，加速度の変化の例

・平面曲線運動(planar curviliner motion)

図 4.3(a)に示すように，座標系 $\mathrm{O}-xy$ で表される平面内での物体の運動を考える．x, y 軸方向の単位ベクトルを $\boldsymbol{i}, \boldsymbol{j}$ として，時刻 t で経路上の点 P にある物体の位置は，次のようなベクトル量で表される．

$$\boldsymbol{r} = x\boldsymbol{i} + y\boldsymbol{j} \tag{4.5}$$

この物体が時刻 $t+\Delta t$ では位置 $\boldsymbol{r}+\Delta\boldsymbol{r}$ で表される P′ に移動したとき，時刻 t における平面曲線運動の速度は，位置ベクトル $\boldsymbol{r}$ の時間微分で表される．

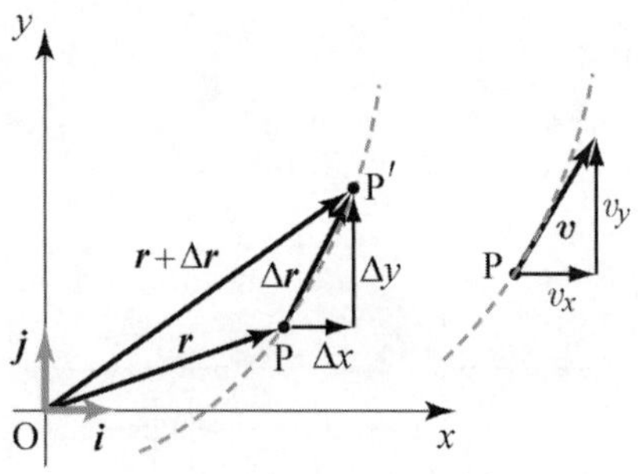

(a)　位置の変化

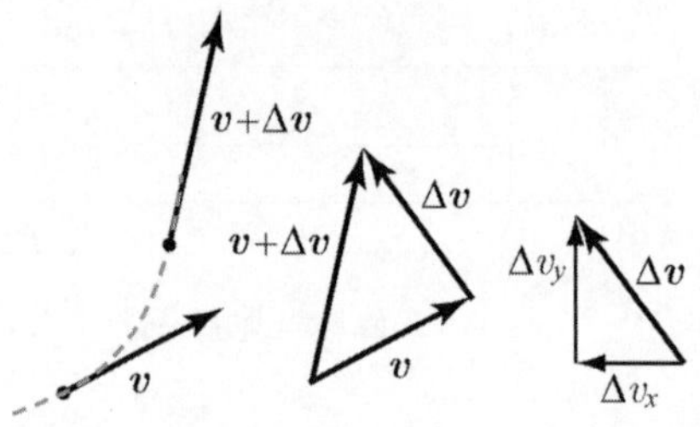

(b)　速度の変化

図 4.3　平面内の質点の運動

$$\boldsymbol{v} = \lim_{\Delta t \to 0}\left(\frac{\Delta \boldsymbol{r}}{\Delta t}\right) = \frac{d\boldsymbol{r}}{dt} = \dot{\boldsymbol{r}}$$
$$= \lim_{\Delta t \to 0}\left(\frac{\Delta x}{\Delta t}\boldsymbol{i} + \frac{\Delta y}{\Delta t}\boldsymbol{j}\right) = \frac{dx}{dt}\boldsymbol{i} + \frac{dy}{dt}\boldsymbol{j} = \dot{x}\boldsymbol{i} + \dot{y}\boldsymbol{j} = v_x\boldsymbol{i} + v_y\boldsymbol{j} \tag{4.6}$$

速度 $\boldsymbol{v}$ は経路上の接線方向を向く(図 4.3(a)). 速度の大きさ(速さ)は, 速度 (ベクトル量) $\boldsymbol{v}$ の大きさである.

$$|\boldsymbol{v}| = \sqrt{v_x^2 + v_y^2} = \sqrt{\dot{x}^2 + \dot{y}^2} \tag{4.7}$$

図 4.3(b)のように, 時刻 t で $\boldsymbol{v}$ であった速度が時刻 $t + \Delta t$ では $\boldsymbol{v} + \Delta\boldsymbol{v}$ になったとき, 時刻 t における平面曲線運動の加速度 $\boldsymbol{a}$ (ベクトル量) は, 速度 $\boldsymbol{v}$ の時間微分で表される.

$$\boldsymbol{a} = \lim_{\Delta t \to 0}\left(\frac{\Delta \boldsymbol{v}}{\Delta t}\right) = \frac{d\boldsymbol{v}}{dt} = \dot{\boldsymbol{v}}$$
$$= \lim_{\Delta t \to 0}\left(\frac{\Delta v_x}{\Delta t}\boldsymbol{i} + \frac{\Delta v_y}{\Delta t}\boldsymbol{j}\right) = \dot{v}_x\boldsymbol{i} + \dot{v}_y\boldsymbol{j} = a_x\boldsymbol{i} + a_y\boldsymbol{j} \tag{4.8}$$

加速度 $\boldsymbol{a}$ は, 位置 $\boldsymbol{r}$ の 2 階の時間微分としても表される.

$$\boldsymbol{a} = \frac{d}{dt}\left(\frac{d\boldsymbol{r}}{dt}\right) = \frac{d^2\boldsymbol{r}}{dt^2} = \ddot{\boldsymbol{r}} = \ddot{x}\boldsymbol{i} + \ddot{y}\boldsymbol{j} \tag{4.9}$$

加速度の大きさは,

$$|\boldsymbol{a}| = \sqrt{a_x^2 + a_y^2} = \sqrt{\dot{v}_x{}^2 + \dot{v}_y{}^2} = \sqrt{\ddot{x}^2 + \ddot{y}^2} \tag{4.10}$$

である. 時刻 t_1, t_2 における x 方向の位置を x_1, x_2, y 方向の位置を y_1, y_2 とする. 時刻 t_1 から t_2 における x, y 方向の位置の変化 (変位) は, それぞれの方向の速度の積分として表される.

$$x_2 - x_1 = \int_{t_1}^{t_2} v_x dt\,, \qquad y_2 - y_1 = \int_{t_1}^{t_2} v_y dt \tag{4.11}$$

時刻 t_1, t_2 における速度をそれぞれ $\boldsymbol{v}_1 = v_{x1}\boldsymbol{i} + v_{y1}\boldsymbol{j}$, $\boldsymbol{v}_2 = v_{x2}\boldsymbol{i} + v_{y2}\boldsymbol{j}$ とおく. x, y 方向の速度の変化は, それぞれの方向の加速度の積分として表される.

$$v_{x2} - v_{x1} = \int_{t_1}^{t_2} a_x dt\,, \qquad v_{y2} - v_{y1} = \int_{t_1}^{t_2} a_y dt \tag{4.12}$$

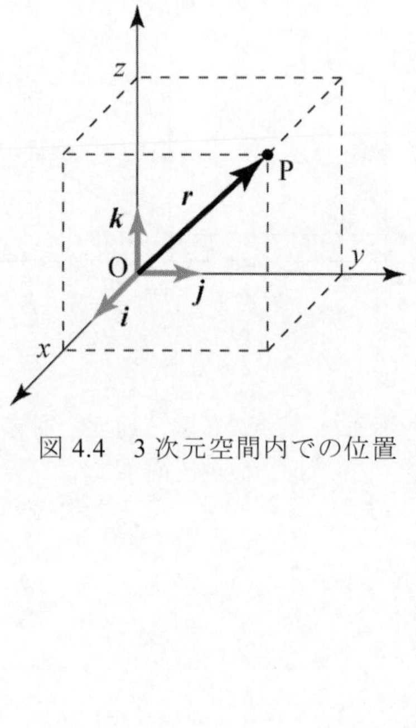

図 4.4　3 次元空間内での位置

・空間運動(spatial motion)

図 4.4 に示す 3 次元空間座標系 $\mathrm{O}-xyz$ での運動は, 図 4.3 の平面座標系 $\mathrm{O}-xy$ に高さ方向の位置を表す成分 z を加えて表す. z 方向の単位ベクトルを $\boldsymbol{k}$ とし, v_z, a_z を速度, 加速度の z 方向成分とする. 任意の点 P の位置 $\boldsymbol{r}$, 速度 $\boldsymbol{v}$, 加速度 $\boldsymbol{a}$ は,

$$\boldsymbol{r} = x\boldsymbol{i} + y\boldsymbol{j} + z\boldsymbol{k}$$
$$\boldsymbol{v} = \dot{\boldsymbol{r}} = \dot{x}\boldsymbol{i} + \dot{y}\boldsymbol{j} + \dot{z}\boldsymbol{k} = v_x\boldsymbol{i} + v_y\boldsymbol{j} + v_z\boldsymbol{k} \tag{4.13}$$
$$\boldsymbol{a} = \ddot{\boldsymbol{r}} = \ddot{x}\boldsymbol{i} + \ddot{y}\boldsymbol{j} + \ddot{z}\boldsymbol{k} = \dot{v}_x\boldsymbol{i} + \dot{v}_y\boldsymbol{j} + \dot{v}_z\boldsymbol{k} = a_x\boldsymbol{i} + a_y\boldsymbol{j} + a_z\boldsymbol{k}$$

速さと加速度の大きさは, 以下のように表される.

$$|\boldsymbol{v}| = \sqrt{\dot{x}^2 + \dot{y}^2 + \dot{z}^2} = \sqrt{v_x^2 + v_y^2 + v_z^2}$$
$$|\boldsymbol{a}| = \sqrt{\ddot{x}^2 + \ddot{y}^2 + \ddot{z}^2} = \sqrt{\dot{v}_x^2 + \dot{v}_y^2 + \dot{v}_z^2} = \sqrt{a_x^2 + a_y^2 + a_z^2} \qquad (4.14)$$

z 方向の成分についても，式(4.11),(4.12)と同様の関係が成立する．

【例 4・1】　＊＊＊＊＊＊＊＊＊＊＊＊＊＊＊＊＊＊＊＊＊＊＊＊＊

ある短距離選手がスタートから走った距離 s (m)を計測したところ，t を時間(秒)として，図 4.5(a)に示す関数 $s = -0.046t^3 + 0.97t^2 + 4.4t$ で近似できた．この短距離選手のスタートからの速度と加速度を時間の関数として求めよ．

【解 4・1】

走った距離 s が時間 t の関数として与えられているので，速度 v は s を t で 1 階微分して求められる．

$$v = \frac{ds}{dt} = -0.046 \times 3t^2 + 0.97 \times 2t + 4.4$$
$$= -0.138t^2 + 1.94t + 4.4 \quad \text{m/s} \qquad (4.15)$$

速度 v をさらに t で 1 階微分（s を t で 2 階微分）すれば，加速度 a が求められる．

$$a = \frac{dv}{dt} = \frac{d^2 s}{dt^2} = -0.138 \times 2t + 1.94 = -0.276t + 1.94 \quad \text{m/s}^2 \qquad (4.16)$$

v, a を時間 t の関数としてそれぞれ図 4.5(b)，(c)に示す．図 4.5(b)の速度 v はスタートから 7 秒付近まで増速するが，その後減速する．これは，図 4.5(c)から，速度の変化率である加速度が 7 秒付近から負の値となることからもわかる．なお，図 4.5(a)で近似した関数を用いると，$t = 10.5$ 秒で s はおよそ 100 m となり，この短距離選手は約 10.5 秒で 100 m を走ったことになる．

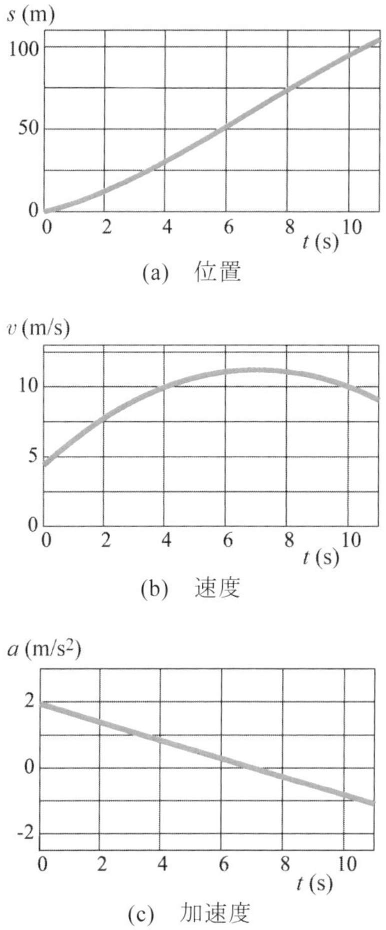

図 4.5　位置，速度，加速度の例

【例 4・2】　＊＊＊＊＊＊＊＊＊＊＊＊＊＊＊＊＊＊＊＊＊＊＊＊＊

A weather balloon moves in the $x-y$ plane so that its co-ordinates measured from a reference point (origin O), as shown in Fig.4.6, are given by $x = 7t$ and $y = 0.04x^2$, where t is the time in seconds and x and y are in meters. When $t = 3$ s, determine:

(1) the distance of the balloon from the reference point;

(2) the magnitude of the velocity (speed);

(3) the direction of the balloon's motion;

(4) the magnitude and direction of the acceleration.

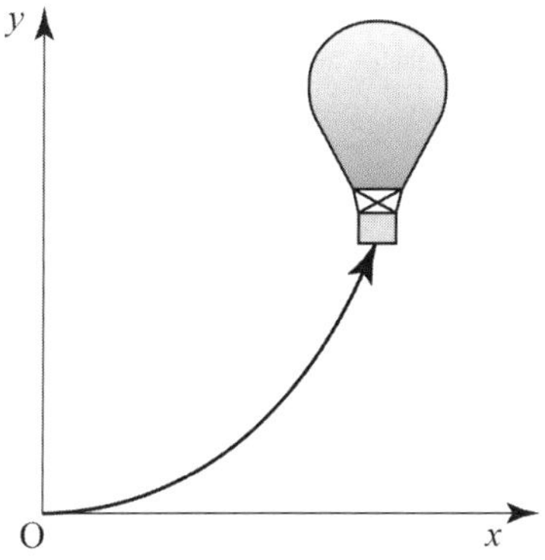

Fig.4.6　in-plane motion of baloon

【解 4・2】

(1) When $t = 3$ s, $x = 7 \times 3 = 21$ m, and so $y = 0.04 \times 21^2 = 17.64$ m. The straight-line distance from the origin O to the balloon is therefore

$$r = |\boldsymbol{r}| = \sqrt{21^2 + 17.64^2} = 27.43 \text{ m} \qquad (4.17)$$

(2) Using Eq.(4.6), the components of velocity when $t = 3$ s are

$$v_x = \dot{x} = \frac{d}{dt}(7t) = 7 \;\; \text{m/s}$$
$$v_y = \dot{y} = \frac{d}{dt}(0.04x^2) = 0.08x\dot{x} = 0.08 \times 7 \times 3 \times 7 = 11.76 \;\; \text{m/s} \tag{4.18}$$

The magnitude of velocity (speed) is therefore

$$v = \sqrt{7^2 + 11.76^2} = 13.69 \;\; \text{m/s} \tag{4.19}$$

(3) The direction is tangent to the path of the balloon's motion, where

$$\theta_v = \tan^{-1}\frac{v_y}{v_x} = \tan^{-1}\frac{11.76}{7} = 1.034 \;\; \text{rad} = 59.24^\circ \tag{4.20}$$

(4) The components of acceleration are determined from Eq.(4.8), noting $\ddot{x} = d^2(7t)\big/dt^2 = 0$. We have

$$a_x = \dot{v}_x = 0 \;\; \text{m/s}^2 \tag{4.21}$$

$$a_y = \dot{v}_y = \frac{d}{dt}(0.08x\dot{x}) = 0.08(\dot{x}^2 + x\ddot{x})$$
$$= 0.08 \times 7 \times 7 = 3.92\text{m/s}^2 \tag{4.22}$$

Thus

$$a = \sqrt{a_x^2 + a_y^2} = \sqrt{0 + 3.92^2} = 3.92 \;\; \text{m/s}^2 \tag{4.23}$$

The direction of the acceleration is upward vertical direction since the x-component of the acceleration is zero.

It is also possible to obtain v_y and a_y by first expressing $y = 0.04(7t)^2 = 1.96t^2$ and then taking successive time derivatives.

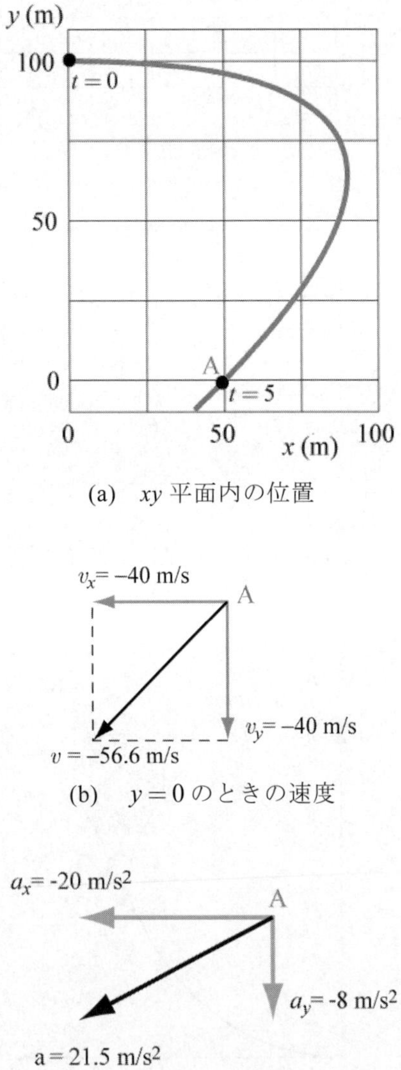

(a)　xy 平面内の位置

(b)　$y = 0$ のときの速度

(c)　$y = 0$ のときの加速度

図 4.7　質点の平面曲線運動の例

【例 4・3】　＊＊＊＊＊＊＊＊＊＊＊＊＊＊＊＊＊＊＊＊＊＊＊

質点の平面曲線運動が $v_x = 60 - 20t$，$y = 100 - 4t^2$ で表される．v_x は x 方向の速度 (m/s)，y は y 方向の位置 (m)，t は時間 (s) である．また，初期条件として $t = 0$ で x 方向の位置は $x = 0$ m であることがわかっている．

(1) 質点の位置 $\boldsymbol{r}$，速度 $\boldsymbol{v}$，加速度 $\boldsymbol{a}$ を時間 t の関数で表せ．
　x, y 方向の単位ベクトルを $\boldsymbol{i}, \boldsymbol{j}$ とする．

(2) $y = 0$ のときの速さと加速度の大きさを求めよ．

【解 4・3】

(1) 質点は xy 平面内で図 4.7(a)のように運動する．x 方向の位置は v_x を時間 t で積分して以下のように求められる．

$$x = \int_0^t v_x dt = 60t - \frac{20}{2}t^2 + C \tag{4.24}$$

C は積分定数である．$t = 0$ で $x = 0$ であるから $C = 0$．したがって，

$$x = 60t - 10t^2 \quad \text{m} \tag{4.25}$$

これを xy 平面で表わすと図 4.7(a)のようになる．

x 方向の加速度は，v_x を時間 t で微分して以下のように求められる．

$$a_x = \dot{v}_x = -20 \quad \text{m/s}^2 \tag{4.26}$$

y 方向の速度，加速度は，y の時間に関する 1 階，2 階微分から，

$$v_y = \dot{y} = -8t \quad \text{m/s}, \qquad a_y = \dot{v}_y = -8 \quad \text{m/s}^2 \tag{4.27}$$

となる．したがって，

$$\begin{aligned} \boldsymbol{r} &= (-10t^2 + 60t)\boldsymbol{i} + (-4t^2 + 100)\boldsymbol{j} && \text{m} \\ \boldsymbol{v} &= (-20t + 60)\boldsymbol{i} - 8t\,\boldsymbol{j} && \text{m/s} \\ \boldsymbol{a} &= -20\boldsymbol{i} - 8\boldsymbol{j} && \text{m/s}^2 \end{aligned} \tag{4.28}$$

(2) $y = 100 - 4t^2$ から，$t = 5\,\text{s}$ で $y = 0$．このとき，速度の x, y 成分は，図 4.7(b)に示すように $v_x = 60 - 20\times5 = -40$ m/s，$v_y = -8\times5 = -40$ m/s となる．また，加速度の x, y 成分は，図 4.7(c)に示すように $a_x = -20$ m/s^2，$a_y = -8$ m/s^2 となる．したがって，$y = 0$ のときの速さ v と加速度の大きさ a は，

$$\begin{aligned} v &= \sqrt{(-40)^2 + (-40)^2} = 56.6 && \text{m/s} \\ a &= \sqrt{(-20)^2 + (-8)^2} = 21.5 && \text{m/s}^2 \end{aligned} \tag{4.29}$$

4・2　座標系と運動方程式（coordinate systems and equation of motion）

・運動方程式(equation of motion)

質量 m の質点が，F の力を受けて運動の向きに a の加速度を持つとき，質点は以下の運動の法則（運動方程式）に従って運動する．

$$ma = F \tag{4.30}$$

ここで，m, a, F の単位はそれぞれ，kg, m/s^2, N である．

図 4.8 に示すように，質量 m の質点が 3 次元空間内の $\boldsymbol{r} = x\boldsymbol{i} + y\boldsymbol{j} + z\boldsymbol{k}$ の点 P の位置にあり，$\boldsymbol{F} = F_x\boldsymbol{i} + F_y\boldsymbol{j} + F_z\boldsymbol{k}$ で表される力（3 次元のベクトル）が作用して空間内で加速度 $\boldsymbol{a} = a_x\boldsymbol{i} + a_y\boldsymbol{j} + a_z\boldsymbol{k} = \ddot{x}\boldsymbol{i} + \ddot{y}\boldsymbol{j} + \ddot{z}\boldsymbol{k}$ の運動をするとき，x, y, z 方向でそれぞれ式(4.30)の運動方程式が成立する．

$$ma_x = F_x, \qquad ma_y = F_y, \qquad ma_z = F_z \tag{4.31}$$

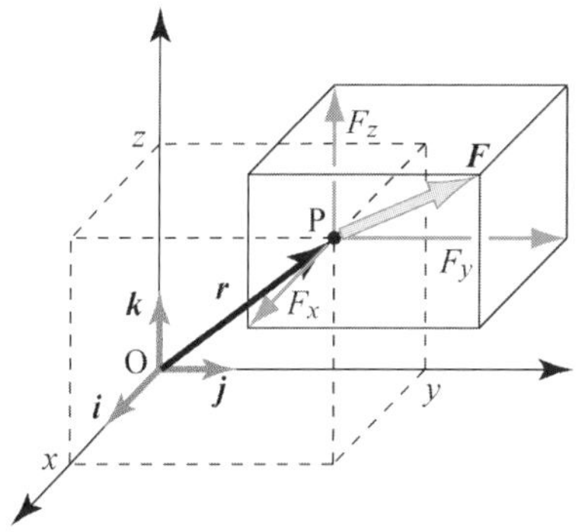

図 4.8　質点の 3 次元空間内での運動

式(4.31)の運動方程式は，以下のようにベクトルとしても表現できる

$$m\boldsymbol{a} = \boldsymbol{F} \tag{4.32}$$

式(4.30)〜(4.32)が成立する座標系を慣性系(inertial frame, inertial system)と呼ぶ．

・極座標(polar coordinates)と運動方程式

図 4.9 に示すように，$O - xy$ 平面内で運動する質点の位置（点 P）を，原点 O からの距離 $r = |\boldsymbol{r}| = \sqrt{x^2 + y^2}$ と，線分 $\overline{\text{OP}}$ が x 軸と反時計まわりになす角

度θによって表す座標系を極座標という．
極座標では原点Oから質点の向き（r方向）を持つ単位ベクトル$\boldsymbol{e}_r$と，それに直交する向き（θ方向）の単位ベクトル$\boldsymbol{e}_\theta$（θが増加する向きを正）を用いる．極座標での位置$\boldsymbol{r}$，速度$\boldsymbol{v}$，加速度$\boldsymbol{a}$は，

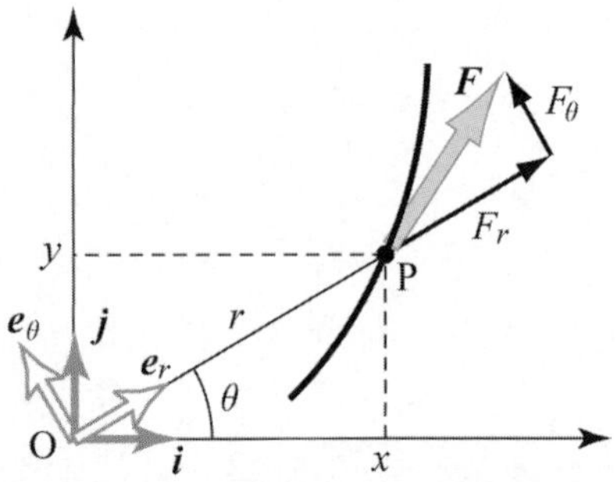

図 4.9　平面曲線運動を行う質点の極座標による表現

$$\boldsymbol{r}=r\boldsymbol{e}_r \tag{4.33}$$

$$\boldsymbol{v}=\dot{\boldsymbol{r}}=\dot{r}\boldsymbol{e}_r+r\dot{\theta}\boldsymbol{e}_\theta \tag{4.34}$$

$$\boldsymbol{a}=\dot{\boldsymbol{v}}=(\ddot{r}-r\dot{\theta}^2)\boldsymbol{e}_r+(r\ddot{\theta}+2\dot{r}\dot{\theta})\boldsymbol{e}_\theta \tag{4.35}$$

速さ$|\boldsymbol{v}|$，加速度の大きさ$|\boldsymbol{a}|$は，

$$|\boldsymbol{v}|=\sqrt{\dot{r}^2+(r\dot{\theta})^2}\,,\qquad |\mathbf{a}|=\sqrt{(\ddot{r}-r\dot{\theta}^2)^2+(r\ddot{\theta}+2\dot{r}\dot{\theta})^2} \tag{4.36}$$

点Pにある質量mの質点に$\boldsymbol{F}$の力が作用し，図 4.9 に示すように$\boldsymbol{F}=F_r\boldsymbol{e}_r+F_\theta\boldsymbol{e}_\theta$と表すと，$r$方向（$\boldsymbol{e}_r$の方向）と$\theta$方向（$\boldsymbol{e}_\theta$の方向）で式(4.30)が成り立ち，極座標での運動方程式となる．

$$r\text{方向: } m(\ddot{r}-r\dot{\theta}^2)=F_r\,,\qquad \theta\text{方向：} m(r\ddot{\theta}+2\dot{r}\dot{\theta})=F_\theta \tag{4.37}$$

・円柱座標(cylindrical coordinates)と運動方程式
円柱座標は，図 4.10 に示すように極座標に加えz方向の運動を考慮した3次元空間座標系である．z方向はz軸に沿った直線運動と考える．z方向の単位ベクトルを$\boldsymbol{e}_z$として，位置$\boldsymbol{r}$，速度$\boldsymbol{v}$，加速度$\boldsymbol{a}$は以下のように表される．

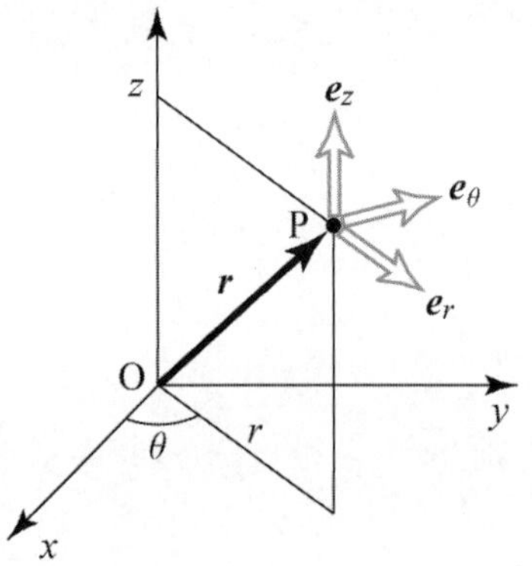

図 4.10　円柱座標

$$\begin{aligned}\boldsymbol{r}&=r\boldsymbol{e}_r+z\boldsymbol{e}_z\\ \boldsymbol{v}&=\dot{r}\boldsymbol{e}_r+r\dot{\theta}\boldsymbol{e}_\theta+\dot{z}\boldsymbol{e}_z\\ \boldsymbol{a}&=(\ddot{r}-r\dot{\theta}^2)\boldsymbol{e}_r+(r\ddot{\theta}+2\dot{r}\dot{\theta})\boldsymbol{e}_\theta+\ddot{z}\boldsymbol{e}_z\end{aligned} \tag{4.38}$$

速さと加速度の大きさは，

$$\begin{aligned}|\boldsymbol{v}|&=\sqrt{\dot{r}^2+(r\dot{\theta})^2+\dot{z}^2}\\ |\boldsymbol{a}|&=\sqrt{(\ddot{r}-r\dot{\theta}^2)^2+(r\ddot{\theta}+2\dot{r}\dot{\theta})^2+\ddot{z}^2}\end{aligned} \tag{4.39}$$

となる．z方向の力の成分をF_zとすれば，円柱座標での運動方程式は，

$$m(\ddot{r}-r\dot{\theta}^2)=F_r,\quad m(r\ddot{\theta}+2\dot{r}\dot{\theta})=F_\theta,\quad m\ddot{z}=F_z \tag{4.40}$$

となる．

－極座標－
ここでは，極座標として円柱座標について説明しているが，この他にも，3つの角度で表される空間内の極座標もある．

【例 4・4】　＊＊＊＊＊＊＊＊＊＊＊＊＊＊＊＊＊＊＊＊＊＊＊＊＊

質量mの質点に，図 4.11(a)に示す力$F(t)$が作用した．$F(t)$は時刻$t=0$からTまでは線形的に0から$\overline{F}$まで増加し，$t=T$以降は0となる．力が作用する方向の質点の位置をxとして質点の運動（速度および位置）を求めよ．質点は$t=0$で静止しており，そのときの位置を0とする．

【解 4・4】

運動方程式は以下のように表される．

$$m\ddot{x} = F(t) \quad \begin{cases} F(t) = \bar{F}t/T & 0 \le t \le T \\ F(t) = 0 & T < t \end{cases} \tag{4.41}$$

これより，$0 \le t \le T$ では $\ddot{x} = \bar{F}t/(mT)$ であり，この式を時間 t に関して 2 階積分すると次式を得る．C_1, C_2 は積分定数である．

$$x = \frac{\bar{F}}{6mT}t^3 + C_1 t + C_2 \tag{4.42}$$

質点は $t=0$ で静止しているので，初期条件は $t=0$ で $x=0, \dot{x}=0$．これより，$C_1=0,\ C_2=0$ となり，

$$x = \frac{\bar{F}}{6mT}t^3 \tag{4.43}$$

$T<t$ では $\ddot{x}=0$ であり，C_3, C_4 を積分定数としてこの式を時間 t に関して 2 階積分すると，次式を得る．

$$x = C_3 t + C_4 \tag{4.44}$$

これは $t=T$ より後の運動であり，それ以前は式(4.43)に従って運動する．そのため，式(4.44)の初期条件は $t=T$ における変位 x と速度 $\dot{x}$ であり，これらは式(4.43)から求められる．すなわち，式(4.44)の初期条件は，$t=T$ で $x=\bar{F}T^2/(6m)$，$\dot{x}=\bar{F}T/(2m)$．これより，$C_3=\bar{F}T/(2m)$，$C_4=-\bar{F}T^2/(3m)$ を得る．結局，質点の位置 x と速度 $\dot{x}$ は以下のように求められる．

$$\begin{cases} x = \dfrac{\bar{F}}{6mT}t^3, & \dot{x} = \dfrac{\bar{F}}{2mT}t^2 & (0 \le t \le T) \\ x = \dfrac{\bar{F}T}{2m}t - \dfrac{\bar{F}T^2}{3m}, & \dot{x} = \dfrac{\bar{F}T}{2m} & (T<t) \end{cases} \tag{4.45}$$

図 4.11(b)に速度 $\dot{x}$，図 4.11(c)に位置 x を示す．速度は $0 \le t \le T$ で時間 t に関する 2 次関数で増加した後，$t=T$ 以降は一定値となる．位置は $0 \le t \le T$ で t の 3 次関数で増加した後，$t=T$ 以降は線形的に増加する．

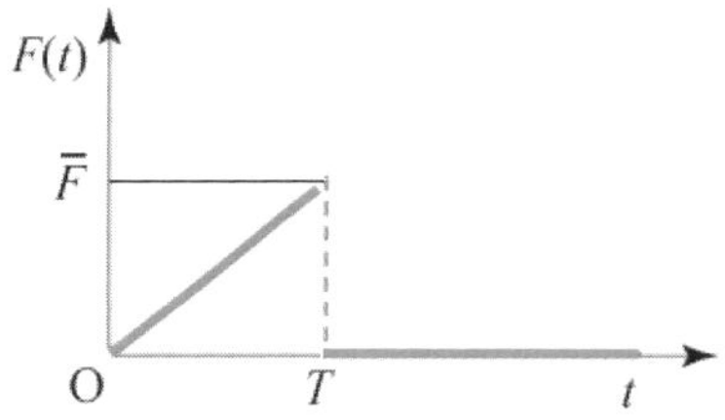

(a)　質点に作用する力

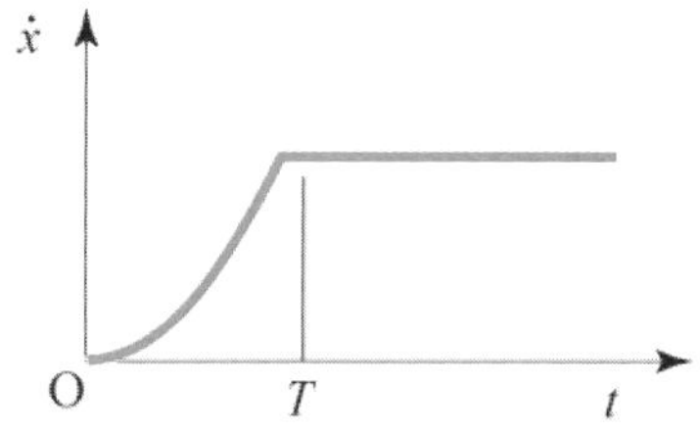

(b)　質点の速度

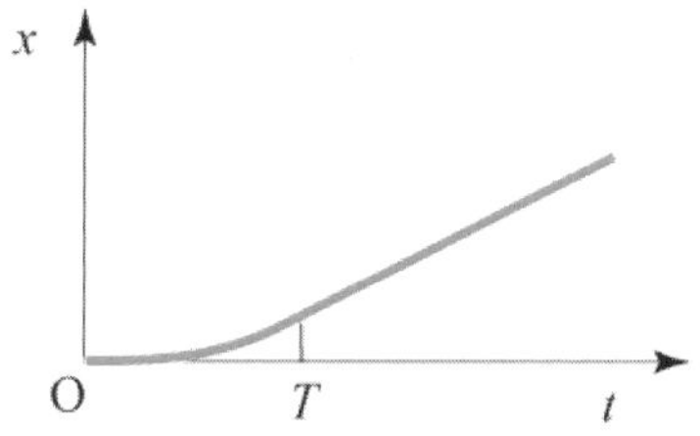

(c)　質点の位置

図 4.11　質点の運動の例

【例 4・5】　＊＊＊＊＊＊＊＊＊＊＊＊＊＊＊＊＊＊＊＊＊＊＊＊＊

A small object with mass of m (kg) is horizontally thrown from point A as shown in Fig.4.12(a). What is the minimum horizontal velocity u (m/s) so that the object clears point B? Neglect air resistance and use the gravitational acceleration $g = 9.81\ \mathrm{m/s^2}$.

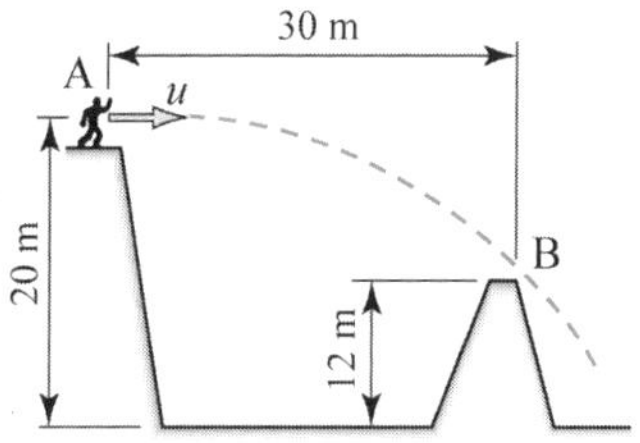

(a)　object projected horizontally

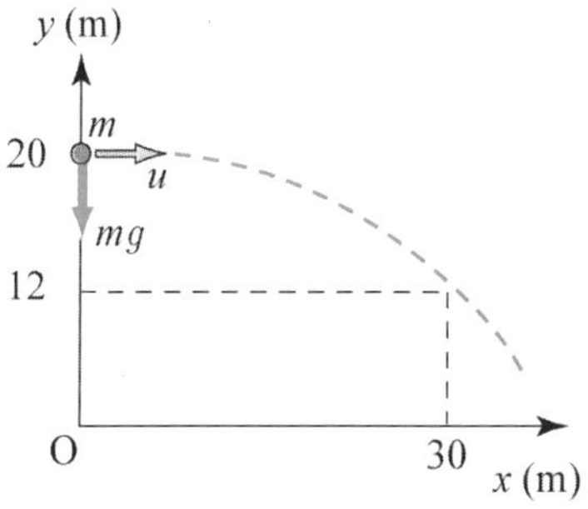

(b)　motion in coordinate system $\mathrm{O}-xy$

Fig 4.12　example of particle motion

【解 4・5】

A coordinate system $\mathrm{O}-xy$ is set as shown in Fig.4.12(b), where the position of origin O is determined vertically 20 m below point A. x and y axes correspond to horizontal and vertical axes, respectively. No horizontal force acts, while vertically downward force mg (N) acts on the object. Thus, equations of motion for x and y directions are expressed as follow:

$$m\ddot{x} = 0, \qquad m\ddot{y} = -mg \tag{4.46}$$

Two-step integration of Eq.(4.46) yields

$$x = C_1 t + C_2 \text{ (m)}, \qquad y = -\frac{g}{2}t^2 + C_3 t + C_4 \text{ (m)} \tag{4.47}$$

where t is the time in seconds and C_1 to C_4 are integration constants. Initial conditions are $x = 0$, $y = 20$, $\dot{x} = u$, and $\dot{y} = 0$ at $t = 0$. Thus, we have $C_1 = u$, $C_2 = 0$, $C_3 = 0$, and $C_4 = 20$ from Eq.(4.47). The position of the object (x, y) are given by following equations.

$$x = ut \text{ (m)}, \qquad y = -\frac{g}{2}t^2 + 20 \text{ (m)} \tag{4.48}$$

Supposing the time the object reaches point B at $t = \bar{t}$, we have $30 = u\bar{t}$ then $\bar{t} = 30/u$. The vertical position must be $y \geq 12$ m at $t = \bar{t}$ in order that the object clears point B. Thus,

$$y\Big|_{t=\bar{t}} = -\frac{g}{2}\left(\frac{30}{u}\right)^2 + 20 \geq 12 \text{ (m)} \tag{4.49}$$

$$u \geq \sqrt{\frac{450g}{8}} = \sqrt{\frac{450 \times 9.81}{8}} = 23.5 \text{ m/s} \tag{4.50}$$

The minimum horizontal velocity u (m/s) is 23.5 m/s .

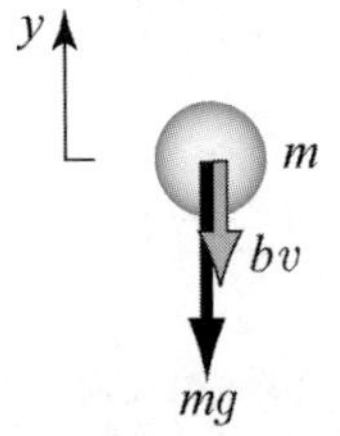

(a)　物体に作用する力

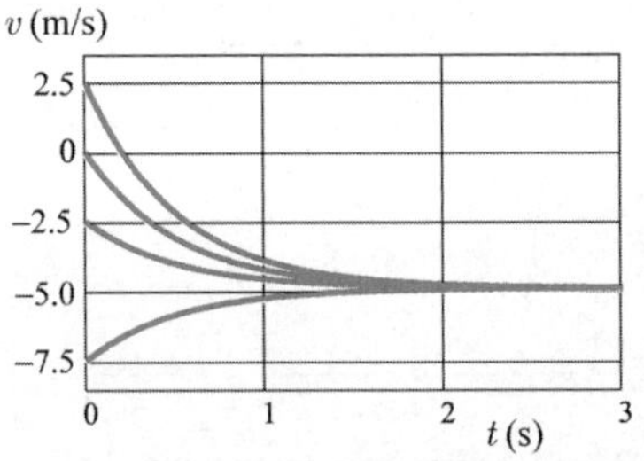

(b)　速度変化の例

図 4.13　速度に比例する抵抗を受ける物体の自由落下

【例 4・6】　＊＊＊＊＊＊＊＊＊＊＊＊＊＊＊＊＊＊＊＊＊＊＊＊＊

空気中を小さな速度で運動する物体は，一般に速度に比例する空気抵抗を受けることが知られている．質量 m の質点がこのような空気抵抗を受けながら自由落下するとき，質点の運動はどのようになるか．重力加速度を g として考えよ．

【解 4・6】

図 4.13(a)に示すように鉛直上向きに y 軸をとり，質点が受ける速度に比例する空気抵抗を bv $(v = \dot{y})$ と表す．ここに，b は正の比例定数である．質点の運動方程式は以下のように表される．

$$m\ddot{y} = -mg - bv \tag{4.51}$$

質点が上昇する場合 $(v = \dot{y} > 0)$ には下向きの抵抗を受け，質点が下降する場合 $(v = \dot{y} < 0)$ には上向きの抵抗を受ける．

運動方程式(4.51)を速度 v に関する式として，

$$\ddot{y} = \frac{dv}{dt} = -g - \frac{b}{m}v \tag{4.52}$$

と表し，以下のように変形する．

$$\frac{dv}{\frac{b}{m}v+g}=-dt \tag{4.53}$$

式(4.53)の両辺を積分すると,

$$\frac{m}{b}\ln\left(\frac{b}{m}v+g\right)=-t+C_0 \tag{4.54}$$

となり，次式が得られる.

$$\frac{b}{m}v+g=C_1e^{-bt/m} \tag{4.55}$$

ここに，C_0, C_1 は積分定数である．速度の初期条件として，$t=0$ で $v=v_0$ とすると，積分定数は $C_1=bv_0/m+g$ となり，速度 v が時間 t の関数として，以下のように表される.

$$v=\left(v_0+\frac{mg}{b}\right)e^{-bt/m}-\frac{mg}{b} \tag{4.56}$$

$v=dy/dt$ であるから，さらに式(4.56)を t について積分し，位置の初期条件を $t=0$ で $y=0$ とすると次式を得る.

$$y=\frac{m}{b}\left(v_0+\frac{mg}{b}\right)\left(1-e^{-bt/m}\right)-\frac{mg}{b}t \tag{4.57}$$

十分時間が経った状態，すなわち $t\to\infty$ では $e^{-bt/m}\to 0$ となるので，そのときの速度は，式(4.56)から以下のように求められる.

$$v\ \to\ -\frac{mg}{b} \tag{4.58}$$

式(4.58)から，時間が経つにつれ落下速度は初期条件に依存しない一定の値 $-mg/b$ に近づくことがわかる．この値を終端速度(terminal velocity)と呼ぶ．$b/m=2\ \mathrm{s}^{-1}$ であるとき，いくつかの v_0 に対して式(4.56)から得られる v を時間 t の関数として図 4.13(b)に示す．時間が経つにつれ v が終端速度 $-mg/b=-g/2\simeq-4.9$ m/s に近づいている．終端速度より大きな初速度（図 4.13(b)中では $v_0=-7.5$ m/s）が与えられると，質点は重力よりも大きな上向きの抵抗力を受けて減速されることがわかる.

【例 4・7】　＊＊＊＊＊＊＊＊＊＊＊＊＊＊＊＊＊＊＊＊＊＊＊＊＊＊

図 4.14 に示すように，半径 $R=100$ m の円周上を自動車が一定の速さ $v_0=60$ km/h で走行している．あるとき，自動車が減速を始め10秒後に停止した．60 km/h で定速走行しているとき，および減速開始から5秒後の加速度を極座標で表せ．減速時の角加速度（負の値）は一定とする.

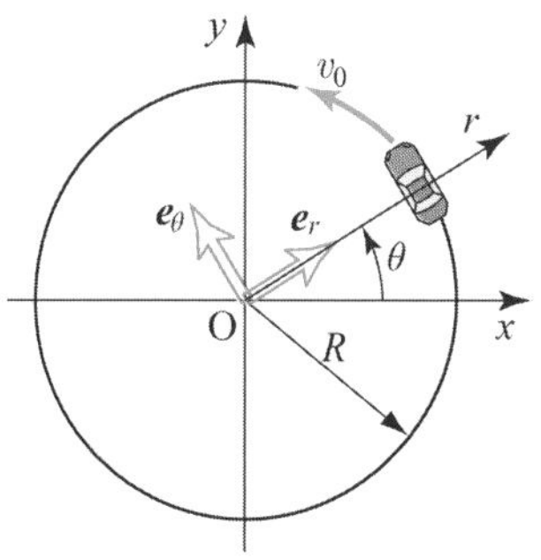

図 4.14　円運動の例

【解 4・7】

定速走行時の自動車の回転角速度 ω_0 は,

$$\omega_0=\frac{v_0}{R}=60\times\frac{1000}{3600}\times\frac{1}{100}=0.167\quad \mathrm{rad/s} \tag{4.59}$$

であり，減速時の角加速度 α は以下の一定値となる.

$$\alpha = -\frac{\omega_0}{10} = -\frac{0.167}{10} = -0.0167 \quad \text{rad/s}^2 \tag{4.60}$$

極座標の加速度ベクトルは $\boldsymbol{a} = (\ddot{r} - r\dot{\theta}^2)\boldsymbol{e}_r + (2\dot{r}\dot{\theta} + r\ddot{\theta})\boldsymbol{e}_\theta$ である．半径方向は $r = R$ の一定値であり，$\dot{r} = 0$，$\ddot{r} = 0$．

定速時は $\dot{\theta} = \omega_0$，$\ddot{\theta} = 0$ である．このときの加速度は，

$$\boldsymbol{a} = -R\dot{\theta}^2\boldsymbol{e}_r = -100\times 0.167^2\boldsymbol{e}_r = -2.79\boldsymbol{e}_r \quad \text{m/s}^2 \tag{4.61}$$

減速時は $\dot{\theta} = \omega_0 + \alpha t$，$\ddot{\theta} = \alpha$ となる．減速開始から5秒後の加速度は，

$$\begin{aligned}\boldsymbol{a} &= -R(\omega_0 + \alpha t)^2\boldsymbol{e}_r + R\alpha\boldsymbol{e}_\theta \\ &= -100\times(0.167 - 0.0167\times 5)^2\boldsymbol{e}_r + 100\times(-0.0167)\boldsymbol{e}_\theta \\ &= -0.697\boldsymbol{e}_r + 1.67\boldsymbol{e}_\theta \quad \text{m/s}^2\end{aligned} \tag{4.62}$$

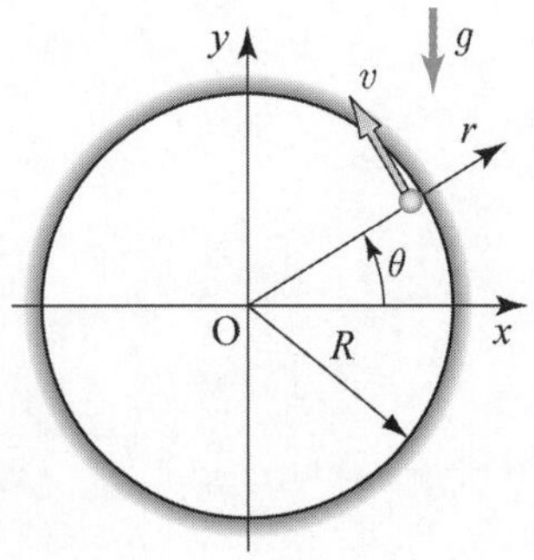

(a)　鉛直面内での円運動

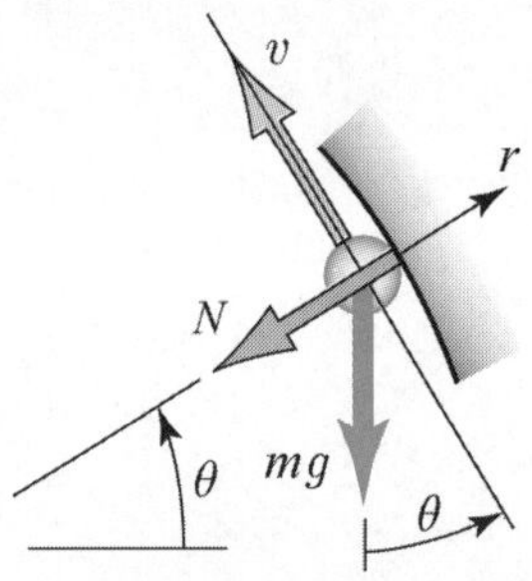

(b)　作用する力

図 4.15　円運動の例

【例 4・8】　＊＊＊＊＊＊＊＊＊＊＊＊＊＊＊＊＊＊＊＊＊＊＊＊＊

図 4.15(a)のように，鉛直面内に取り付けられた半径 R のなめらかな円形レールの内側を質量 m の質点が運動する．

(1) 角度 θ の位置における質点の速さ v とレールから受ける垂直抗力の大きさ N を求めよ．$\theta = 0$ における質点の速度を v_0 とする．

(2) 質点が常にレールから離れずに運動するための条件はどのようになるか．

【解 4・8】

(1) 質点には図 4.15(b)に示すように，レールからの垂直抗力 N と重力による力 mg が作用する．これらの力を半径方向成分 F_r と円周方向成分 F_θ に分解すると，

$$F_r = -N - mg\sin\theta, \qquad F_\theta = -mg\cos\theta \tag{4.63}$$

R は一定値なので，$\dot{r} = \ddot{r} = 0$．質点の運動を極座標で考えると，半径方向の運動方程式は，

$$m(\ddot{r} - r\dot{\theta}^2) = F_r \quad \Rightarrow \quad -mR\dot{\theta}^2 = -N - mg\sin\theta \tag{4.64}$$

円周方向の運動方程式は，

$$m(r\ddot{\theta} + 2\dot{r}\dot{\theta}) = F_\theta \quad \Rightarrow \quad mR\ddot{\theta} = -mg\cos\theta \tag{4.65}$$

と表される．式(4.65)において $\ddot{\theta} = d\dot{\theta}/dt$ と表し，両辺に $\dot{\theta} = d\theta/dt$ を乗じると，

$$mR\frac{d\dot{\theta}}{dt}\dot{\theta} = -mg\cos\theta\frac{d\theta}{dt}, \qquad \dot{\theta}\,d\dot{\theta} = -\frac{g}{R}\cos\theta\,d\theta \tag{4.66}$$

式(4.66)を積分して次式を得る．C は積分定数である．

$$\frac{\dot{\theta}^2}{2} = -\frac{g}{R}\sin\theta + C \tag{4.67}$$

質点の速度 v は $v = R\dot{\theta}$ と表される．$\theta = 0$ における質点の速度は v_0 なので，$\theta = 0$ で $\dot{\theta} = v_0/R$．これを式(4.67)の初期条件とすると $C = v_0^2/(2R^2)$ となり，式(4.67)から θ と $\dot{\theta}$ の大きさの関係が求められる．

式(4.67)を式(4.64)に代入すると，垂直抗力 N の大きさは以下のように求められる．

$$N = mR\dot{\theta}^2 - mg\sin\theta = \frac{mv_0^2}{R} - 3mg\sin\theta \tag{4.68}$$

(2) 質点が常にレールから離れずに運動するためには，常に垂直抗力が正の値，すなわち，$N \geq 0$ である必要がある．したがって，式(4.68)から以下の条件式を得る．

$$\frac{v_0^2}{R} \geq 3g\sin\theta \tag{4.69}$$

式(4.69)は，$\sin\theta$ が最大値 1 となるとき（$\theta = \pi/2$ のとき）に成立すれば常に成立する．したがって，v_0 が以下の条件を満足すれば質点は常にレールから離れずに運動する．

$$|v_0| \geq \sqrt{3gR} \tag{4.70}$$

4・3　相対運動（relative motion）

・並進座標系(translating coordinate system)と運動方程式(equation of motion)

図 4.16 に示す 3 次元空間内の点 P に質量 m の質点があり，静止座標系（慣性系）$\mathrm{O}-xyz$ に対して平行移動する並進座標系 $\mathrm{Q}-\xi\eta\zeta$（座標軸 ξ,η,ζ の向きはそれぞれ慣性系の座標軸 x,y,z と同じ向き）で観測される点 P の位置 $\boldsymbol{r}'$，速度 $\boldsymbol{v}'$，加速度 $\boldsymbol{a}'$ は，

$$\begin{aligned} \boldsymbol{r}' &= \boldsymbol{r} - \boldsymbol{r}_\mathrm{Q} \\ \boldsymbol{v}' &= \boldsymbol{v} - \boldsymbol{v}_\mathrm{Q}, \qquad \boldsymbol{v}_\mathrm{Q} = \dot{\boldsymbol{r}}_\mathrm{Q}, \quad \boldsymbol{v} = \dot{\boldsymbol{r}} \\ \boldsymbol{a}' &= \boldsymbol{a} - \boldsymbol{a}_\mathrm{Q}, \qquad \boldsymbol{a}_\mathrm{Q} = \dot{\boldsymbol{v}}_\mathrm{Q} = \ddot{\boldsymbol{r}}_\mathrm{Q}, \quad \boldsymbol{a} = \dot{\boldsymbol{v}} = \ddot{\boldsymbol{r}} \end{aligned} \tag{4.71}$$

と表される．$\boldsymbol{r}$ および $\boldsymbol{r}_\mathrm{Q}$ は慣性系に対する点 P および原点 Q の位置である．$\boldsymbol{v}'$ を相対速度(relative velocity)，$\boldsymbol{a}'$ を相対加速度(relative acceleration)と呼ぶ．一方，静止座標系（慣性系）での速度 $\boldsymbol{v}$ を絶対速度(absolute velocity)，加速度 $\boldsymbol{a}$ を絶対加速度(absolute acceleration)と呼ぶ．

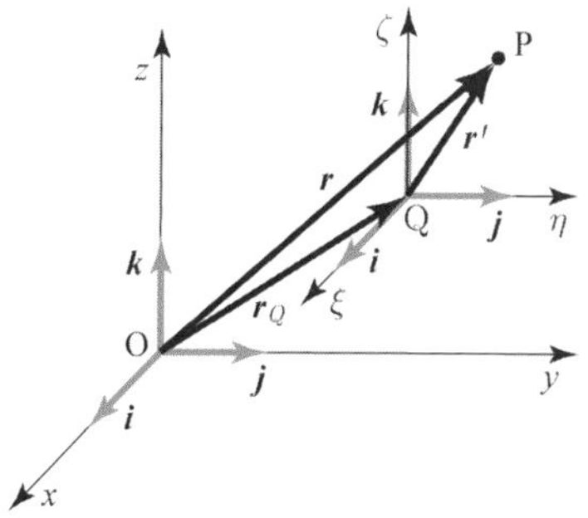

図 4.16　並進座標系

質点の運動方程式は，$m\boldsymbol{a} = \boldsymbol{F}$（慣性系で成立）であるから，

$$m\boldsymbol{a}' = \boldsymbol{F} - m\boldsymbol{a}_\mathrm{Q} \tag{4.72}$$

となり，並進座標系での運動方程式では，力 $\boldsymbol{F}$ に加えて慣性力(force of inertia, inertia force) $-m\boldsymbol{a}_\mathrm{Q}$ を考慮すればよい．慣性力が現れる座標系を非慣性系(noninertial frame)と呼ぶ．$\boldsymbol{a}_\mathrm{Q} = \boldsymbol{0}$ であれば，並進座標系も慣性系となる．

・回転座標系(rotating coordinate system)での相対速度，相対加速度

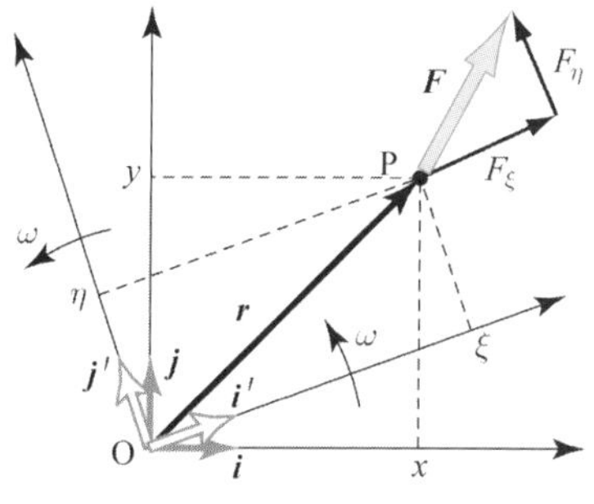

図 4.17　回転座標系

図 4.17 に示す座標系 $\mathrm{O}-xy$ を静止座標系とし，点 P を表す位置ベクトルを $\boldsymbol{r} = x\boldsymbol{i} + y\boldsymbol{j}$ とすると，静止座標系(慣性系)での絶対速度 $\boldsymbol{v}$ と絶対加速度 $\boldsymbol{a}$ は，

$$\boldsymbol{v} = \dot{x}\boldsymbol{i} + \dot{y}\boldsymbol{j}, \qquad \boldsymbol{a} = \ddot{x}\boldsymbol{i} + \ddot{y}\boldsymbol{j} \tag{4.73}$$

である．原点 O を中心に同一平面内で角速度 ω で回転する回転座標系（2 次

元回転座標系）$\mathrm{O}-\xi\eta$ で観測した相対速度 $\boldsymbol{v}'$ と相対加速度 $\boldsymbol{a}'$ は，

$$\boldsymbol{v}'=\dot{\xi}\boldsymbol{i}'+\dot{\eta}\boldsymbol{j}', \qquad \boldsymbol{a}'=\ddot{\xi}\boldsymbol{i}'+\ddot{\eta}\boldsymbol{j}' \tag{4.74}$$

と表され，$\boldsymbol{v}$ と $\boldsymbol{v}'$，$\boldsymbol{a}$ と $\boldsymbol{a}'$ の関係は以下のように示される．

$$\begin{aligned}&\boldsymbol{v}=\boldsymbol{v}'+\boldsymbol{v}_t, \quad \boldsymbol{v}_t=-\omega\eta\boldsymbol{i}'+\omega\xi\boldsymbol{j}'\\&\boldsymbol{a}=\boldsymbol{a}'+\boldsymbol{a}_t, \quad \boldsymbol{a}_t=(-2\omega\dot{\eta}-\omega^2\xi-\dot{\omega}\eta)\boldsymbol{i}'+(2\omega\dot{\xi}-\omega^2\eta+\dot{\omega}\xi)\boldsymbol{j}'\end{aligned} \tag{4.75}$$

$\boldsymbol{v}_t$ は運搬速度(velocity of transportation)，$\boldsymbol{a}_t$ は運搬加速度(acceleration of transportation)と呼ばれる．

・回転座標系(rotating coordinate system)での運動方程式(equation of motion)

図 4.17 の点 P に質量 m の質点があり，質点に力 $\boldsymbol{F}=F_\xi\boldsymbol{i}'+F_\eta\boldsymbol{j}'$ が作用していると考える．2 次元回転座標系で表した質点の運動方程式は，

$$m\boldsymbol{a}'=\boldsymbol{F}-m\boldsymbol{a}_t \tag{4.76}$$

となる．式(4.76)の $-m\boldsymbol{a}_t$ が 2 次元回転座標系での慣性力であり，

$$-m\boldsymbol{a}_t=2m\omega(\dot{\eta}\boldsymbol{i}'-\dot{\xi}\boldsymbol{j}')+m\omega^2(\xi\boldsymbol{i}'+\eta\boldsymbol{j}')+m\dot{\omega}(\eta\boldsymbol{i}'-\xi\boldsymbol{j}') \tag{4.77}$$

と表される．右辺第 1 項の $2m\omega(\dot{\eta}\boldsymbol{i}'-\dot{\xi}\boldsymbol{j}')$ をコリオリの力(Coriolis force)，第 2 項の $m\omega^2(\xi\boldsymbol{i}'+\eta\boldsymbol{j}')$ を遠心力(centrifugal force)と呼ぶ．式(4.76)は，回転座標系の ξ,η 成分に分けて以下のように記述できる．

$$\begin{aligned}&m\ddot{\xi}=F_\xi+2m\omega\dot{\eta}+m\omega^2\xi+m\dot{\omega}\eta\\&m\ddot{\eta}=F_\eta-2m\omega\dot{\xi}+m\omega^2\eta-m\dot{\omega}\xi\end{aligned} \tag{4.78}$$

右辺第 2 項がコリオリの力，第 3 項が遠心力である．

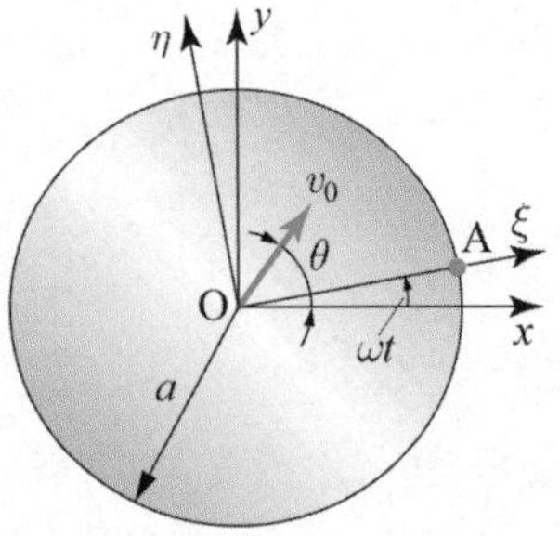

(a)　静止座標系 $\mathrm{O}-xy$ と回転座標系 $\mathrm{O}-\xi\eta$

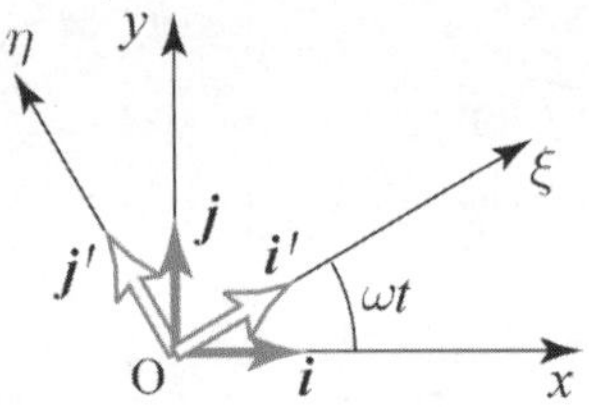

(b)　静止座標系と回転座標系の単位ベクトル

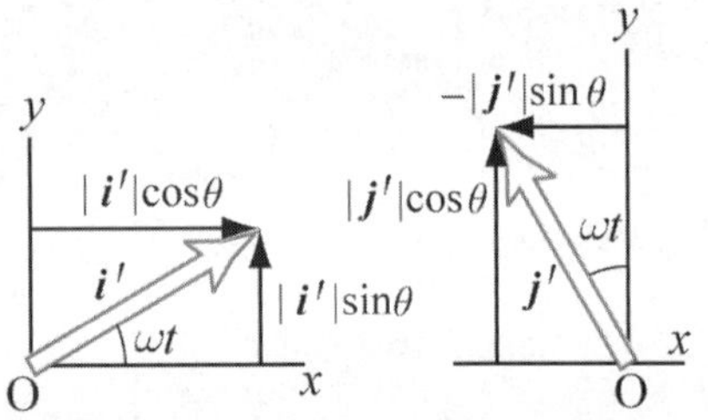

(c)　回転座標系の単位ベクトル

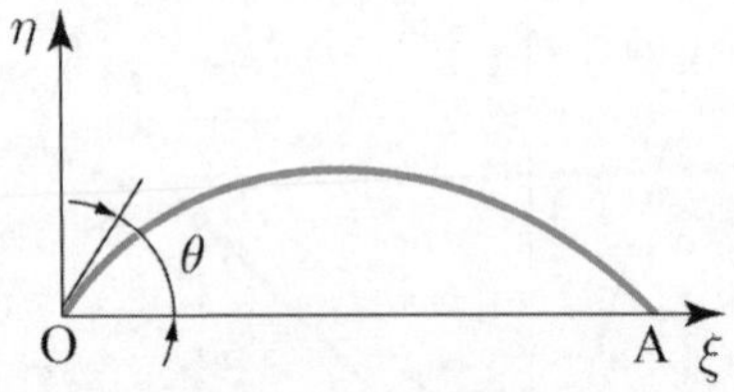

(d)　回転座標系で観測した質点の運動

図 4.18　回転座標系での相対運動

【例 4・9】　＊＊＊＊＊＊＊＊＊＊＊＊＊＊＊＊＊＊＊＊＊＊＊＊

図 4.18(a)に示すように，原点 O まわりに一定角速度 ω で回転している半径 a の回転台がある．静止座標系 $\mathrm{O}-xy$，および台とともに回転する回転座標系 $\mathrm{O}-\xi\eta$ を設定する．時刻 $t=0$ において原点 O から速さ v_0 で発射されたボールが，回転台の周上，かつ ξ 軸上の A に固定された物体に衝突した．$t=0$ で座標系 $\mathrm{O}-xy$ と $\mathrm{O}-\xi\eta$ は一致していた．

(1) 回転座標系で観測したボールの位置 ξ,η を求めよ．

(2) x 軸に対するボールの発射角度 θ を求めよ．

(3) 回転座標系で観測したボールの速度 $\dot{\xi},\dot{\eta}$ を求めよ．

(4) A に固定された物体にボールが衝突するときの，物体とボールの間の相対速度の大きさを求めよ．

【解 4・9】

(1) 図 4.18(b)に示すように，x,y 方向の単位ベクトルを $\boldsymbol{i},\boldsymbol{j}$，$\xi,\eta$ 方向の単位ベクトルを $\boldsymbol{i}',\boldsymbol{j}'$ とする．図 4.18(c)から，$\boldsymbol{i}'=\cos\omega t\,\boldsymbol{i}+\sin\omega t\,\boldsymbol{j}$，$\boldsymbol{j}'=-\sin\omega t\,\boldsymbol{i}+\cos\omega t\,\boldsymbol{j}$ の関係がある．静止座標系で表した位置 $\boldsymbol{r}=x\boldsymbol{i}+y\boldsymbol{j}$ と，回転座標系で表した位置 $\boldsymbol{r}=\xi\boldsymbol{i}'+\eta\boldsymbol{j}'$ は同じ物理量であ

るから，

$$\begin{aligned} \boldsymbol{r} &= \xi \boldsymbol{i}' + \eta \boldsymbol{j}' \\ &= \xi(\cos\omega t\,\boldsymbol{i} + \sin\omega t\,\boldsymbol{j}) + \eta(-\sin\omega t\,\boldsymbol{i} + \cos\omega t\,\boldsymbol{j}) \\ &= (\xi\cos\omega t - \eta\sin\omega t)\boldsymbol{i} + (\xi\sin\omega t + \eta\cos\omega t)\boldsymbol{j} \\ &= x\boldsymbol{i} + y\boldsymbol{j} \end{aligned} \tag{4.79}$$

したがって，(ξ,η) と (x,y) との間には以下の関係がある．

$$\begin{bmatrix} x \\ y \end{bmatrix} = \begin{bmatrix} \cos\omega t & -\sin\omega t \\ \sin\omega t & \cos\omega t \end{bmatrix} \begin{bmatrix} \xi \\ \eta \end{bmatrix} \Rightarrow \begin{bmatrix} \xi \\ \eta \end{bmatrix} = \begin{bmatrix} \cos\omega t & \sin\omega t \\ -\sin\omega t & \cos\omega t \end{bmatrix} \begin{bmatrix} x \\ y \end{bmatrix} \tag{4.80}$$

静止座標系 $\mathrm{O}-xy$ での速度成分は，$\dot{x} = v_0\cos\theta$，$\dot{y} = v_0\sin\theta$．$t=0$ でボールが原点 O にあることを考慮してこれらを積分すると，$x = v_0 t\cos\theta$，$y = v_0 t\sin\theta$．これを式(4.80)に代入すると，

$$\begin{aligned} \xi &= v_0 t\cos\omega t\cos\theta + v_0 t\sin\omega t\sin\theta = v_0 t\cos(\omega t - \theta) \\ \eta &= -v_0 t\sin\omega t\cos\theta + v_0 t\cos\omega t\sin\theta = -v_0 t\sin(\omega t - \theta) \end{aligned} \tag{4.81}$$

静止座標系ではボールは直線状に進むのに対し，回転座標系では，図 4.18(d)に示すようにボールは右方向に曲がるように観測される．これは見かけの力であるコリオリの力の影響である．

(2) ボールが周上 A に到達したとき，$\xi = a$，$\eta = 0$ である．これらの条件と式(4.81)から，

$$\omega t - \theta = 0,\quad v_0 t = a \tag{4.82}$$

となる．上式から t を消去すると発射角度 θ が求められる．

$$\theta = \omega a / v_0 \tag{4.83}$$

(3) ボールの速度を回転座標系 $\mathrm{O}-\xi\eta$ で表すと，

$$\boldsymbol{v} = v_0\cos(\theta - \omega t)\,\boldsymbol{i}' + v_0\sin(\theta - \omega t)\,\boldsymbol{j}' \tag{4.84}$$

となる．また，回転座標系で観測したボールの速度 $\dot{\xi}, \dot{\eta}$ を用いると，式(4.74),(4.75)から，ボールの速度は $\boldsymbol{v} = (\dot{\xi} - \omega\eta)\boldsymbol{i}' + (\dot{\eta} + \omega\xi)\boldsymbol{j}'$ と表すこともできる．したがって，ξ および η 方向の成分（$\boldsymbol{i}'$ および $\boldsymbol{j}'$ の係数）を等値することで，$\dot{\xi}$ および $\dot{\eta}$ は以下のように求められる．

$$\begin{aligned} &\dot{\xi} - \omega\eta = v_0\cos(\theta - \omega t) \\ &\quad \Rightarrow \quad \dot{\xi} = v_0\cos(\omega t - \theta) - v_0\omega t\sin(\omega t - \theta) \\ &\dot{\eta} + \omega\xi = v_0\sin(\theta - \omega t) \\ &\quad \Rightarrow \quad \dot{\eta} = -v_0\sin(\omega t - \theta) - v_0\omega t\cos(\omega t - \theta) \end{aligned} \tag{4.85}$$

【別解】 $\xi = v_0 t\cos(\omega t - \theta)$，$\eta = -v_0 t\sin(\omega t - \theta)$ をそのまま微分しても同じ解を得る．

(4) 衝突するとき回転座標系でのボールの速度は，式(4.83),(4.85)から，$\dot{\xi}\big|_{t=\theta/\omega} = v_0$，$\dot{\eta}\big|_{t=\theta/\omega} = -\omega a$ であり，点 A に固定された物体の回転座標系上での速度は 0 である．したがって，ボールと物体との間の相対速度は，以下のように求められる．

$$\sqrt{\dot{\xi}^2+\dot{\eta}^2}=\sqrt{v_0^2+(\omega a)^2} \tag{4.86}$$

【別解】静止座標系から観測すると，周上の点Aに固定された物体の速度は ωa であり，ボールの速度は v_0 である．また，衝突のときには，ボールの速度 v_0 の方向と周上の物体の運動方向は直交する．したがって，ボールと物体間の相対速度の大きさは $\sqrt{v_0^2+(\omega a)^2}$ ．

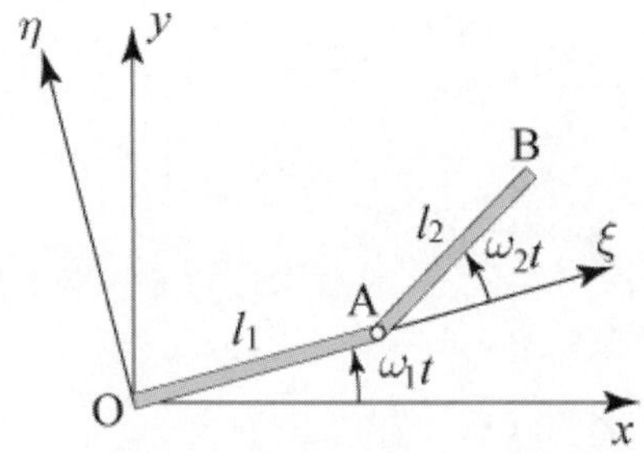

図 4.19　回転座標系の例
（2 リンクの回転運動）

【例 4・10】　＊＊＊＊＊＊＊＊＊＊＊＊＊＊＊＊＊＊＊＊＊＊＊＊＊

図 4.19 に示すように，長さ l_1 および l_2 のリンク 1 および 2 がある．リンク 1 は原点 O まわりに一定角速度 ω_1 で，リンク 2 はリンク 1 の他端 A を中心としてリンク 1 に対して一定角速度 ω_2 で，ともに反時計まわりに回転する．静止座標系 $\mathrm{O}-xy$ およびリンク 1 とともに回転する回転座標系 $\mathrm{O}-\xi\eta$ を設定する．時刻 $t=0$ で $\mathrm{O}-xy$ と $\mathrm{O}-\xi\eta$ は一致し，リンク 1，2 ともに x 軸上に一直線の状態にある．リンク 2 の先端 B の速度および加速度を回転座標系で表せ． ξ,η 軸方向の単位ベクトルを $\boldsymbol{i}',\boldsymbol{j}'$ とする．

【解 4・10】

回転座標系 $\mathrm{O}-\xi\eta$ で観測した点 B の位置は，

$$\xi=l_1+l_2\cos\omega_2 t\,,\quad \eta=l_2\sin\omega_2 t \tag{4.87}$$

である．回転座標系で観測した点 B の速度 $\dot{\xi},\dot{\eta}$ および加速度 $\ddot{\xi},\ddot{\eta}$ は， ξ,η をそれぞれ 1 階および 2 階時間微分して求められる．

$$\begin{aligned}\dot{\xi}&=-l_2\omega_2\sin\omega_2 t,\quad \dot{\eta}=l_2\omega_2\cos\omega_2 t\\ \ddot{\xi}&=-l_2\omega_2^2\cos\omega_2 t,\quad \ddot{\eta}=-l_2\omega_2^2\sin\omega_2 t\end{aligned} \tag{4.88}$$

回転座標系で表した点 B の速度 $\boldsymbol{v}$ と加速度 $\boldsymbol{a}$ は，回転座標系で観測した点 B の速度 $\dot{\xi},\dot{\eta}$ ，加速度 $\ddot{\xi},\ddot{\eta}$ を用いて以下のように表される．

$$\begin{aligned}\boldsymbol{v}&=(\dot{\xi}-\omega_1\eta)\boldsymbol{i}'+(\dot{\eta}+\omega_1\xi)\boldsymbol{j}'\\ &=(-l_2\omega_2\sin\omega_2 t-\omega_1 l_2\sin\omega_2 t)\boldsymbol{i}'\\ &\quad+(l_2\omega_2\cos\omega_2 t+l_1\omega_1+\omega_1 l_2\cos\omega_2 t)\boldsymbol{j}'\end{aligned} \tag{4.89}$$

$$\begin{aligned}\boldsymbol{a}&=(\ddot{\xi}-2\omega_1\dot{\eta}-\omega_1^2\xi-\dot{\omega}_1\eta)\boldsymbol{i}'+(\ddot{\eta}+2\omega_1\dot{\xi}-\omega_1^2\eta+\dot{\omega}_1\xi)\boldsymbol{j}'\\ &=(-l_2\omega_2^2\cos\omega_2 t-2\omega_1 l_2\omega_2\cos\omega_2 t-\omega_1^2 l_1-\omega_1^2 l_2\cos\omega_2 t)\boldsymbol{i}'\\ &\quad+(-l_2\omega_2^2\sin\omega_2 t-2\omega_1 l_2\omega_2\sin\omega_2 t-l_2\omega_1^2\sin\omega_2 t)\boldsymbol{j}'\\ &=\left\{-(\omega_1+\omega_2)^2 l_2\cos\omega_2 t-\omega_1^2 l_1\right\}\boldsymbol{i}'-(\omega_1+\omega_2)^2 l_2\sin\omega_2 t\,\boldsymbol{j}'\end{aligned} \tag{4.90}$$

【例 4・11】　＊＊＊＊＊＊＊＊＊＊＊＊＊＊＊＊＊＊＊＊＊＊＊＊＊

図 4.20(a)のように，質量 m の物体が上下方向（鉛直方向）に $y=y_0\cos\omega t$ で振動する水平台の上に置かれている．水平台上とともに移動する（振動する）座標系で物体の運動方程式を表し，物体が水平台から離れる条件を求めよ．

【解 4・11】

水平台は $y = y_0 \cos\omega t$ で振動するので，水平台とともに移動する座標系では，図 4.20(b)に示すように $-m\ddot{y} = my_0\omega^2 \cos\omega t$ の慣性力が発生する．鉛直上向きを y の正方向とすると，物体には重力加速度 g による力 $-mg$ と，水平台から垂直抗力 N も作用する．水平台に対する物体の相対的な位置を y' とすると，水平台上とともに移動する座標系での物体の運動方程式は，式(4.72)から，以下のように表される．

$$m\ddot{y}' = N - mg + (-m\ddot{y}) = N - mg + my_0\omega^2 \cos\omega t \tag{4.91}$$

物体は水平台に対して動かないので，$\ddot{y}' = 0$ である．また，垂直抗力 N が $N < 0$ となるときに物体は水平台から離れる．したがって，

$$N = mg - my_0\omega^2 \cos\omega t < 0 \quad \Rightarrow \quad mg < my_0\omega^2 \cos\omega t \tag{4.92}$$

が物体が水平台から離れる条件となる．水平台の振動 1 周期の間 $\cos\omega t$ は -1 から 1 の間で変化し，その間に式(4.92)を満たす時間が瞬間的にでも存在すれば，そこで物体は水平台から離れる．したがって，$\cos\omega t$ が最大値 1 のときに式(4.92)を満たすことが求める条件に相当する．すなわち，

$$g < y_0\omega^2 \tag{4.93}$$

式(4.93)は，水平台の振動の加速度振幅 $y_0\omega^2$ が重力加速度 g より大きくなると物体が水平台から離れ始め，その位置は $\cos\omega t = 1$ となる場所，つまり，水平台が最高点になる場所であることを示している．

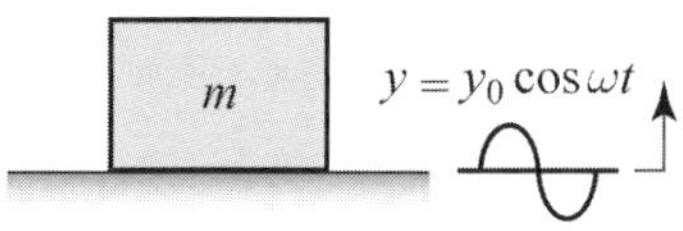

(a) 水平面上の物体の振動

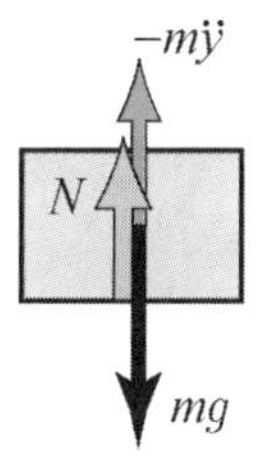

(b) 物体に作用する力

図 4.20 並進座標系の例

【例 4・12】 ＊＊＊＊＊＊＊＊＊＊＊＊＊＊＊＊＊＊＊＊＊＊＊＊＊

図 4.21(a)に示すように，水平面と角度 θ をなす斜面を加速度 a で図に示す方向（水平方向）に動かしたとき，斜面上に置かれている質量 m の物体が斜面に対して静止していた．物体と斜面との間の摩擦力が無視できるほど小さいとき，a の大きさを求めよ．また，物体と斜面との間に作用する垂直抗力を求めよ．

【解 4・12】

水平方向に移動する斜面に固定された座標系で物体の運動を考える．図 4.21(b)に示すように，この座標系では重力加速度 g による力 mg，斜面からの垂直抗力 N に加え，斜面が水平方向に加速度 a で動くことによる慣性力 $(-ma)$ が作用する．

物体の斜面に対する相対的な位置（座標）として，図 4.21(b)に示すように斜面下向きを ξ の正方向，斜面に垂直上向きを η の正方向と定義する．これらの座標は斜面とともに動く移動座標である．ξ, η 方向の運動方程式は，それぞれ以下のように表される．

$$m\ddot{\xi} = mg\sin\theta - ma\cos\theta \tag{4.94}$$
$$m\ddot{\eta} = N - mg\cos\theta - ma\sin\theta = 0 \tag{4.95}$$

物体は斜面に対して動かないので，$\ddot{\xi} = 0, \ddot{\eta} = 0$ である．したがって，式

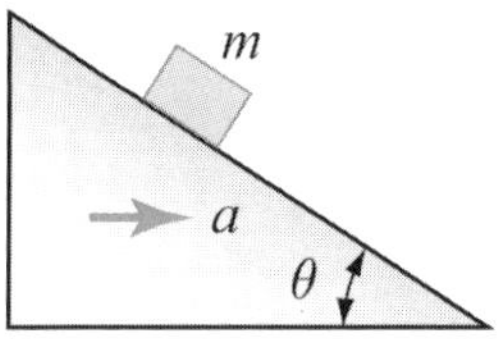

(a) 並進運動する斜面上の物体

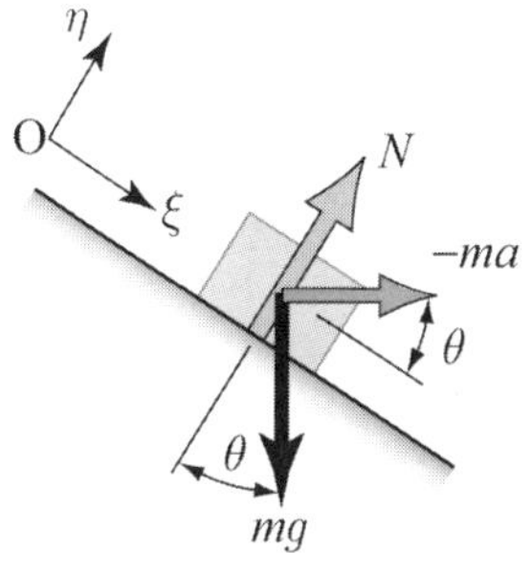

(b) 物体に作用する力

図 4.21 並進座標系の例

(4.94)から，a の大きさは以下のように求められる．

$$mg\sin\theta = ma\cos\theta, \qquad a = g\tan\theta \tag{4.96}$$

垂直抗力 N は，式(4.96)を式(4.95)に代入して以下のように求められる．

$$N = mg\cos\theta + ma\sin\theta = mg\left(\cos\theta + \sin\theta\tan\theta\right) = mg/\cos\theta \tag{4.97}$$

【別解】移動座標系として水平右向きを ξ，鉛直上向きを η の正方向と定義すると，運動方程式は以下のように表される．

$$m\ddot{\xi} = N\sin\theta + (-ma) \tag{4.98}$$

$$m\ddot{\eta} = N\cos\theta - mg \tag{4.99}$$

物体は斜面に対して動かないので，この座標系においても $\ddot{\xi}=0, \ddot{\eta}=0$ である．式(4.98),(9.99)から N を消去して $a = g\tan\theta$ が得られる．また，式(4.99)から $N = mg/\cos\theta$ が得られる．

【例 4・13】　＊＊＊＊＊＊＊＊＊＊＊＊＊＊＊＊＊＊＊＊＊＊＊＊＊

図 4.22(a)のように，アーム OA とこれに直角に剛に取り付けられている棒が，点 O の位置にある垂直軸のまわりを一定角速度 ω で水平面内を回転する．アームの長さは $\overline{\mathrm{OA}} = b$ とする．質量 m のリングは棒に沿って動き，棒とリングの間の摩擦は無視できるとする．回転座標系 $\mathrm{O}-\xi\eta$ の ξ, η 軸は，それぞれ棒の方向，アームの方向に一致している．回転座標系で表したリングの ξ 方向および η 方向の運動方程式を求めよ．

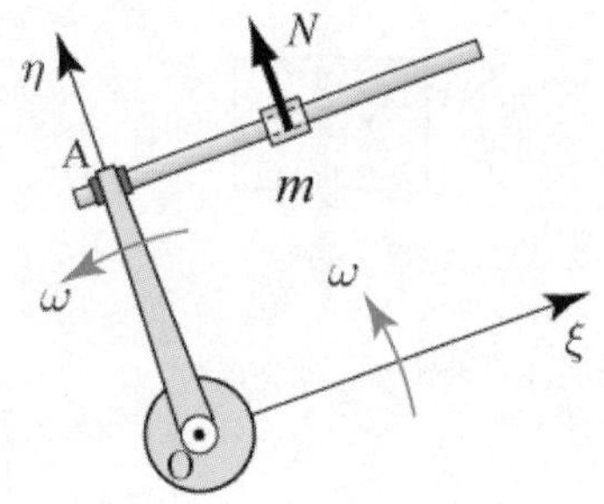

(a)　回転座標の原点 O

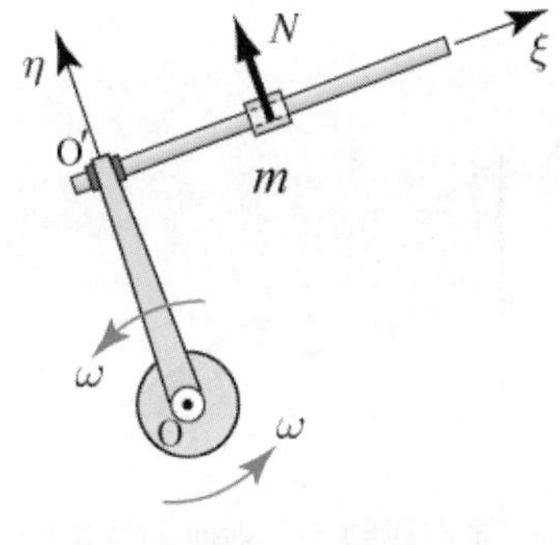

(b)　回転座標の原点 O′

図 4.22　回転座標系の例（アームに取り付けられた棒の回転）

【解 4・13】

回転座標系で観測したリングの位置を (ξ, η) とすると，$\eta = b =$ 一定であり，$\dot{\eta} = \ddot{\eta} = 0$ である．棒とリングの間の摩擦は無視でき，リングには棒からの垂直抗力 N のみが作用する．したがって，リングに作用する ξ, η 方向の力はそれぞれ $F_\xi = 0,\ F_\eta = N$ である．アームと棒の回転角速度 ω は一定なので $\dot{\omega} = 0$．回転座標系で表したリングの運動方程式は，式(4.78)から以下のように表される．

$$m\ddot{\xi} = m\omega^2\xi, \qquad 0 = N - 2m\omega\dot{\xi} + m\omega^2 b \tag{4.100}$$

【別解】図 4.22(b)のように，棒とアームの取り付け位置（図 4.22(a)の A の位置）を原点 O′ とする回転座標系 $\mathrm{O}'-\xi\eta$ で考える．この場合，図 4.17 とは異なり回転座標系の原点 O′ も回転する．$\mathrm{O}'-\xi\eta$ でのリングの位置は $(\xi, 0)$ と表される．リングに作用する力は同様に $F_\xi = 0,\ F_\eta = N$，また，$\dot{\omega} = 0$ である．これらの条件を回転座標系で表した運動方程式に代入すると，

$$m\ddot{\xi} = m\omega^2\xi, \qquad 0 = N - 2m\omega\dot{\xi} \tag{4.101}$$

となる．式(4.101)第 2 式は，式(4.100)第 2 式と比較して $mb\omega^2$ の項が不足している．これは，回転座標系の原点 O′ が静止座標系に対して角速度 ω で回転していることを考慮して補足される．原点 O′ が一定角速度 ω で回転しているので，回転座標系 $\mathrm{O}'-\xi\eta$ では向心加速度が O′ から O の向きに，すな

わち，η 方向の加速度 $-b\omega^2$ が作用する．この加速度による η 方向の慣性力 $-m\times(-b\omega^2)=mb\omega^2$ を式(4.101)第 2 式に加えれば，式(4.100)第 2 式と同一の結果を得る．

＝＝＝＝＝＝　練習問題　＝＝＝＝＝＝＝＝＝＝＝＝＝＝＝＝＝＝

【4・1】　3 次元空間座標系 $\mathrm{O}-xyz$ における質点の位置ベクトルが $\boldsymbol{r}=\alpha t^3\boldsymbol{i}+\beta t\boldsymbol{j}+\gamma t^2\boldsymbol{k}$ で表された．t は時間（秒）であり，α,β,γ は一定値，$\boldsymbol{i},\boldsymbol{j},\boldsymbol{k}$ はそれぞれ x,y,z 軸方向の単位ベクトルである．質点の速度，加速度と速さ，加速度の大きさを求めよ．

【4・2】　図 4.23 に示すように，半径 R の円柱が平面上を一定の角速度 ω で滑ることなく転がっている．円柱の表面上の点 P の位置，速度，加速度を平面直交座標系 $\mathrm{O}-xy$ の成分で求めよ．$t=0$ で点 P は原点 O に一致しているとする．

【4・3】　2 台の自動車 A, B が，ある地点から同じ向きに走行する．自動車 A が停止状態から加速度 $a_\mathrm{A}=0.4\ \mathrm{m/s^2}$ で走行し始めた．その 8 秒後に自動車 B が停止状態から加速度 $a_\mathrm{B}=1.6\ \mathrm{m/s^2}$ で走行し始めた．自動車 A が発車してから自動車 B に追いつかれるまでの時間およびその時の発車地点からの距離を求めよ．

【4・4】　After a projectile plunged into a fluid tank as shown in Fig.4.24, it decelerates with the rate $a=-0.5v^3$, where a is in $\mathrm{m/s^2}$ and v is the velocity in m/s. If the projectile's initial velocity is $v_0=2$ m/s, determine its velocity after 3 seconds.

【4・5】　図 4.25 に示すように，点 P が極座標を用いて $r=r_0+at$，$\theta=\omega t$ で表される渦巻き状の運動をする．点 P の位置 $\boldsymbol{r}$ と速度 $\boldsymbol{v}$ を，直交座標系と極座標でベクトルとして表せ．ただし，r_0,a,ω は一定とする．

【4・6】　図 4.26 に示すように，水平面上から $v=90$ km/h の速さで質点とみなせる物体を投射し，水平面上で 50 m 離れた地点の鉛直上方 10 m の点 P に到達させたい．物体を投射する水平面との角度 θ を求めよ．重力加速度を $g=9.81\ \mathrm{m/s^2}$ とする．

【4・7】　図 4.27 に示すように，水平面から高さ h の地点 A から質量 m の質点が鉛直軸（y 軸）に対して角度 θ で下向きに投射される．質点の初速度は v である．水平方向（x 方向）には強い風が吹いており，風によって質点には一定の大きさの力 $\overline{F}$ が x の負の向きに作用する．いま，質点が投射点 A から鉛直真下の水平面上に落下したとする．このときの高さ h を求めよ．鉛直下向きの重力加速度を g とする．

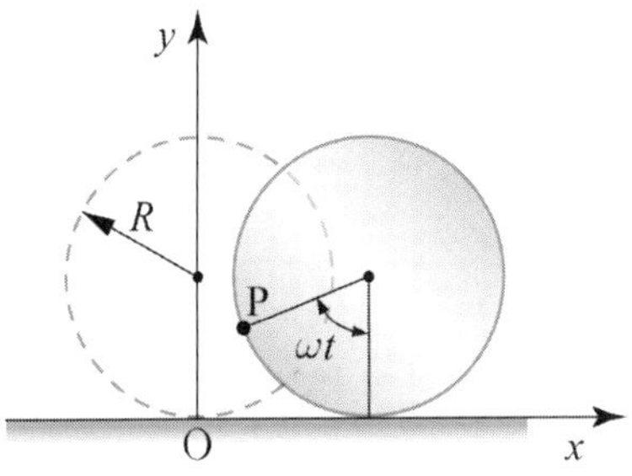

図 4.23　平面上を転がる円柱

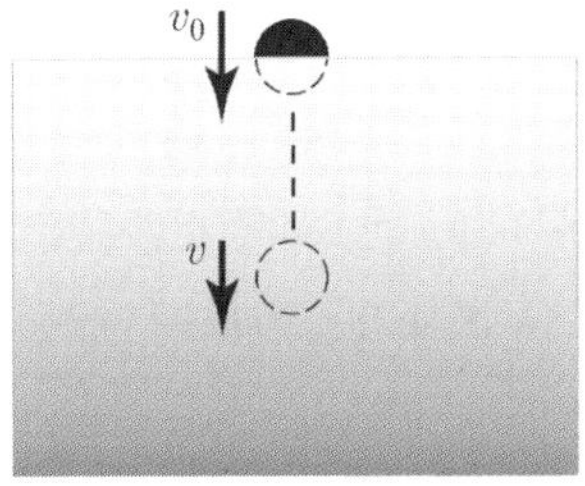

Fig.4.24　projectile plunded into fluid

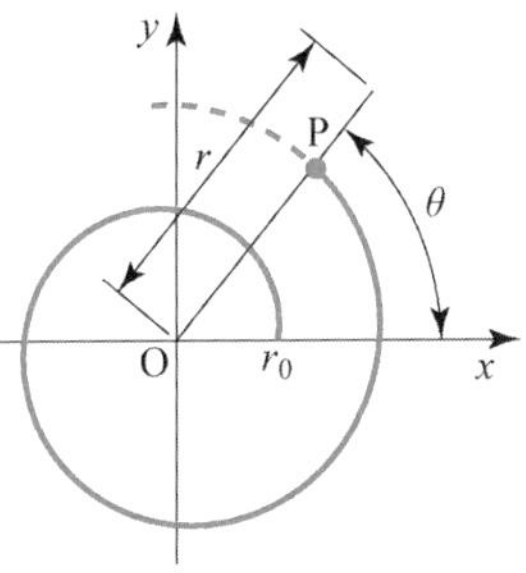

図 4.25　渦巻き状の運動

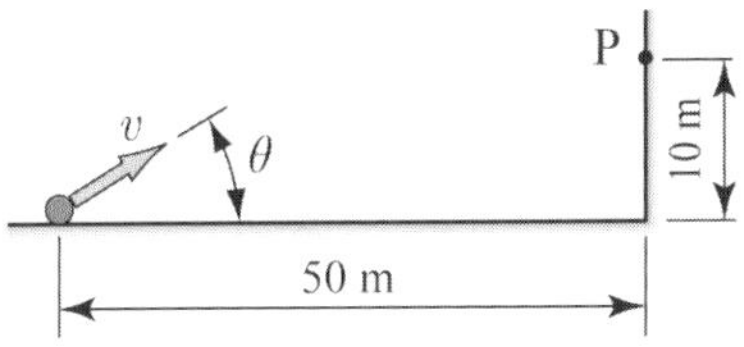

図 4.26　質点の平面運動

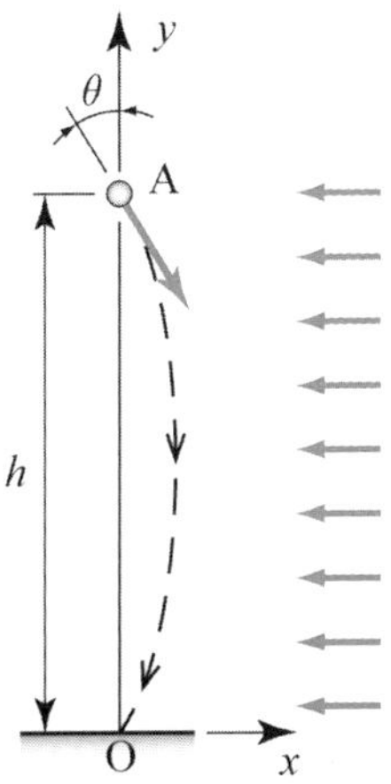

図 4.27　質点の落下運動

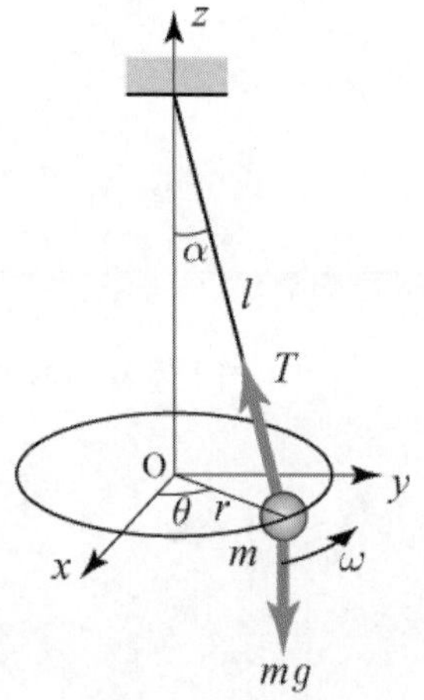

図 4.28　円錐振り子

【4・8】　図 4.28 に示すように，質量の無視できる長さ l の糸に取り付けられた質量 m の質点が鉛直軸である z 軸から一定の角度 α をなして一定角速度 ω で回転している（円錐振り子）．T は糸に作用する張力である．この円錐振り子の角速度 ω を求めよ．

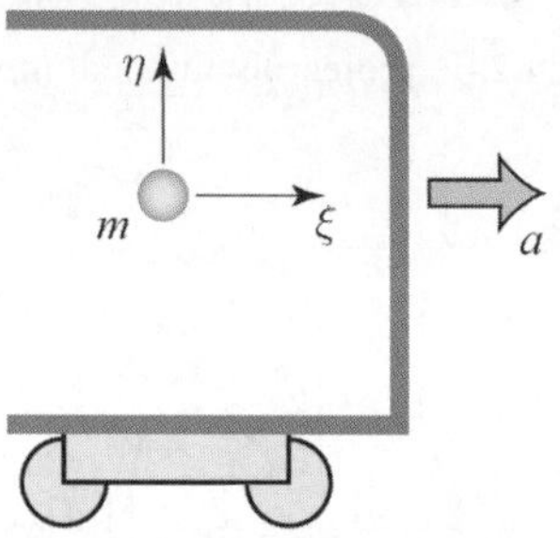

図 4.29　加速度運動する電車内での物体の落下

【4・9】　図 4.29 に示すように，一定加速度 $a(>0)$ で一直線上を水平方向に走っている電車の中で，質量 m の物体を静かに落下させた．電車とともに移動する座標系では物体はどのような運動をするか．移動座標系の ξ 軸は電車の走行の向き（水平），η 軸は鉛直上向きである．物体は落下開始時には $\xi=0, \eta=0$ の位置にあるとする．

【4・10】　粗い水平円板がその中心を通る鉛直軸まわりに一定角速度 ω (rad/s)で回転する．中心から距離 1 m の円板上に置いた質点と見なせる物体が滑らないための角速度の範囲を求めよ．物体と円板との間の静止摩擦係数を $\mu=0.4$，重力加速度を $g=9.81\,\mathrm{m/s^2}$ とする．

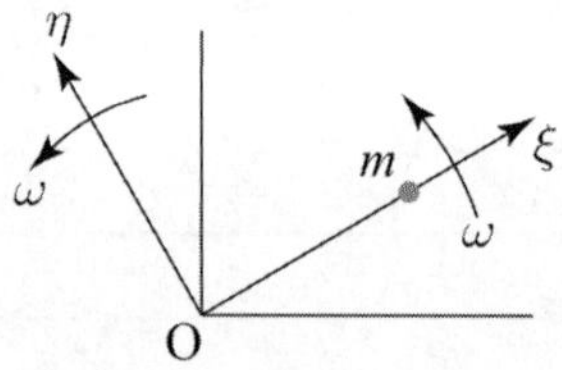

図 4.30　回転座標系内での点の運動

【4・11】　図 4.30 に示す回転座標系 O $-\xi\eta$ は角速度 $\omega=\omega_0+\alpha t$ (rad/s)で回転している．この回転座標系において，質量 m の質点が ξ 軸上を $\xi=\xi_0+\beta t$ で表される運動をした．ω_0，ξ_0，α，β は一定値，t は時間（秒）である．この質点に作用した力を回転座標系の成分 F_ξ および F_η で表せ．

第 5 章

運動量とエネルギー

Momentum and Energy

5・1　運動量と角運動量（momentum and angular momentum）

・運動量(momentum)

運動量：質点の質量 m，質点の速度 $\boldsymbol{v}$（図 5.1）

$$\boldsymbol{p} = m\boldsymbol{v} \tag{5.1}$$

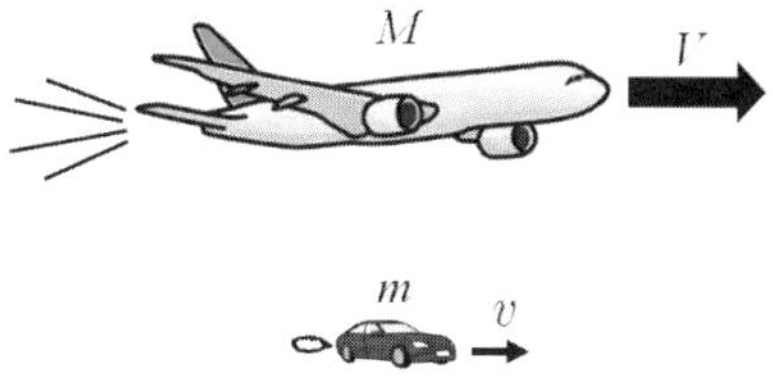

図 5.1　運動している物体の質量と速度

質点の運動方程式：質点に作用する力を $\boldsymbol{F}$，質点に生じる加速度を $\boldsymbol{a}$

$$m\boldsymbol{a} = \boldsymbol{F} \tag{5.2}$$

運動量 $\boldsymbol{p}$ を用いると，

$$\frac{d\boldsymbol{p}}{dt} = \boldsymbol{F} \tag{5.3}$$

・力積(impulse)

質点の運動量の変化は，その間に作用した力の積分値に等しい．（図 5.2）

$$\boldsymbol{p}(t_2) - \boldsymbol{p}(t_1) = \int_{t_1}^{t_2} \boldsymbol{F} dt \tag{5.4}$$

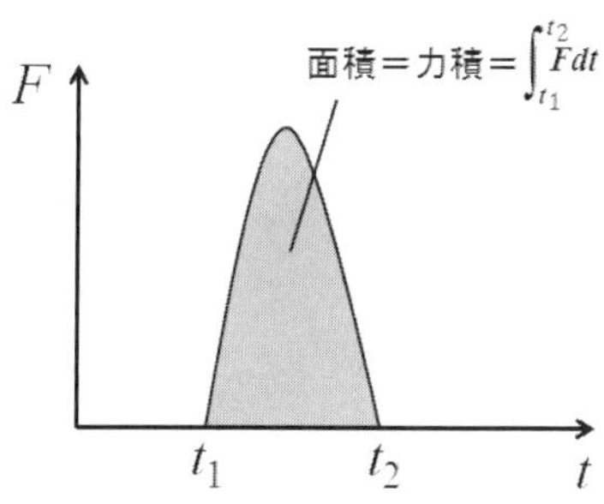

図 5.2　力積

・角運動量(angular momentum)

2 次元運動における角運動量：角速度 ω で半径 r の円運動（図 5.3）

$$L = rp = mr^2\omega \tag{5.5}$$

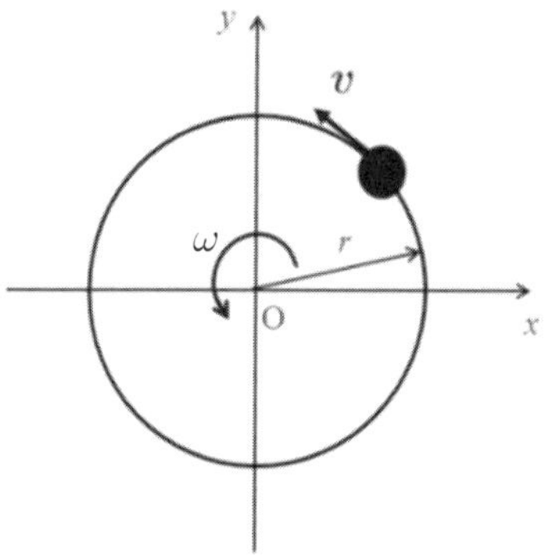

図 5.3　質点の円運動

2 次元運動の運動方程式：原点まわりのモーメント N および角運動量 L

$$\frac{dL}{dt} = N \tag{5.6}$$

3 次元運動における角運動量：質点の位置ベクトル $\boldsymbol{r}$，運動量 $\boldsymbol{p}$（図 5.4）

$$\boldsymbol{L} = \boldsymbol{r} \times \boldsymbol{p} \tag{5.7}$$

3 次元運動の運動方程式：式(5.6)のベクトル表現

$$\frac{d\boldsymbol{L}}{dt} = \boldsymbol{N} \tag{5.8}$$

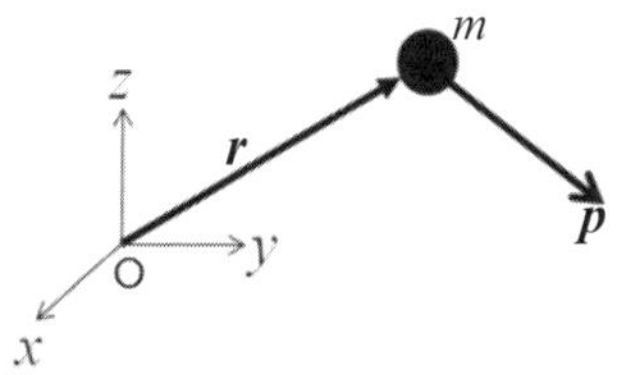

図 5.4　3 次元空間における質点の運動

・運動量保存の法則(law of conservation of momentum)

質点系に外力が働いていないか，その総和が 0 ならば，質点系の全運動量は一定に保たれる．

$$\sum_i \boldsymbol{p}_i = \text{const.} \tag{5.9}$$

・角運動量保存の法則(law of conservation of angular momentum)

外力が作用していないか，あってもそのモーメントの和が0ならば質点系の全角運動量は一定に保たれる．

$$\sum_i \boldsymbol{L}_i = \text{const.} \tag{5.10}$$

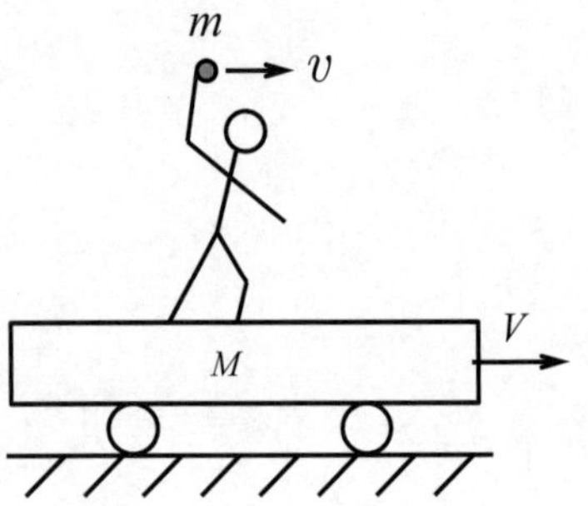

図 5.5　台車上からのボール投げ

【例 5・1】　＊＊＊＊＊＊＊＊＊＊＊＊＊＊＊＊＊＊＊＊＊＊＊＊＊

図 5.5 に示すように，水平面上を速度 V で走っている台車上から，質量 m のボールを台車に対して相対速度 v で進行方向に投げたとする．台車と人の合計の質量を M とする．台車の速さ V' はいくらになるか．

【解 5・1】

この系には外力は働いていないため，運動量保存の法則から

$$(M+m)V = MV' + m(V'+v) \tag{5.11}$$

となる．したがって以下のようになる．

$$V' = V - \frac{m}{M+m}v \tag{5.12}$$

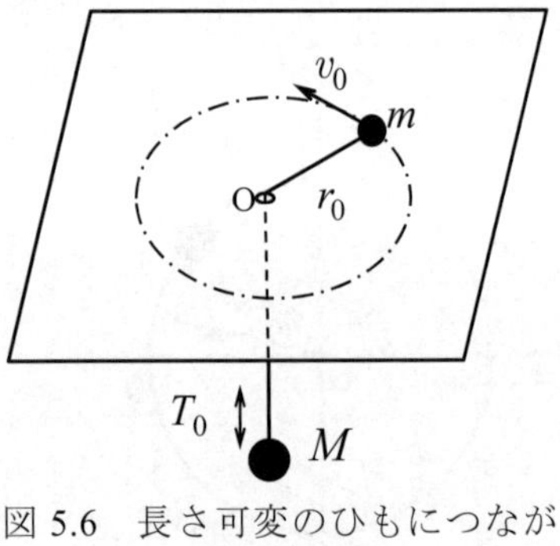

図 5.6　長さ可変のひもにつながれ回転する質点

【例 5・2】　＊＊＊＊＊＊＊＊＊＊＊＊＊＊＊＊＊＊＊＊＊＊＊＊＊

図 5.6 に示すように，なめらかな水平面上で，長さが可変で質量を無視できるひもの先端に質量 m の質点がつながれ，中心 O のまわりを半径 r_0，速さ v_0 で等速運動をしている．ひもの反対側には質量 M の質点がぶら下がった状態で釣合っている．この状態から，ぶら下がっている質点の質量を $8M$ まで増加させ釣合わせた場合の半径 r，質点の速さ v と角速度 ω を求めよ．

【解 5・2】

質点に作用する遠心力とひもの張力とが釣合うから，半径 r_0，速度 v_0 での張力 T_0 は，角速度 $\omega_0 = v_0 / r_0$ であるから

$$T_0 = Mg = \frac{mv_0^2}{r_0} = mr_0\omega_0^2 \tag{5.13}$$

となる．張力 T が T_0 の 8 倍になったときの速度および角速度の大きさをそれぞれ v，ω とすると，

$$T = 8Mg = 8T_0 = \frac{mv^2}{r} = mr\omega^2 \tag{5.14}$$

となり，

$$r\omega^2 = 8r_0\omega_0^2 \tag{5.15}$$

という関係が得られる．

最初に質点がもつ角運動量 L_0 は，

$$L_0 = r_0 m v_0 = r_0^2 m \omega_0 \tag{5.16}$$

となる．張力 T が T_0 の 8 倍になったときの角運動量 L は

$$L = rmv = r^2 m\omega \tag{5.17}$$

となる．ひもを引っ張る外力は作用しているが，それによる中心 O のまわりのモーメントは作用していないので，角運動量保存の法則より

$$L = L_0 \tag{5.18}$$

であるから，

$$r^2\omega = r_0^2\omega_0 \tag{5.19}$$

という関係式が得られる．これと式(5.15)とから

$$r = \frac{r_0}{8^{1/3}} = \frac{r_0}{2} \tag{5.20}$$

$$\omega = 8^{2/3}\omega_0 = 4\omega_0 \tag{5.21}$$

が得られ，さらに

$$v = r\omega = 2v_0 \tag{5.22}$$

となり，速さは 2 倍となる．

ここでは，$T = 8T_0$ として求めたが，一般的には，以下の関係がある．

$$\omega = \left(\frac{r_0}{r}\right)^2 \omega_0 \tag{5.23}$$

$$v = \frac{r_0}{r} v_0 \tag{5.24}$$

$$T = \left(\frac{r_0}{r}\right)^3 T_0 \tag{5.25}$$

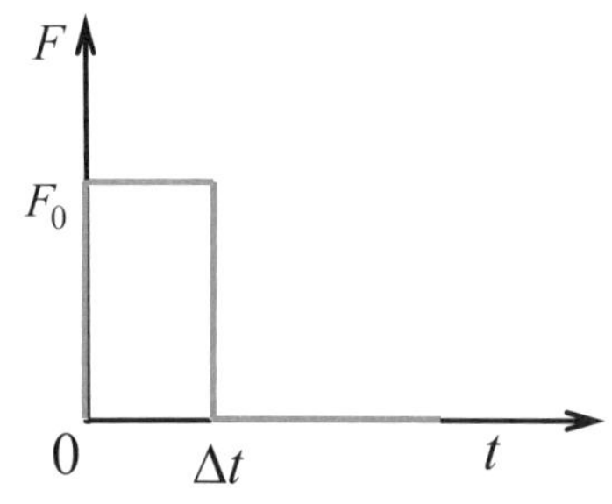

(a)　矩形波状の衝撃力

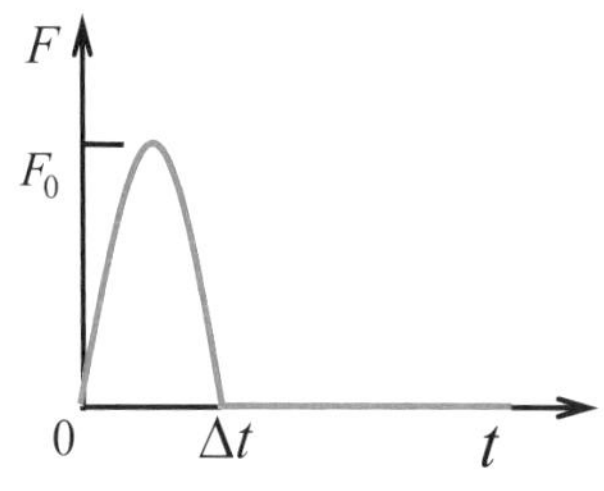

(b)　正弦波状の衝撃力

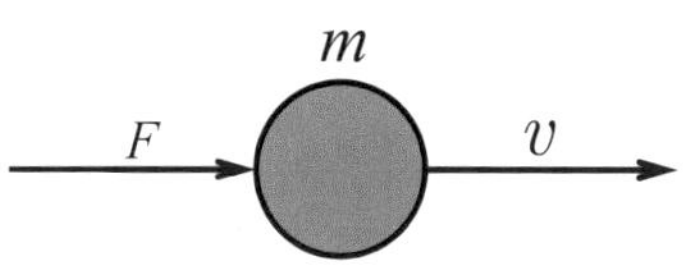

(c)　質点

図 5.7　衝撃力を受ける質点

【例 5・3】　＊＊＊＊＊＊＊＊＊＊＊＊＊＊＊＊＊＊＊＊＊＊＊＊＊

図 5.7 に示すように，静止している質量 m の物体に矩形波状の衝撃力（図 5.7(a)）が作用した．力の作用後の物体の速さ v を求めよ．また，正弦波状の衝撃力（図 5.7(b)）が作用した場合はどうか．

【解 5・3】

力の作用前後の物体の速さをそれぞれ v_1 および v_2 とすると運動量の変化は，その間に作用した力の積分値に等しいから

$$mv_2 - mv_1 = \int_{t_1}^{t_2} F dt \tag{5.26}$$

と書ける．ここで $v_1 = 0$，$v_2 = v$ であり，F は矩形波状の衝撃力であるから

$$mv - 0 = \int_0^{\Delta t} F_0 dt = F_0 \Delta t \tag{5.27}$$

となる．したがって，衝突後の物体の速さは次のようになる．

$$v = \frac{F_0 \Delta t}{m} \tag{5.28}$$

同様にして，F が正弦波状の衝撃力の場合には

$$mv - 0 = \int_0^{\Delta t} F_0 \sin\left(\frac{\pi t}{\Delta t}\right) dt = \frac{2F_0 \Delta t}{\pi} \tag{5.29}$$

となる．したがって，衝突後の物体の速さは以下のようになる．

$$v = \frac{2F_0 \Delta t}{m\pi} \tag{5.30}$$

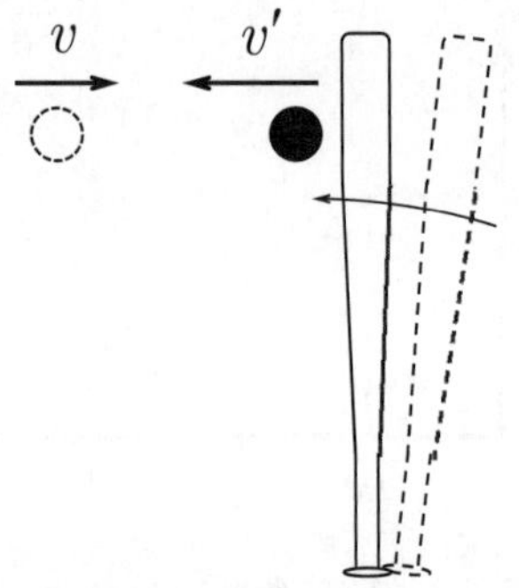

Fig. 5.8　A ball which is struck by a bat

【例 5・4】　＊＊＊＊＊＊＊＊＊＊＊＊＊＊＊＊＊＊＊＊＊＊＊＊＊

A ball of mass m with a velocity v is struck back with the velocity v' by a bat as shown in Fig.5.8. Find the impulse that the bat exerts on the ball.

【解 5・4】

Let the movement direction after the collision of the ball be plus. Since the impulse which the bat gives to the ball is equal to the momentum which the ball obtains by collision, the impulse is obtained as follows.

$$mv' - m \times (-v) = m(v' + v) \tag{5.31}$$

【例 5・5】　＊＊＊＊＊＊＊＊＊＊＊＊＊＊＊＊＊＊＊＊＊＊＊＊＊

図 5.9 に示すように，なめらかな水平面上で，質量 m の物体 A が右方向に速度 V =10m/s で進み，静止している質量 m の物体 B に衝突した．衝突後，物体 A はもとの進行方向から 60° の方向に速度 V_A で進み，物体 B は－30° の方向に速度 V_B で進んだ．衝突後の物体 A および B の速度の大きさを求めよ．

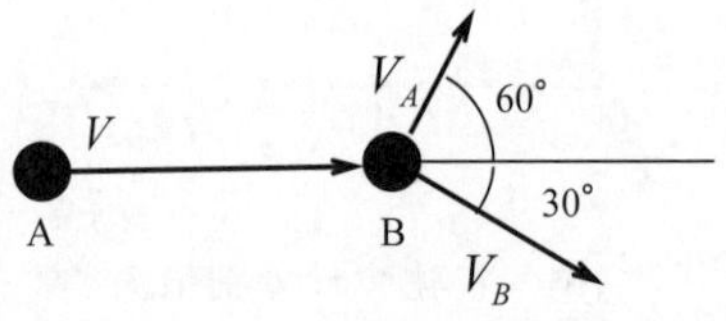

図 5.9　2 つの質点の衝突

【解 5・5】

系に外力が作用していないので，進行方向を x 方向，それに垂直な方向を y 方向として，運動量保存の法則を適用すると

$$x \text{方向：} mV = mV_A \cos 60^\circ + mV_B \cos(-30^\circ) \tag{5.32}$$

$$y \text{方向：} 0 = mV_A \sin 60^\circ + mV_B \sin(-30^\circ) \tag{5.33}$$

両式を解くと，$V_A = V/2 = 5.0$ m/s，$V_B = \sqrt{3}V/2 = 8.66$ m/s となる．

5・2　仕事とエネルギー（work and energy）

・運動エネルギー(kinetic energy)

質量 m の物体が速度 v で運動している場合：

$$T=\frac{1}{2}mv^2 \tag{5.34}$$

軸まわりに回転している場合：物体の軸まわりの慣性モーメント(moment of inertia)を I とすると

$$T=\frac{1}{2}I\omega^2 \tag{5.35}$$

・位置エネルギーまたはポテンシャルエネルギー (potential energy)

ばねが持つポテンシャルエネルギー：質点の平衡位置からの変位を x，ばね定数を k（図 5.10）とすると

$$U(x)=\frac{1}{2}kx^2 \tag{5.36}$$

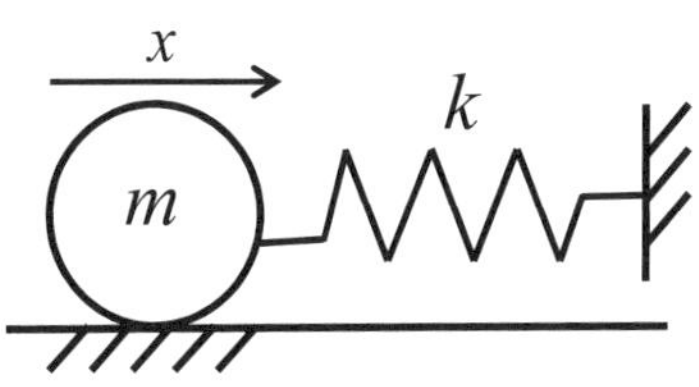

図 5.10　ばね質点系

重力場におけるポテンシャルエネルギー：重力加速度を g とすると

$$U(x)=mgx \tag{5.37}$$

・力学的エネルギー保存の法則(law of conservation of mechanical energy)

運動エネルギーと位置エネルギーを総称して力学的エネルギーと呼ぶ.

$$\frac{1}{2}mv_B^2+U\left(x_B,y_B,z_B\right)=\frac{1}{2}mv_A^2+U\left(x_A,y_A,z_A\right) \tag{5.38}$$

ばね質点系における，力学的エネルギー保存の法則

$$\frac{1}{2}mv_B^2+\frac{1}{2}kx_B^2=\frac{1}{2}mv_A^2+\frac{1}{2}kx_A^2 \tag{5.39}$$

・衝突(collision)

運動量保存の法則：衝突前後で運動量は一定に保たれる.

$$m_1v_1(t_1)+m_2v_2(t_1)=m_1v_1(t_2)+m_2v_2(t_2) \tag{5.40}$$

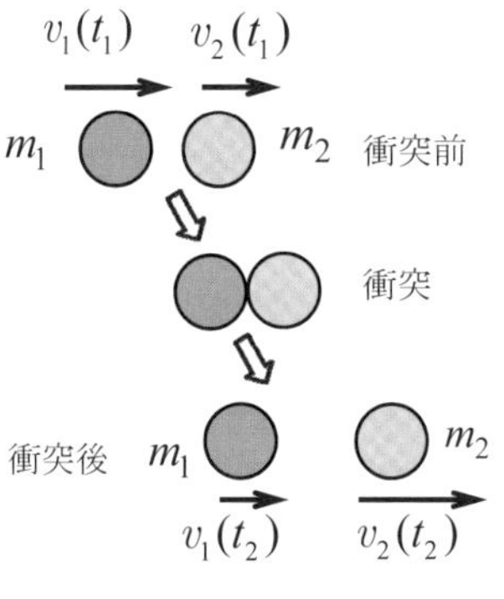

図 5.11　2 つの質点の衝突

弾性衝突：衝突前後で運動エネルギーの総和は変化しない（図 5.11）

$$\frac{1}{2}m_1v_1^2(t_1)+\frac{1}{2}m_2v_2^2(t_1)=\frac{1}{2}m_1v_1^2(t_2)+\frac{1}{2}m_2v_2^2(t_2) \tag{5.41}$$

非弾性衝突：衝突前後で運動エネルギーの総和が変化する

・反発係数(coefficient of restitution)：重心が同一直線上を運動している場合の衝突前後の相対速度の比（$0 \leqq e \leqq 1$）

$$e = \frac{v_2(t_2) - v_1(t_2)}{v_1(t_1) - v_2(t_1)} \tag{5.42}$$

$e = 1$ のときは弾性衝突でエネルギーが保存され，$0 \leqq e < 1$ のときは非弾性衝突でありエネルギーは保存されない．

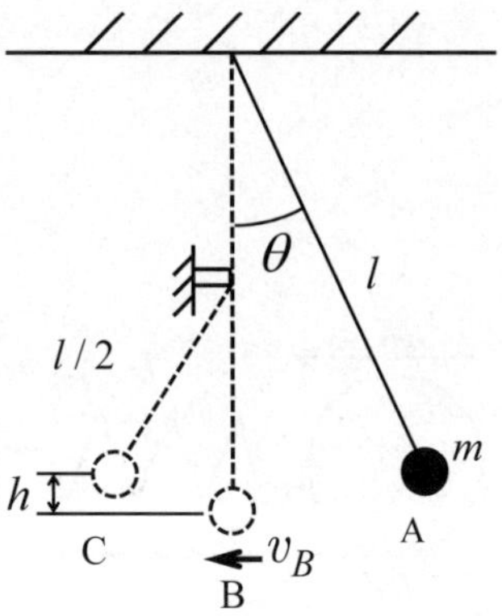

図 5.12　振り子の運動

【例 5・6】　＊＊＊＊＊＊＊＊＊＊＊＊＊＊＊＊＊＊＊＊＊＊＊＊＊＊＊
図 5.12 に示すように質量を無視できる長さ l のひもの先端を天井にむすび，他端に質量 m の物体をつるし，単振り子とした．ひもがたるまないように，ひもと鉛直軸のなす角が θ となるように物体を持ち上げ，静かに放した．物体が最下点を通過するときの速さとひもの張力を求めよ．また，最下点通過後は，障害物により，振り子の長さが $l/2$ となる．物体の到達する高さ h を求めよ．

【解 5・6】
物体を持ちあげた点を A，最下点を B，振り子の長さが $l/2$ となった場合に到達する点を C とする．ポテンシャルエネルギーの基準を最下点に取る．このとき，A における質量のポテンシャルエネルギー U_A および運動エネルギー T_A は

$$U_A = mgl(1 - \cos\theta) \;,\; T_A = 0 \tag{5.43}$$

となり，最下点 B においては

$$U_B = 0 \;,\; T_B = \frac{1}{2} m v_B^2 \tag{5.44}$$

となる．したがって，力学的エネルギー保存の法則より

$$mgl(1 - \cos\theta) = \frac{1}{2} m v_B^2 \tag{5.45}$$

が成り立ち，最下点を通過するときの速さ v_B は

$$v_B = \sqrt{2gl(1 - \cos\theta)} \tag{5.46}$$

となる．最下点でのひもの張力は，遠心力 $\dfrac{m v_B^2}{l} = 2mg(1 - \cos\theta)$ と重力 mg との和であるから

$$S = mg + 2mg(1 - \cos\theta) \tag{5.47}$$

となる．

また，C では速さが 0 となるため，力学的エネルギー保存の法則より，物体が到達する高さ h は A における高さと等しくなり

$$h = l(1 - \cos\theta) \tag{5.48}$$

となる．

【例 5・7】　＊＊＊＊＊＊＊＊＊＊＊＊＊＊＊＊＊＊＊＊＊＊＊＊＊

図 5.13 に示すように床面からの高さ h_0 から真上に速さ v_0 でボールを投げ上げた．ボールが到達する高さ h と床に衝突するときの速さ v を求めよ．

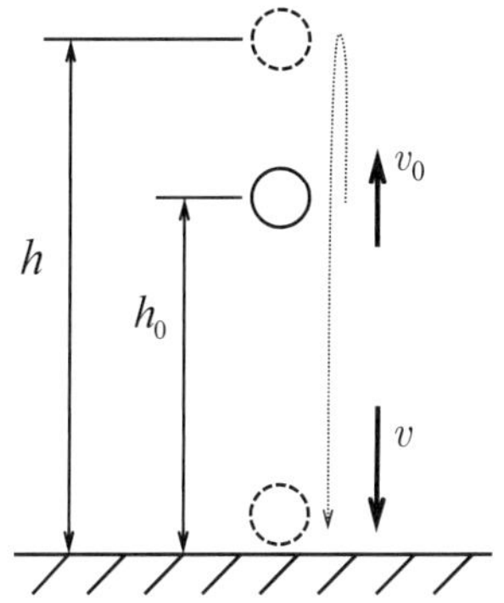

図 5.13　ボールの自由落下運動

【解 5・7】

ボールの質量を m とする．ボールを投げ上げた点を A，最上点を B，床面を C とする．ポテンシャルエネルギーの基準を床面に取る．このとき，A におけるボールのポテンシャルエネルギー U_A および運動エネルギー T_A は

$$U_A = mgh_0 \ , \ T_A = \frac{1}{2}mv_0^2 \tag{5.49}$$

となり, B におけるボールのポテンシャルエネルギー U_B および運動エネルギー T_B は

$$U_B = mgh \ , \ T_B = 0 \tag{5.50}$$

となる．したがって，力学的エネルギー保存の法則より

$$mgh_0 + \frac{1}{2}mv_0^2 = mgh \tag{5.51}$$

が成り立ち，ボールが到達する高さ h は

$$h = h_0 + \frac{v_0^2}{2g} \tag{5.52}$$

となる．同様にして，B と C での力学的エネルギー保存の法則より

$$mgh = \frac{1}{2}mv^2 \tag{5.53}$$

が成り立ち，ボールが床に衝突する速さは以下のようになる．

$$v = \sqrt{2gh} = \sqrt{2gh_0 + v_0^2} \tag{5.54}$$

【例 5・8】　＊＊＊＊＊＊＊＊＊＊＊＊＊＊＊＊＊＊＊＊＊＊＊＊＊

図 5.14 に示すように速さ V で運動している質量 $2m$ の物体 A が，なめらかな水平面上に静止している質量 $3m$ の物体 B に弾性衝突した. 衝突後の物体 A, B の速さを求めよ．また，衝突後の運動エネルギーを求め，衝突前後で運動エネルギーの総和が変化していないことを確認せよ．

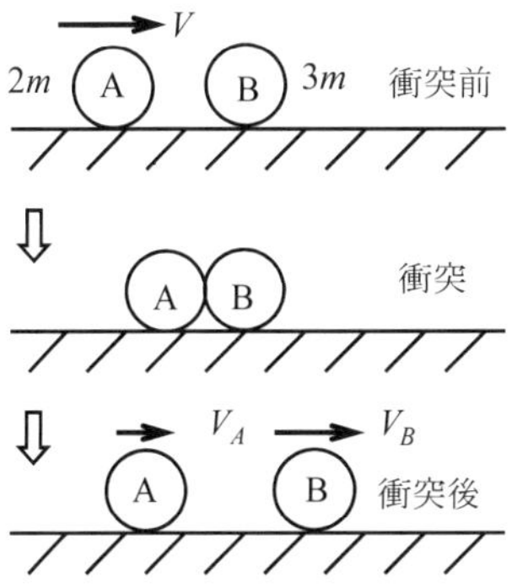

図 5.14　二つの物体の衝突

【解 5・8】

物体 A，B の衝突後の速さをそれぞれ V_A , V_B とする．運動量保存の法則，弾性衝突であることから

$$2mV = 2mV_A + 3mV_B \tag{5.55}$$

$$1 = \frac{V_B - V_A}{V - 0} \tag{5.56}$$

となり，

$$V_A = -\frac{1}{5}V \tag{5.57}$$

$$V_B = \frac{4}{5}V \tag{5.58}$$

が得られる．したがって，衝突後の運動エネルギーの和は

$$\frac{1}{2}(2m){V_A}^2 + \frac{1}{2}(3m){V_B}^2 = \frac{1}{2}(2m)V^2 \tag{5.59}$$

となり，衝突前の運動エネルギーと一致する．

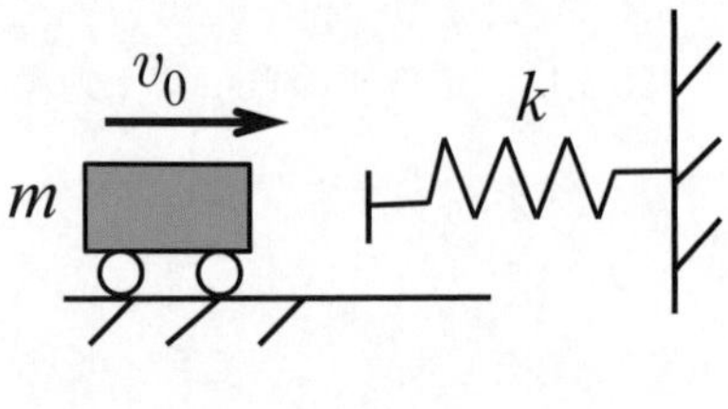

Fig. 5.15　Collision of a cart to a spring

【例 5・9】　＊＊＊＊＊＊＊＊＊＊＊＊＊＊＊＊＊＊＊＊＊＊＊＊＊

As shown in Fig. 5.15, a cart collides to a spring whose one end is fixed to a rigid wall. The mass of the cart is m, and its velocity is v_0. The spring constant is k. Find the maximum deformation of the spring and the magnitude of the force which acts on the wall. Note that the mass of the spring is very small compared with the mass of the cart.

【解 5・9】

Let the maximum deformation of the spring be $x_{\max}$. The potential energy U_A and the kinetic energy T_A before collision are

$$U_A = 0 \ , \ T_A = \frac{1}{2}mv_0^2 \tag{5.60}$$

The potential energy U_B and kinetic energy T_B when the spring deformation is the maximum are

$$U_B = \frac{1}{2}kx_{\max}^2 \ , \ T_B = 0 \tag{5.61}$$

From the law of conservation of mechanical energy

$$\frac{1}{2}mv_0^2 = \frac{1}{2}kx_{\max}^2 \tag{5.62}$$

Hence, the maximum deformation of the spring is

$$x_{\max} = \sqrt{\frac{m}{k}}v_0 \tag{5.63}$$

And the force which acts on the wall is

$$F = kx_{\max} = \sqrt{mk}\,v_0 \tag{5.64}$$

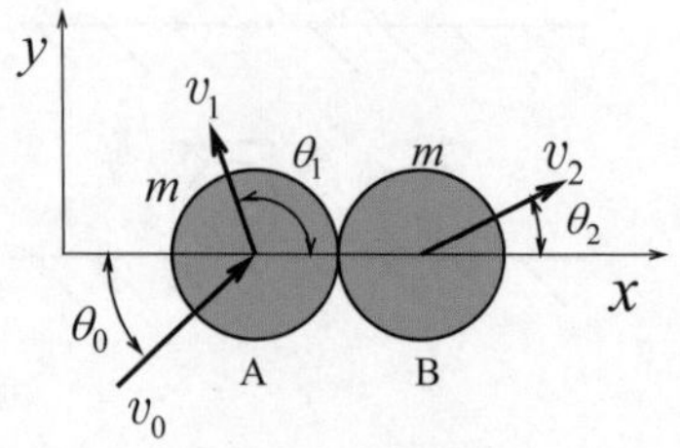

図 5.16　斜衝突

【例 5・10】　＊＊＊＊＊＊＊＊＊＊＊＊＊＊＊＊＊＊＊＊＊＊＊＊＊

図 5.16 に示すように，カーリングのストーン A（質量 m）がストーン B（質量 m）に斜めに衝突したとき，弾性衝突を仮定して，衝突後の両ストーンの速度の大きさと方向を求めよ．また，衝突前後で運動エネルギーの総和が変化していないことを確認せよ．

【解 5・10】

両ストーンの重心を結ぶ方向を x 方向，それに垂直な方向を y 方向とする．ストーン A の衝突直前の速度の大きさと x 軸となす角度を v_0 , θ_0，両ストーンの衝突後の速度の大きさと x 軸となす角度を v_1 , v_2 , θ_1 , θ_2 とする．

衝突前後の y 方向の速度成分は変化しないので，

$$v_0 \sin\theta_0 = v_1 \sin\theta_1 \tag{5.65}$$

$$0 = v_2 \sin\theta_2 \tag{5.66}$$

となる．式(5.66)より $\theta_2 = 0°$ であることがわかる．

x 方向については，運動量保存の法則より

$$mv_0 \cos\theta_0 + 0 = mv_1 \cos\theta_1 + mv_2 \cos\theta_2 \tag{5.67}$$

したがって，

$$v_0 \cos\theta_0 = v_1 \cos\theta_1 + v_2 \tag{5.68}$$

一方，弾性衝突を仮定すると，

$$1 = \frac{v_2 \cos\theta_2 - v_1 \cos\theta_1}{v_0 \cos\theta_0 - 0} = \frac{v_2 - v_1 \cos\theta_1}{v_0 \cos\theta_0} \tag{5.69}$$

が得られる．これらの式から

$$v_1 = v_0 \sin\theta_0 \tag{5.70}$$

$$v_2 = v_0 \cos\theta_0 \tag{5.71}$$

$$\theta_1 = 90° \tag{5.72}$$

$$\theta_2 = 0° \tag{5.73}$$

が得られる．これらの結果を基に衝突前後の速度を書き直すと図 5.17 のようになる．

衝突後の運動エネルギーの総和は

$$\frac{1}{2}mv_0^2 \sin^2\theta_0 + \frac{1}{2}mv_0^2 \cos^2\theta_0 = \frac{1}{2}mv_0^2 \tag{5.74}$$

となり，衝突前の運動エネルギーと一致する．弾性衝突であれば，衝突前後で運動エネルギーの総和は変化しない．

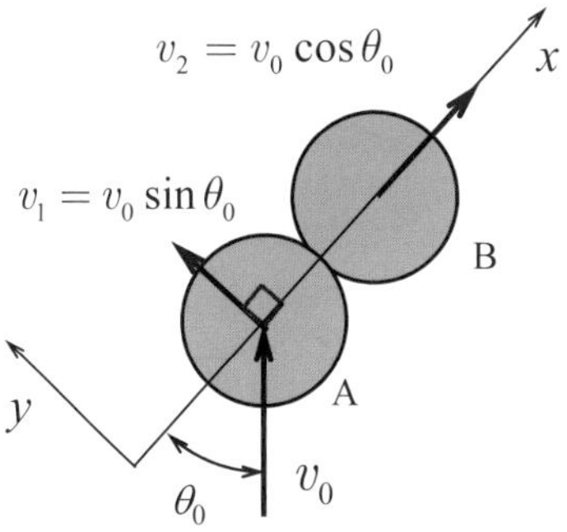

図 5.17　斜衝突

5・3　仮想仕事の原理（principle of virtual work）

・仮想仕事の原理(principle of virtual work)

系が力の釣合い状態にあるとき，幾何学的拘束条件を満足する微小な仮想変位(virtual displacement)による仮想仕事(virtual work)の総和は 0 となる．

系に n 個の力 $\boldsymbol{F}_1$， $\boldsymbol{F}_2$， …， $\boldsymbol{F}_n$ が作用し，微小な仮想変位 $\delta\boldsymbol{S}$ だけ変位させた場合の仮想仕事 δW は，

$$\delta W = \boldsymbol{F}_1 \cdot \delta \boldsymbol{S}_1 + \boldsymbol{F}_2 \cdot \delta \boldsymbol{S}_2 + \cdots + \boldsymbol{F}_n \cdot \delta \boldsymbol{S}_n = \sum_{i=1}^{n} \boldsymbol{F}_i \cdot \delta \boldsymbol{S}_i = 0 \tag{5.75}$$

$\delta \boldsymbol{S}_i$ の各座標軸成分を $(\delta x_i, \delta y_i, \delta z_i)$ とすると,

$$\delta W = \sum_{i=1}^{n} F_{ix} \delta x_i + \sum_{i=1}^{n} F_{iy} \delta y_i + \sum_{i=1}^{n} F_{iz} \delta z_i = 0 \tag{5.76}$$

仮想変位のなす仕事の総和が 0 であれば力が釣合っていることを意味する.

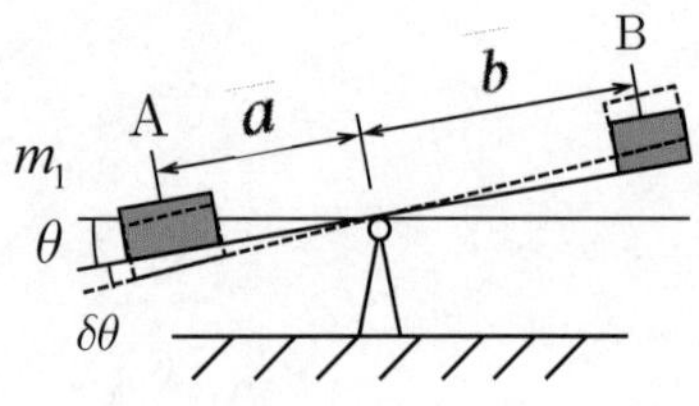

図 5.18　シーソー

【例 5・11】　＊＊＊＊＊＊＊＊＊＊＊＊＊＊＊＊＊＊＊＊＊＊＊＊＊

図 5.18 に示すような支点まわりに鉛直面内で回転できるシーソーがある. 仮想仕事の原理から釣合いの条件を示せ.

【解 5・11】

モーメントの釣合いから

$$m_1 g a = m_2 g b \tag{5.77}$$

であることは明らかであるが, ここでは仮想仕事の原理から求める.

点 A および B に作用する重力は, それぞれ $m_1 g$ および $m_2 g$ である. いま, シーソーが反時計回りに $\delta\theta$ だけ仮想的に回転したとする. このとき, 点 A および B で, それぞれ $a\delta\theta$ および $b\delta\theta$ だけ仮想的に変位する.

$m_1 g$ が行う仕事は $m_1 g a\left(\sin(\theta + \delta\theta) - \sin\theta\right) \cong m_1 g a \delta\theta \cos\theta$, $m_2 g$ が行う仕事は $-m_2 g b\left(\sin(\theta + \delta\theta) - \sin\theta\right) \cong -m_2 g b \delta\theta \cos\theta$ である. したがって, 全体の仮想仕事は

$$\delta W = m_1 g a \delta\theta \cos\theta - m_2 g b \delta\theta \cos\theta = \left(m_1 g a - m_2 g b\right) \delta\theta \cos\theta \tag{5.78}$$

となる. 仮想仕事の原理から $\delta W = 0$ であるから

$$m_1 a = m_2 b \tag{5.79}$$

となり, これが釣合いの条件となる.

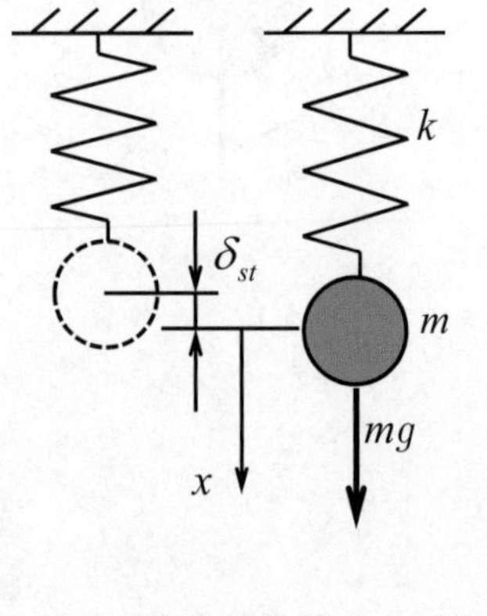

図 5.19　静荷重を受けるばね

【例 5・12】　＊＊＊＊＊＊＊＊＊＊＊＊＊＊＊＊＊＊＊＊＊＊＊＊＊

図 5.19 に示すように質量の無視できるばね定数 k のばねの先に質量 m の質点が取りつけられた系がある. この質点には重力 mg とばねによる復元力とが作用しており, 釣合い状態にある. ばねの無負荷状態からの伸び量 δ_{st} を仮想仕事の原理から求めよ.

【解 5・12】

力の釣合いから

$$mg = k\delta_{st} \tag{5.80}$$

であることは明らかであるが，ここでは仮想仕事の原理から求める．

質点に作用する力は，重力 mg とばねによる復元力 $k(x+\delta_{st})$ である．釣合い状態からの質点の変位を x とし，いま，ばねが下方に δ_x だけ仮想的に変位したとすると，全体の仮想仕事は

$$\begin{aligned}\delta W &= mg\delta x - \int_0^{\delta x} k(x+\delta_{st})dx \\ &= mg\delta x - \frac{1}{2}k\left(2\delta_{st}\delta x + \delta x^2\right) \\ &\cong (mg - k\delta_{st})\delta x\end{aligned} \tag{5.81}$$

となる．仮想仕事の原理から $\delta W = 0$ であるから，釣合いの条件

$$mg = k\delta_{st} \tag{5.82}$$

が得られる．したがって，ばねの伸び量は

$$\delta_{st} = mg / k \tag{5.83}$$

となる．

5・4　ダランベールの原理（d'Alembert's principle）

・以下のニュートンの第二法則による運動方程式は，

$$m\frac{d^2x}{dt^2} = F_x \tag{5.84}$$

$$F_x + \left(-m\frac{d^2x}{dt^2}\right) = 0 \tag{5.85}$$

と記述することもできる．

・ダランベールの原理(d'Alembert's principle)

式(5.85)は，F_x なる力の作用によって運動している質点が，慣性力 $-m(d^2x/dt^2)$ という力の作用によって釣合いを保っていると解釈できる．すなわち，$-m(d^2x/dt^2)$ という力が作用していると形式的に考えることができる．

【例 5・13】　**************************

加速度 α で走行中の電車の中での振り子の運動を考える．図 5.20 に示すように，質点には見かけ上，走行方法と逆方向に $m\alpha$ なる力が作用していると考えることができる．長さ l の振り子の先端には質量 m の質点が取りつけられている．この振り子の傾斜角 θ と張力 T をダランベールの原理を用いて求めよ．

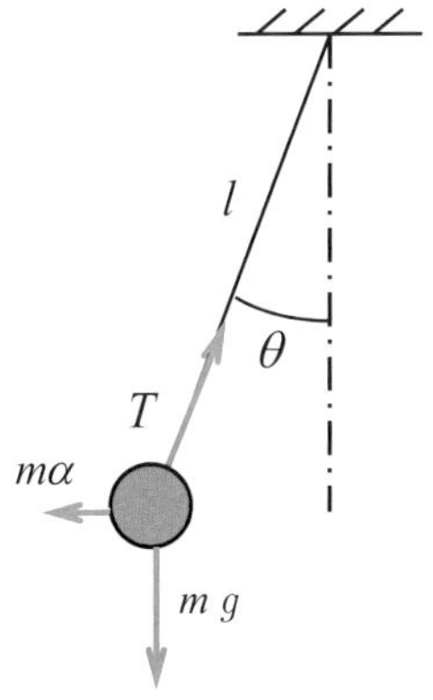

図 5.20　加速走行中の電車内の振り子

【解 5・13】

質点には，重力 mg，張力 T の他に水平方向の加速度 α に対応した仮想的な

力 $m\alpha$ が作用していると考えられる．水平方向および上下方向の力の釣合いから

$$T\sin\theta - m\alpha = 0 \tag{5.86}$$

$$T\cos\theta - mg = 0 \tag{5.87}$$

が得られる．

これらの式から

$$\theta = \tan^{-1}\left(\frac{\alpha}{g}\right) \tag{5.88}$$

$$T = m\sqrt{g^2 + \alpha^2} \tag{5.89}$$

が得られる．

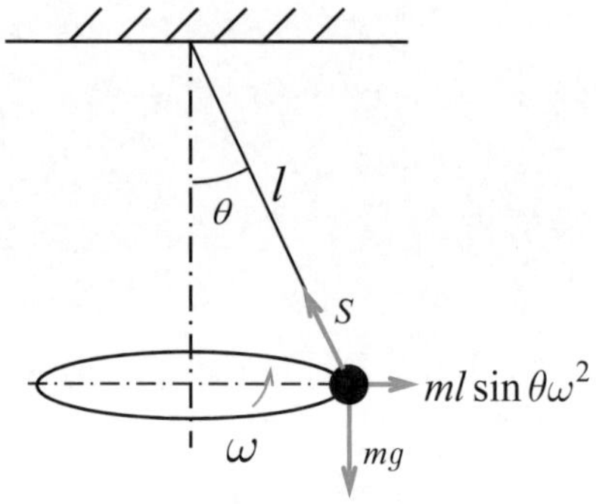

図 5.21　円錐振り子

【例 5・14】　＊＊＊＊＊＊＊＊＊＊＊＊＊＊＊＊＊＊＊＊＊＊＊＊

図 5.21 に示すように，長さ l の糸の一端を固定し，他端に質量 m の質点が取りつけられた振動系がある．糸が鉛直下方と一定の角度 θ を保ちながら，一定の角速度 ω で回転している．糸の張力，角速度および質点が 1 回転する時間（周期）をダランベールの原理を用いて求めよ．次に，角速度および周期を仮想仕事の原理を用いて解け．

【解 5・14】

糸の張力を S とする．質点には，重力 mg，張力 S の他に仮想的な力（遠心力）$ml\sin\theta\omega^2$ が作用する．水平方向および上下方向の力の釣合いから

$$ml\sin\theta\omega^2 - S\sin\theta = 0 \tag{5.90}$$

$$S\cos\theta - mg = 0 \tag{5.91}$$

が得られる．

これらの式から

$$S = \frac{mg}{\cos\theta} = ml\omega^2 \tag{5.92}$$

となり

$$\omega = \sqrt{\frac{g}{l\cos\theta}} \tag{5.93}$$

が得られる．したがって，周期は

$$T = \frac{2\pi}{\omega} = 2\pi\sqrt{\frac{l\cos\theta}{g}} \tag{5.94}$$

と求められる．

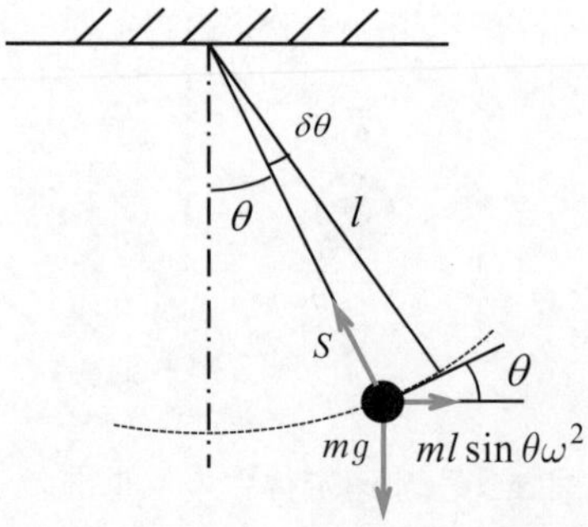

図 5.22　仮想変位を与えた円錐振り子

次に，同じ問題を仮想仕事の原理を用いて解く．図 5.22 に示すように糸の傾きが θ から $\theta+\delta\theta$ に変化したときの遠心力による仕事，重力による仕事，張力による仕事は，それぞれ，$ml\sin\theta\omega^2(l\delta\theta)\cos\theta$，$-mg(l\delta\theta)\sin\theta$，0 である．仮想仕事の原理より

$$ml\sin\theta\omega^2(l\delta\theta)\cos\theta - mg(l\delta\theta)\sin\theta = 0 \qquad (5.95)$$

したがって，

$$\omega = \sqrt{\frac{g}{l\cos\theta}} \qquad (5.96)$$

$$T = \frac{2\pi}{\omega} = 2\pi\sqrt{\frac{l\cos\theta}{g}} \qquad (5.97)$$

が得られる．

【例 5・15】　＊＊＊＊＊＊＊＊＊＊＊＊＊＊＊＊＊＊＊＊＊＊＊＊＊＊
図 5.10 に示すようなばね質点系の運動方程式をダランベールの原理を用いて求めよ．また，初期変位，初期速度が与えられたときの解を示せ．

【解 5・15】
慣性力 $-m(d^2x/dt^2)$ とばねの復元力 kx とが釣合っていると考えることができ，運動方程式は

$$m\frac{d^2x}{dt^2} = -kx \qquad (5.98)$$

あるいは

$$m\frac{d^2x}{dt^2} + kx = 0 \qquad (5.99)$$

と書くことができる．この運動方程式の一般解は，

$$x = A\cos\omega_n t + B\sin\omega_n t \qquad (5.100)$$

となる．ここで，ω_n は $\omega_n = \sqrt{k/m}$ であり，固有角振動数と呼ばれる．また，A, B は初期条件によって決まる定数である．

初期変位を x_0，初期速度を v_0 とすると，$x_0 = A$，$v_0 = \omega_n B$ より

$$x = x_0\cos\omega_n t + \frac{v_0}{\omega_n}\sin\omega_n t \qquad (5.101)$$

となる．

＝＝＝＝＝　練習問題　＝＝＝＝＝＝＝＝＝＝＝＝＝＝＝＝＝＝＝＝＝＝

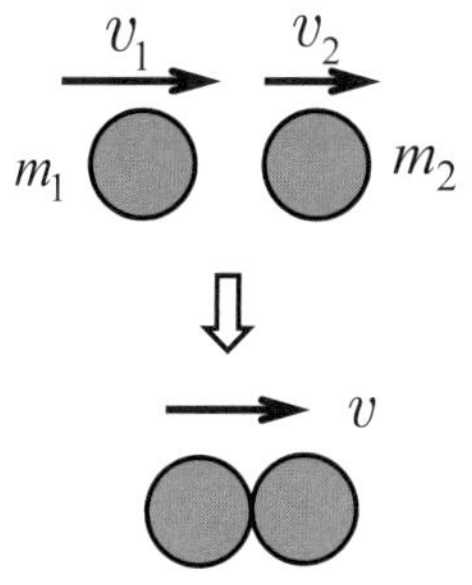

図 5.23　2 物体の衝突

【5・1】　図 5.23 のように一直線上を速さ v_1，v_2 で同じ向きに運動している質量 m_1，m_2 の 2 物体が，衝突してから一体になって運動を続けたとする．衝突後の速さを求めよ．また，衝突により全体の運動エネルギーはどのように変化したか．

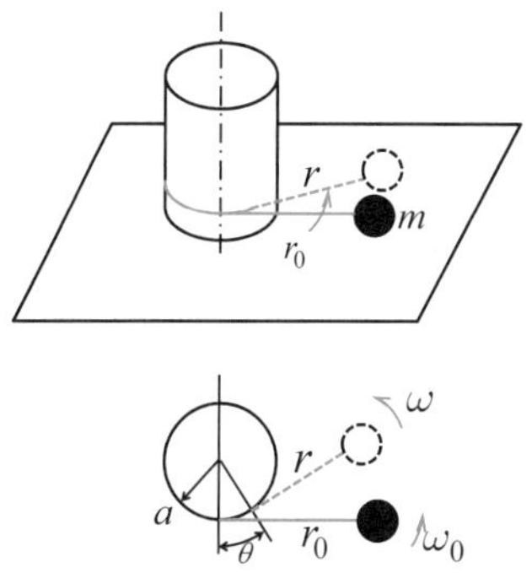

図 5.24　円柱まわりの回転

【5・2】　図 5.24 に示すように，質量 m の質点が，水平面上で初期速度を与えられ，鉛直方向に固定された半径 a の軸のまわりにひもを巻き付けながら運動している．質点から接触点までの距離が r_0 のときの角速度を ω_0 とする．

その状態から角度θだけ回転した後の角速度ωと張力Tを求めよ.

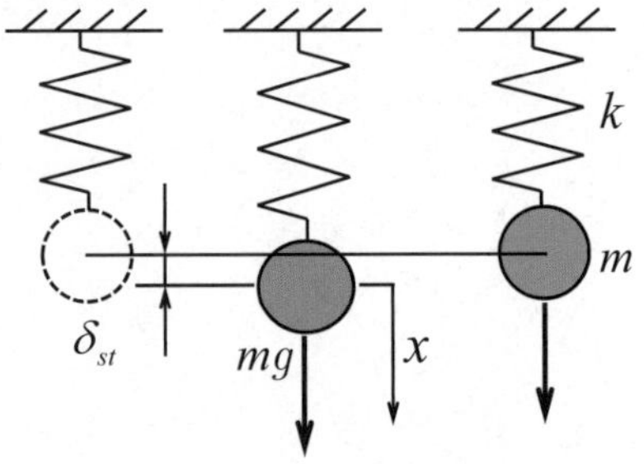

図 5.25　ばね質点系

【5・3】　図 5.25 に示すように質量を無視できるばね定数kのばねの先端に質量mの質点が取り付けられた系がある．この質点には重力mgとばねによる復元力とが作用しており，釣合い状態にある．ばねの無負荷状態からの伸び量をδ_{st}とする．今，質点をδ_{st}だけ持ち上げ静止した状態から，急に質点を放した場合の最大変位を求めよ.

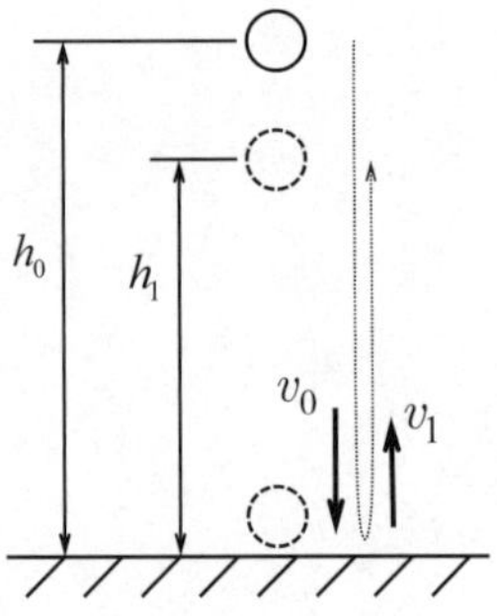

図 5.26　球のはね返り

【5・4】　図 5.26 に示すように高さh_0から，水平な床に球が落下し，1 回目のはね返り高さがh_1であった．このとき，球の反発係数eを求めよ．次に，n回目のはね返り高さh_nを用いて反発係数を表せ.

【5・5】　図 5.27 に示すように，それぞれの質量がm_1，m_2，m_3の三つの球 A，B，C が一直線上に静止している．球の半径はすべて等しく，A，B 間，および B，C 間の反発係数をそれぞれe_1，e_2とする．A に速度vを与えて B に衝突させ, B がさらに C に衝突するとき, 衝突後のそれらの速さを求めよ. また，A が再び B と衝突するための条件を求めよ.

さらに，弾性衝突（$e_1 = e_2 = 1$）であれば，A が再び B と衝突するための条件はどうなるか.

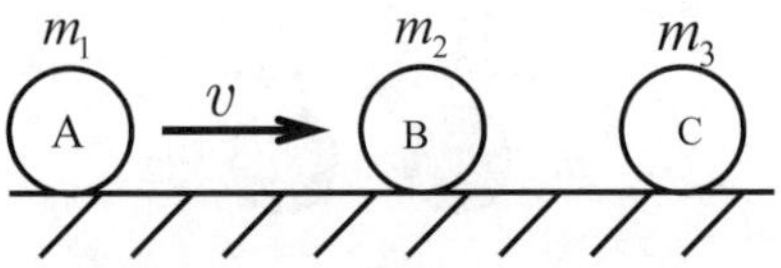

図 5.27　球の連続した衝突

【5・6】　質量m_1の物体 A が，なめらかな水平面上で静止している質量m_2の物体 B に衝突した．衝突後，物体 A はもとの進行方向から角度θだけ方向が変わり, 物体 B は物体 A の進行方向からθとは逆方向に角度φの方向に進んだ．弾性衝突を仮定して，角度θをφを用いて表せ.

さらに，$m_1 = m_2$であれば，$\theta + \varphi = 90°$となることを示せ.

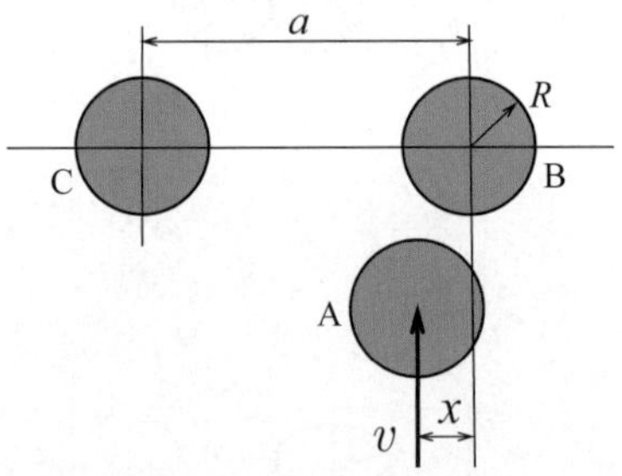

Fig. 5.28　Stones of curling

【5・7】　As shown in Fig. 5.28, there are two curling stones B and C on the rink, whose distance is a. The stone A is thrown perpendicular to the line which connects the centers of the stones B and C. Determine the distance x in order to make the stone A collide head-on with the stone C, after making the stone A collide with the stone B. Assuming the elastic collision.

【5・8】　図 5.29 に示す振り子において，質量mの物体を最下点（点 B）から高さh（点 A）まで持ち上げてから放し，同じ長さの振り子の最下点で静止している質量Mの物体に衝突させた. 質量$M = m$, 反発係数をeとして，衝突された物体が最下点から上がる最高点の高さH（点 C）を求めよ.

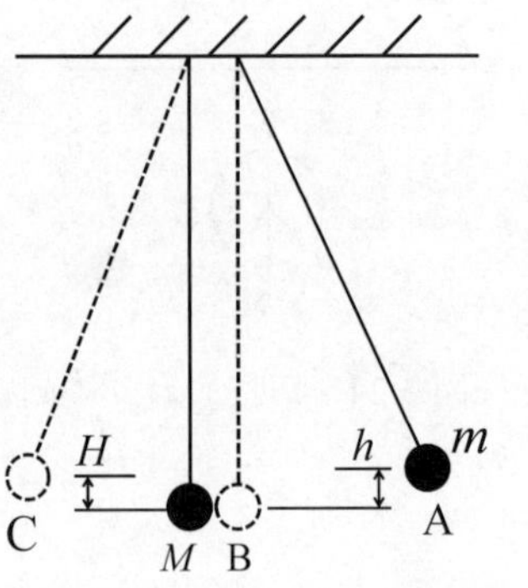

図 5.29　振り子の衝突

【5・9】　図 5.29 に示す振り子において，質量mの物体を最下点から高さhまで持ち上げてから放し，同じ長さの振り子の最下点で静止している質量$M = 2m$の物体に衝突させた．このときの衝突は弾性衝突であるとして，質量$2m$の物体が最下点から上がる最高点の高さHを求めよ.

第5章　練習問題

【5･10】　図 5.30 に示すように床の鉛直方向に対して θ_1 の方向から速さ v_1 で衝突した質点が，θ_2 の方向にはね返った．床面はなめらかであると仮定して，反発係数 e と衝突後の速さ v_2 を求めよ．

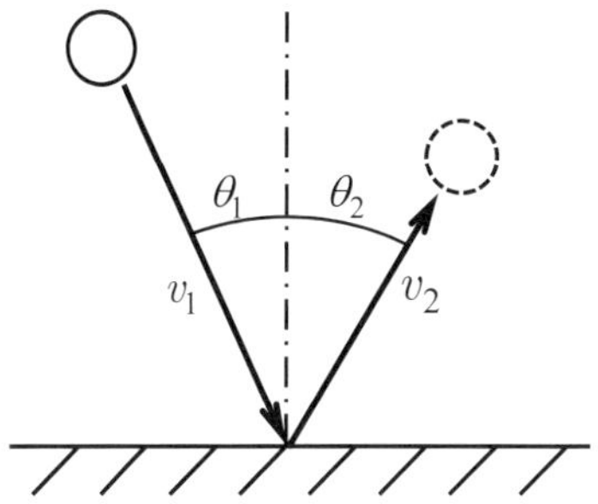

図 5.30　床面でのはね返り

【5・11】　A rigid body (m =100kg) which is freely fallen from 100mm in height collides with a spring as shown in Fig.5.31. Find the maximum deformation x_{max} of the spring where the spring constant is k =50kN/m. Find the maximum speed v_{max} and the deformation x when the speed is the maximum.

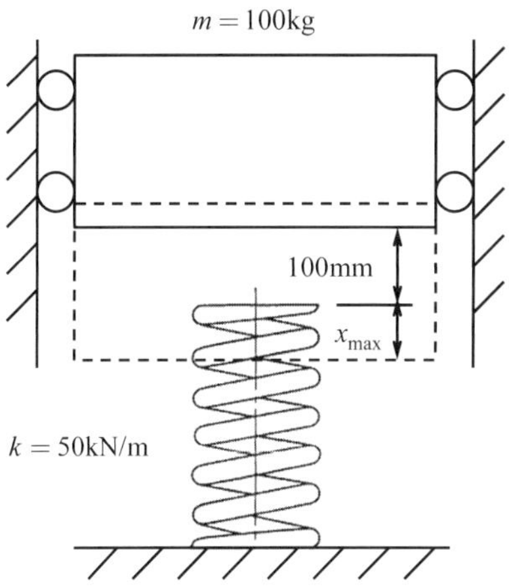

Fig.5.31　A rigid body which collides with a spring

【5・12】　図 5.32 に示すように，ばね定数 k の長さ l のロープの一端を高所に固定し，質量 m の人がバンジージャンプ（自由落下）をしたとする．最下点でのロープの伸びを求めよ．また，最大速度とその時のロープの伸びを求めよ．ただし，ジャンパーは質点として扱うことができ，ロープの質量や空気抵抗は無視できるものとする．

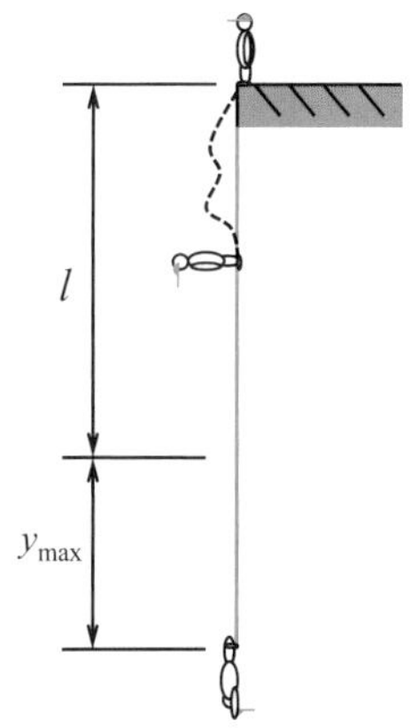

図 5.32　バンジージャンプ

【5・13】　反発係数 e の床に高さ h から球を自由落下させたとき，衝突運動が止まるまでに運動する距離と時間を求めよ．

【5・14】　図 5.19 に示すばね－質量系において，ばねの釣合い状態からの変位を x，ばね定数を k としたときに，ポテンシャルエネルギー $U(x)$ が，以下の式で表されることを示せ．

$$U(x) = \frac{1}{2}kx^2 \tag{5.102}$$

【5・15】　同一直線上を運動している二つの質点が弾性衝突する場合には，運動エネルギーの総和は変化しないことを示せ．

第 6 章

剛体の力学

Dynamics of Rigid Body

6・1 慣性モーメント（moment of inertia）

・慣性モーメント(moment of inertia) ：慣性モーメントは次式のように定義される

$$I = \int r^2 dm \tag{6.1}$$

ここで，r，dm は図 6.1 に示す回転中心からの距離と微小な質量である．

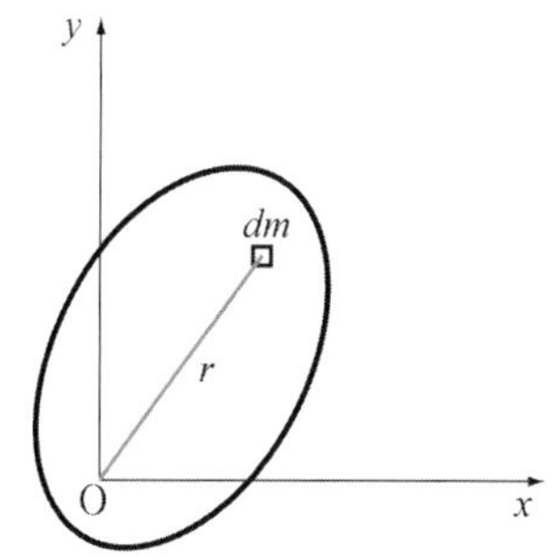

図 6.1 慣性モーメントの定義

例えば，質量 m，長さ l の一様な棒の質量中心まわりの慣性モーメント（図 6.2）は

$$I = \frac{1}{12} ml^2 \tag{6.2}$$

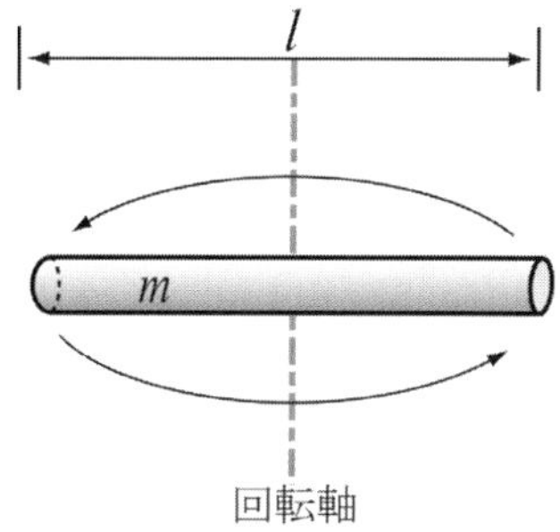

図 6.2 一様な棒の質量中心まわりの慣性モーメント

であり，棒の端点まわりの慣性モーメント（図 6.3）は

$$I = \frac{1}{3} ml^2 \tag{6.3}$$

となる．

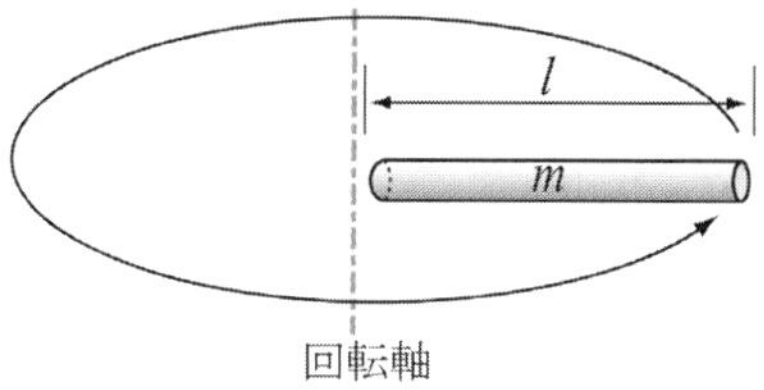

図 6.3 棒の端点まわりの慣性モーメント

・平行軸の定理(parallel axis theorem)：質量中心 G を通る軸まわりの慣性モーメント I_G とその軸と距離 h だけ離れた平行な軸（点 P を通る）まわりの慣性モーメント I_P との関係は次のようになる．

$$I_P = I_G + mh^2 \tag{6.4}$$

【例 6・1】 ＊＊＊＊＊＊＊＊＊＊＊＊＊＊＊＊＊＊＊＊＊＊＊＊＊

図 6.4 に示すように，質量が M で，底辺の長さが a，高さが h の一様な三角形状の板の重心 G を通り，底辺に平行な軸（l 軸）まわりの慣性モーメントを求めよ．

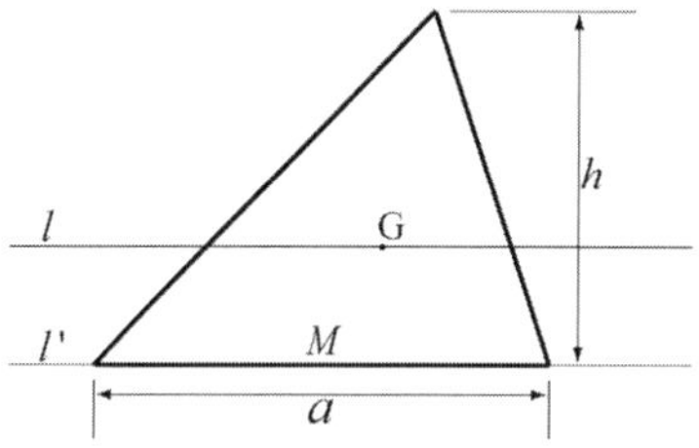

図 6.4 三角形状の板の慣性モーメント

【解 6・1】

図 6.5 のように，三角形の底辺を軸（l' 軸）として，l' 軸まわりの慣性モーメントを計算し，平行軸の定理を用いて，l 軸まわりの慣性モーメントを求める．

l' 軸から距離 r 離れた幅 dr，長さ $a(r)$ の微小部分の質量 dm は，面密度を ρ とすると，

$$dm = \rho a(r) dr \tag{6.5}$$

ここで

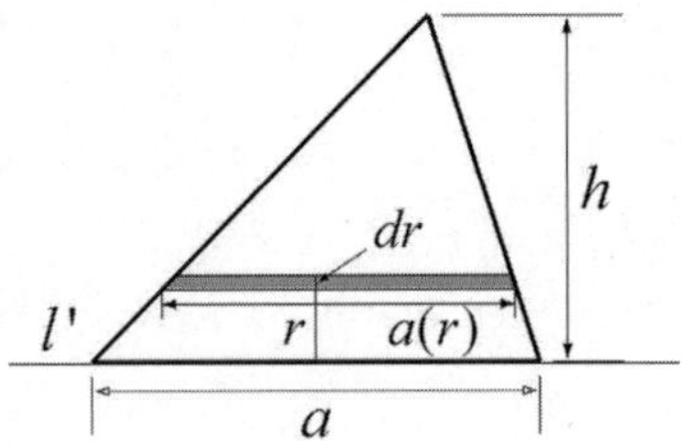

図 6.5　三角形状の板の底辺をとおる軸まわりの慣性モーメント

$$a(r) = a\frac{h-r}{h} \tag{6.6}$$

より，l' 軸まわりの慣性モーメント I' は，

$$I' = \int r^2 dm = \int_0^h r^2 \rho a \frac{h-r}{h} dr = \frac{1}{12}\rho a h^3 \tag{6.7}$$

ここで，

$$\rho = \frac{2M}{ah} \quad \left(M = \frac{1}{2}\rho a h \text{より} \right) \tag{6.8}$$

となるので，

$$I' = \frac{1}{6}Mh^2 \tag{6.9}$$

となる．点 G は三角形の重心なので，底辺から距離 $\frac{1}{3}h$ にある．重心 G を通り，底辺に平行な軸（l 軸）まわりの慣性モーメント I_G は，平行軸の定理を用いて，

$$I' = I_G + M\left(\frac{1}{3}h\right)^2 = I_G + \frac{1}{9}Mh^2 \tag{6.10}$$

より

$$I_G = I' - \frac{1}{9}Mh^2 = \frac{1}{6}Mh^2 - \frac{1}{9}Mh^2 = \frac{1}{18}Mh^2 \tag{6.11}$$

と求めることができる．

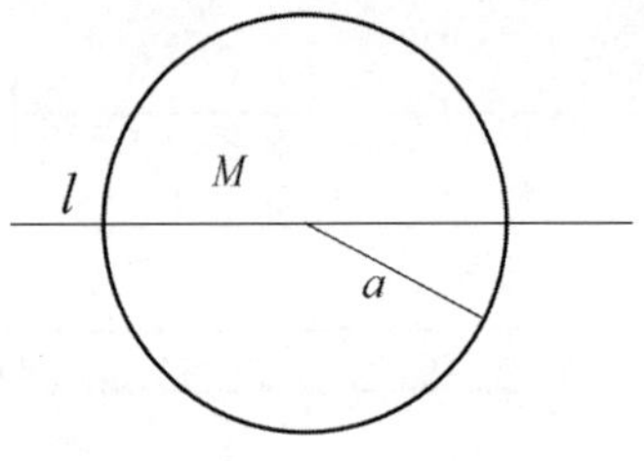

図 6.6　円板の慣性モーメント

【例 6・2】　＊＊＊＊＊＊＊＊＊＊＊＊＊＊＊＊＊＊＊＊＊＊＊＊＊

図 6.6 に示すように，質量が M で，半径 a の円板の直径軸(l 軸)まわりの慣性モーメントを求めよ．

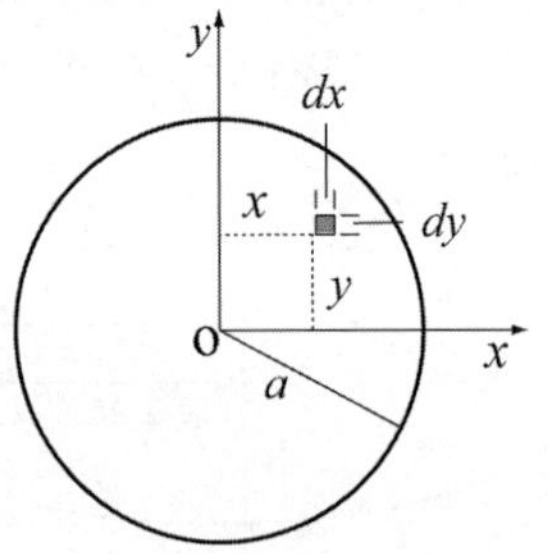

図 6.7　円板の x 軸まわりのモーメント

【解 6・2】

図 6.7 のように，円板の中心を原点とし，xy 平面が円板と平行になるように x, y 軸を定める．直径軸まわりの慣性モーメントは，x 軸または y 軸まわり慣性モーメントとなる．ここでは，x 軸まわりの慣性モーメントを求める．

x 軸まわりの慣性モーメント I_x は，$x^2 + y^2 = a^2$ を用いて，

$$\begin{aligned} I_x &= \int y^2 dm = \iint y^2 \rho dxdy = \int_{-a}^{a}\int_{-\sqrt{a^2-x^2}}^{\sqrt{a^2-x^2}} y^2 \rho dydx \\ &= \int_{-a}^{a} \rho \left[\frac{y^3}{3}\right]_{-\sqrt{a^2-x^2}}^{\sqrt{a^2-x^2}} dx = \frac{2\rho}{3}\int_{-a}^{a}(a^2-x^2)^{\frac{3}{2}}dx \end{aligned} \tag{6.12}$$

ここで，面密度を ρ とし，

$$dm = \rho dxdy \tag{6.13}$$

を用いた．以下のような変数変換を行うと

$$x = a\sin\theta, \qquad dx = a\cos\theta\, d\theta \tag{6.14}$$

式(6.12)は，

$$I_x = \frac{2\rho}{3}\int_{-a}^{a}(a^2 - x^2)^{\frac{3}{2}}dx = \frac{2\rho}{3}\int_{-\frac{\pi}{2}}^{\frac{\pi}{2}} a^3(1-\sin^2\theta)^{\frac{3}{2}} a\cos\theta d\theta$$
$$= \frac{2\rho a^4}{3}\int_{-\frac{\pi}{2}}^{\frac{\pi}{2}}\cos^4\theta d\theta = \frac{2\rho a^4}{3}\left[\frac{1}{32}\sin 4\theta + \frac{1}{4}\sin 2\theta + \frac{3}{8}\theta\right]_{-\frac{\pi}{2}}^{\frac{\pi}{2}} \quad (6.15)$$
$$= \frac{2\rho a^4}{3}\frac{3\pi}{8} = \frac{\rho\pi a^4}{4} = \frac{1}{4}Ma^2$$

となり，x 軸まわりの慣性モーメント I_x が求まる．

【例 6・3】　＊＊＊＊＊＊＊＊＊＊＊＊＊＊＊＊＊＊＊＊＊＊＊

図 6.8 のような質量 M，高さ h，底面の半径 a の一様な直円錐の z 軸および x 軸まわりの慣性モーメントを求めよ．

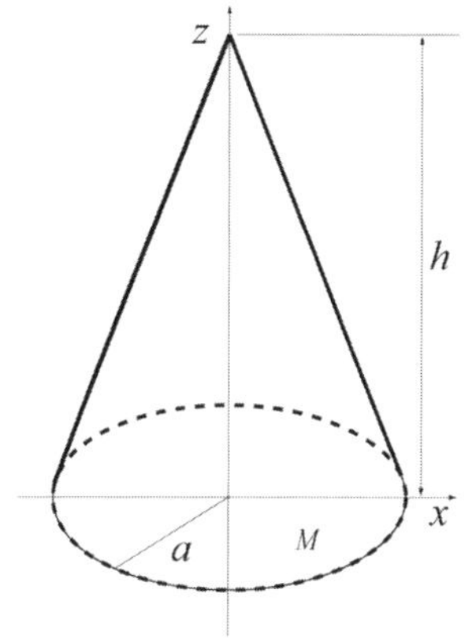

図 6.8　直円錐の慣性モーメント

【解 6・3】

まず，z 軸まわりの慣性モーメントを考える．図 6.9 のように x 軸から距離 z の位置に，z 軸に垂直な円板を考える．この円板の半径 r は，

$$r = a\frac{h-z}{h} \quad (6.16)$$

となる．この円板の厚さを dz とすると，質量 dm は，密度を ρ として，

$$dm = \rho\pi r^2 dz \quad (6.17)$$

となる．この円板の z 軸まわりの慣性モーメントは

$$\frac{r^2}{2}dm = \frac{\rho\pi}{2}r^4 dz \quad (6.18)$$

となり，これを用いると，円錐の z 軸まわりの慣性モーメント I_z は

$$I_z = \int\frac{\rho\pi}{2}r^4 dz = \int_0^h \frac{\rho\pi}{2}a^4\frac{(h-z)^4}{h^4}dz = \frac{3}{10}Ma^2 \quad (6.19)$$

となる．ここで，

$$M = \frac{1}{3}\rho\pi a^2 h \quad (6.20)$$

を用いている．

次に，x 軸から距離 z の位置に，z 軸に垂直な円板(上の計算で用いた円板)の x 軸まわりの慣性モーメントは，平行軸の定理を用いると，

$$\frac{r^2}{4}dm + z^2 dm = \left(\frac{r^2}{4} + z^2\right)dm \quad (6.21)$$

となるので，円錐の x 軸まわりの慣性モーメント I_x は

$$I_x = \int\left(\frac{r^2}{4} + z^2\right)dm$$
$$= \int\left\{\frac{a^2}{4}\left(\frac{h-z}{h}\right)^2 + z^2\right\}\rho\pi a^2\left(\frac{h-z}{h}\right)^2 dz \quad (6.22)$$

したがって，

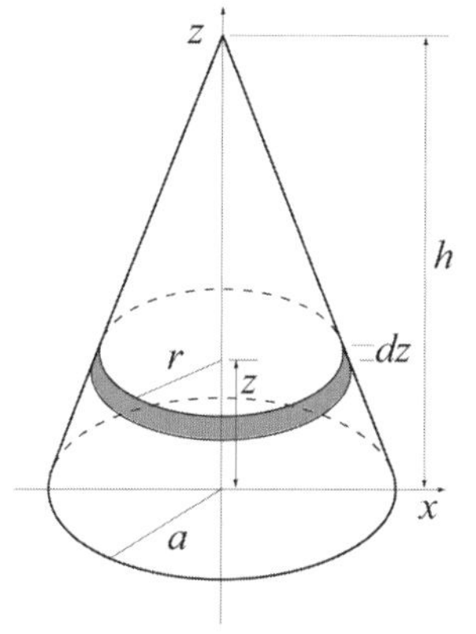

図 6.9　直円錐の慣性モーメントの

$$I_x = \left(\frac{a^2}{20} + \frac{h^2}{30}\right)\rho\pi a^2 h = \frac{1}{20}\left(3a^2 + 2h^2\right)\frac{1}{3}\rho\pi a^2 h$$
$$= \frac{M}{20}\left(3a^2 + 2h^2\right) \tag{6.23}$$

と得られる．

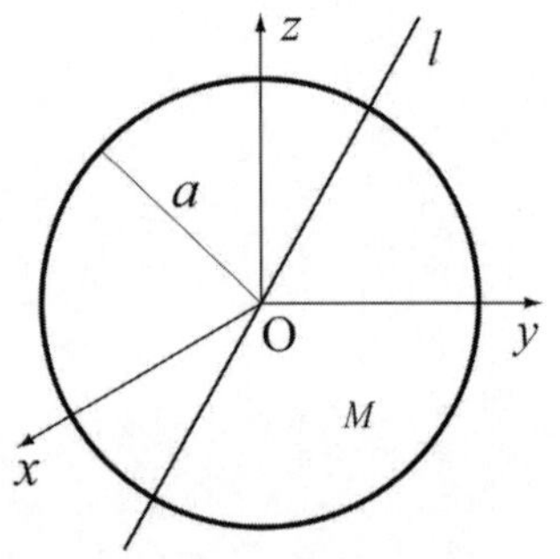

Fig. 6.10 Moment of inertia of a uniform solid sphere

【例 6・4】 ＊＊＊＊＊＊＊＊＊＊＊＊＊＊＊＊＊＊＊＊＊＊＊＊

Calculate the moment of inertia I_l of a uniform solid sphere of radius a and mass M about the axis l, passing through the center, as shown in Fig.6.10.

【解 6・4】

The moment of inertia about x, y and z axes are respectively given by

$$I_x = \int (y^2 + z^2)dm,\ I_y = \int (z^2 + x^2)dm,\ I_z = \int (x^2 + y^2)dm \tag{6.24}$$

By using the symmetry of a sphere,

$$I_x = I_y = I_z = I_l \tag{6.25}$$

From eq.(6.24)

$$I_x + I_y + I_z = 3I_l = 2\int (x^2 + y^2 + z^2)dm \tag{6.26}$$

Thus

$$I_l = \frac{2}{3}\int (x^2 + y^2 + z^2)dm = \frac{2}{3}\int r^2 dm \tag{6.27}$$

where $r^2 = x^2 + y^2 + z^2$

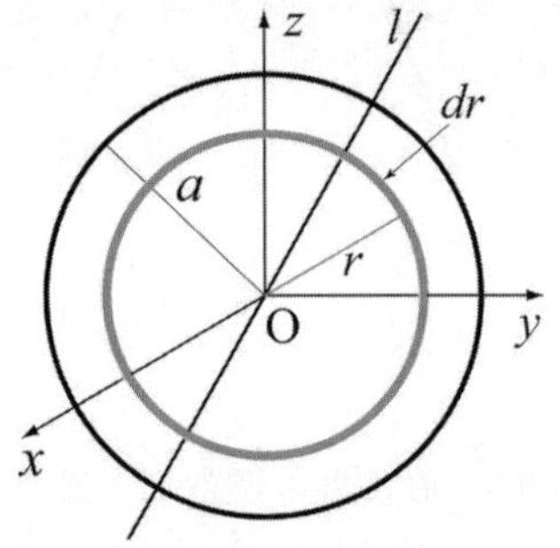

Fig. 6.11 Sphere made of spherical shells

We can regard the sphere made of spherical shells as shown Fig. 6.11. Let dI be the moment of inertia of this spherical shell so that the moment of inertia of the whole sphere will be

$$I_l = \frac{2}{3}\int dI = \frac{2}{3}\int r^2 dm \tag{6.28}$$

The mass of the spherical shell is

$$dm = 4\rho\pi r^2 dr \tag{6.29}$$

where r and dr are radius and thickness of the spherical shell, respectively, and

$$\rho = \frac{3}{4}\frac{M}{\pi a^3} \tag{6.30}$$

From Eqs.(6.28),(6.29), and (6.30), we obtain the moment of inertia I_l about the axis l

$$I_l = \frac{2}{3}\int r^2 dm = \frac{8\pi\rho}{3}\int_0^a r^4 dr = \frac{8\pi\rho a^5}{15} = \frac{2}{5}Ma^2 \tag{6.31}$$

6・2 運動方程式（equation of motion）

・平面運動(plane motion)を行う剛体(rigid body)の運動は,

○質量が剛体の質量中心(center of mass)に集中した質点とみなし，その質点の並進運動(translation)

○質量中心まわりの回転運動(rotation)

の組合せで考えることが一般的であり，それぞれの運動に対して運動方程式をたてる．

並進運動の運動方程式：剛体の質量を m，質量中心の座標を (x, y) とすると並進運動の運動方程式は

$$m\ddot{x} = F_x \tag{6.32}$$

$$m\ddot{y} = F_y \tag{6.33}$$

ここで，F_x，F_y は剛体に作用する力の総和の x 方向，y 方向成分である．

回転運動の運動方程式：剛体の質量中心まわりの慣性モーメントを I，剛体の角速度を ω とすると，回転運動の運動方程式は

$$I\dot{\omega} = N \tag{6.34}$$

ここで，N は剛体に作用するモーメントの総和であり，剛体に作用する力による質量中心まわりのモーメントも含まれる．

・回転中心（回転軸）が固定されている場合の剛体の運動は，回転中心まわりの回転運動の運動方程式で記述される．回転中心まわりの慣性モーメントを I_C，剛体の角速度を ω とすると，このときの回転運動の運動方程式は

$$I_C\dot{\omega} = N_C \tag{6.35}$$

ここで，N_C は剛体に作用するモーメントの総和であり，剛体に作用する力による回転中心まわりのモーメントも含まれる．

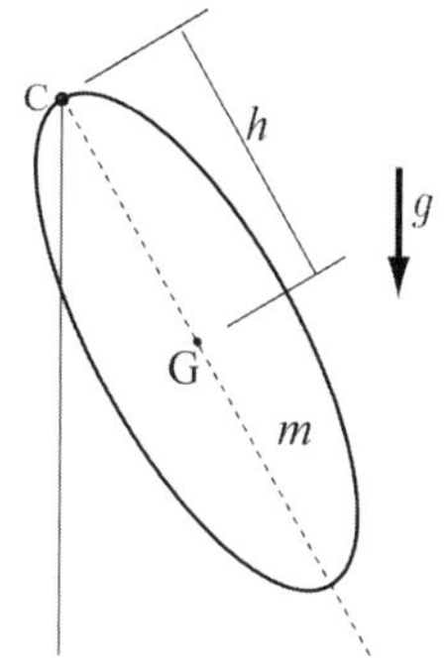

図 6.12　振り子の運動方程式

【例 6・5】　＊＊＊＊＊＊＊＊＊＊＊＊＊＊＊＊＊＊＊＊＊＊＊＊

図 6.12 のように，質量が m，質量中心 G まわりの慣性モーメント I_G の剛体が，支点 C で自由に回転できるように支えられている．支点 C と質量中心 G との距離を h としたとき，以下の二つの方法で，剛体の運動方程式を求めよ．

(1) まず，剛体の質量中心の並進運動と，質量中心まわりの回転運動の運動方程式を導き，それらを用いて，剛体の運動方程式を求める．

(2) 直接，支点まわりの回転運動の運動方程式を求める．

【解 6・5】

(1) 図 6.13 のように，支点を原点とし xy 座標系と剛体の傾き角 θ を定義する．剛体に作用する外力は，重力 mg と支点からの力の x および y 方向成分 f_x，f_y である(ここで f_x，f_y は未知量)．質量中心の座標を (x, y) とすると，剛体の質量中心の並進運動の運動方程式は，

$$m\ddot{x} = mg + f_x \tag{6.36}$$

$$m\ddot{y} = f_y \tag{6.37}$$

また，質量中心まわりの回転運動の運動方程式は

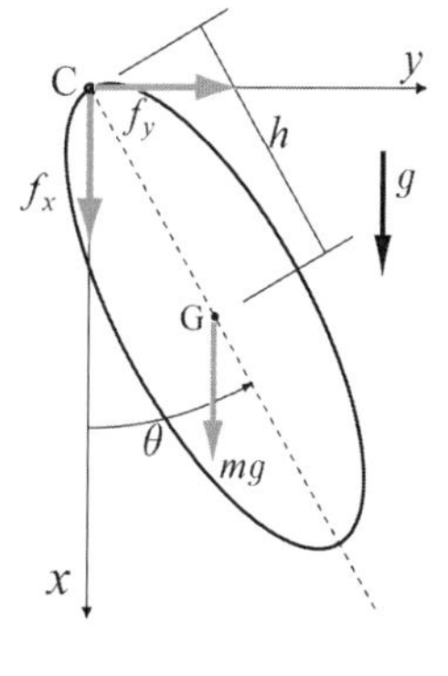

図 6.13　振り子の運動方程式：考え方

$$I_G\ddot{\theta} = f_x h\sin\theta - f_y h\cos\theta \tag{6.38}$$

となる．いま支点は固定されているので，以下の関係が成り立つ．

$$x = h\cos\theta, \quad y = h\sin\theta \tag{6.39}$$

すなわち，

$$\begin{aligned}\dot{x} &= -h\dot{\theta}\sin\theta,\ \ddot{x} = -h\dot{\theta}^2\cos\theta - h\ddot{\theta}\sin\theta\\ \dot{y} &= h\dot{\theta}\cos\theta,\ \ddot{y} = -h\dot{\theta}^2\sin\theta + h\ddot{\theta}\cos\theta\end{aligned} \tag{6.40}$$

式(6.40)を式(6.36)，(6.37)に代入し整理すると，

$$\begin{aligned}f_x &= m\left(-h\dot{\theta}^2\cos\theta - h\ddot{\theta}\sin\theta\right) - mg\\ f_y &= m\left(-h\dot{\theta}^2\sin\theta + h\ddot{\theta}\cos\theta\right)\end{aligned} \tag{6.41}$$

式(6.41)を式(6.38)に代入すると

$$\begin{aligned}I_G\ddot{\theta} &= \left\{m\left(-h\dot{\theta}^2\cos\theta - h\ddot{\theta}\sin\theta\right) - mg\right\}h\sin\theta\\ &\qquad - \left\{m\left(-h\dot{\theta}^2\sin\theta + h\ddot{\theta}\cos\theta\right)\right\}h\cos\theta\\ &= -mh^2\ddot{\theta}(\sin^2\theta + \cos^2\theta) - mgh\sin\theta\end{aligned} \tag{6.42}$$

したがって，剛体の回転運動の運動方程式は，以下のように導くことができる，

$$\left(I_G + mh^2\right)\ddot{\theta} = -mgh\sin\theta \tag{6.43}$$

(2) 支点まわりの回転に着目する．支点まわりの慣性モーメント I は，平行軸の定理を用いて，

$$I = I_G + mh^2 \tag{6.44}$$

支点まわりのトルクは，重力からしか生じないので，運動方程式は，

$$I\ddot{\theta} = -mgh\sin\theta \tag{6.45}$$

となり，上記(1)で求めた式(6.43)と一致する．この問題のように回転中心位置が固定されている場合には，運動方程式を求めるときには，回転中心まわりで考えると便利なときが多い．

なお，式(6.45)から θ を解くことにより，支点からの力は式(6.41)を用いて計算することができる．

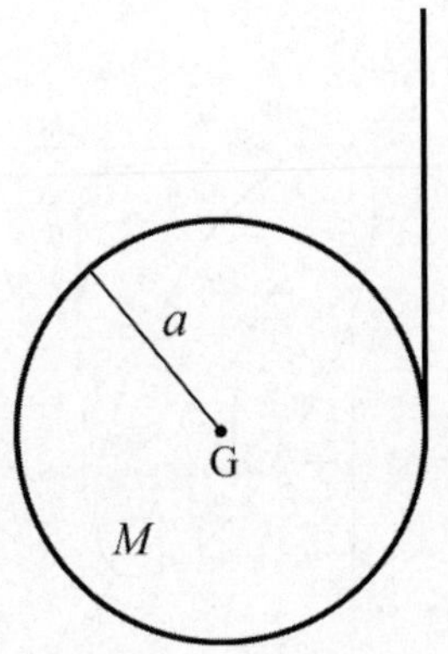

図 6.14　ヨーヨーの運動

【例 6・6】　＊＊＊＊＊＊＊＊＊＊＊＊＊＊＊＊＊＊＊＊＊＊＊＊＊

ヨーヨーを図 6.14 のように，まわりに糸を巻き付けた半径 a，質量 M の円板でモデル化する．円板に巻き付けていない一端を手に持ち，円板を上下に運動させる場合を考え，以下の問に答えよ．

(1) 手を動かさないとき，円板の質量中心 G の下降の加速度を求めよ．

(2) 円板の質量中心を，空間的に静止させるために必要な糸に与える上向きの加速度を求めよ．

(3) 円板の質量中心を加速度 $\ddot{y}$ で上昇させるために，必要な糸に与える上向きの加速度を求めよ，

【解 6・6】

(1) 図 6.15 のように，円板の質量中心の鉛直下向きの加速度を $\ddot{x}$，反時計まわりの角速度(angular velocity)を ω，糸の張力を T とすると，円板の質量中心の並進運動の運動方程式は，

$$M\ddot{x} = Mg - T \tag{6.46}$$

また，回転運動の運動方程式は，円板の慣性モーメントを I とすると，

$$I\dot{\omega} = aT \tag{6.47}$$

糸がほどけた長さ分が落下距離になるので，以下の幾何学的な関係式が成り立つ

$$\ddot{x} = a\dot{\omega} \tag{6.48}$$

ここで，円板の慣性モーメント

$$I = \frac{1}{2}Ma^2 \tag{6.49}$$

を用いて，式(6.46)～(6.48)を解くと，質量中心の下向きの加速度は

$$\ddot{x} = \frac{2}{3}g \tag{6.50}$$

となる．

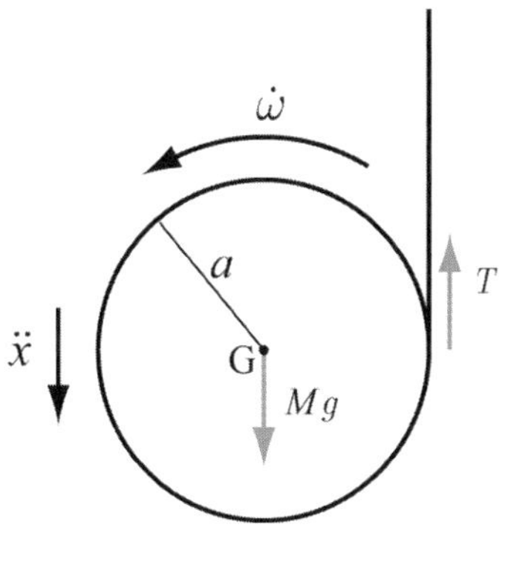

図 6.15　ヨーヨーの運動：落下

(2) 図 6.16 のように，糸に上向きの加速度 $\ddot{x}_s$ を与えて，質量中心を静止させるので

$$\ddot{x} = 0 \tag{6.51}$$

式(6.46)より，糸の張力は，

$$0 = Mg - T \;\; \Rightarrow \;\; T = Mg \tag{6.52}$$

これを式(6.47)に代入すると，円板の角加速度(angular acceleration)は

$$I\dot{\omega} = aMg \Rightarrow \frac{1}{2}Ma^2\dot{\omega} = Mag \;\; \Rightarrow \dot{\omega} = \frac{2g}{a} \tag{6.53}$$

となる．このとき糸の上向きの加速度は式(6.48)を用いて，

$$\ddot{x}_s = a\dot{\omega} = 2g \tag{6.54}$$

となる．

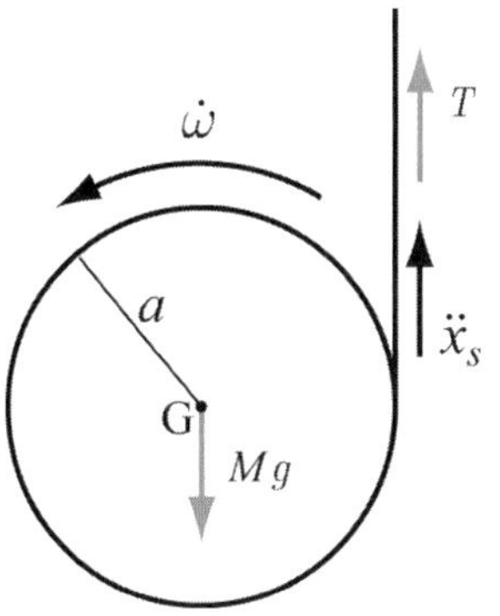

図 6.16　ヨーヨーの運動：停止

(3) 図 6.17 のように，糸に上向きの加速度 $\ddot{x}_u$ を与えて，円板の質量中心を加速度 $\ddot{y}$ で上昇させるとき，式(6.46)より，糸の張力は

$$M\ddot{y} = -Mg + T \;\; \Rightarrow \;\; T = M(g + \ddot{y}) \tag{6.55}$$

となり，式(6.47)より，円板の角加速度は

$$\frac{1}{2}Ma^2\dot{\omega} = aM(g + \ddot{y}) \;\; \Rightarrow \;\; \dot{\omega} = \frac{2(g + \ddot{y})}{a} \tag{6.56}$$

いま，図 6.17 のように円板は加速度 $\ddot{y}$ で上昇し，糸は上向きに加速度 $\ddot{x}_u$ で上昇するので，

$$\ddot{x}_u - \ddot{y} = a\dot{\omega} \tag{6.57}$$

となる．このとき必要な上向きの加速度 $\ddot{x}_u$ は式(6.57)より，

$$\ddot{x}_u = 2g + 3\ddot{y} \tag{6.58}$$

となる．l

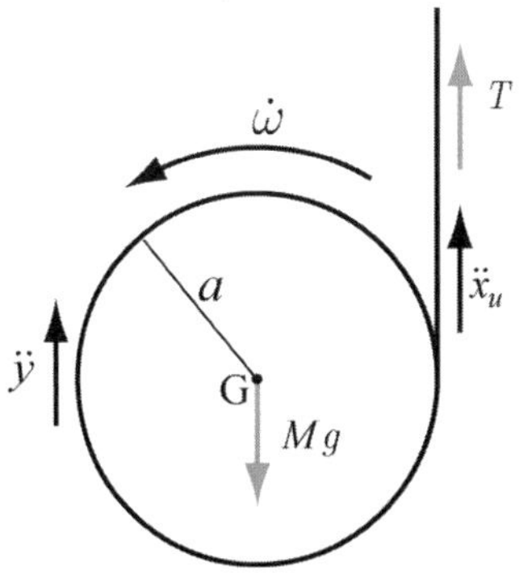

図 6.17　ヨーヨーの運動：上昇

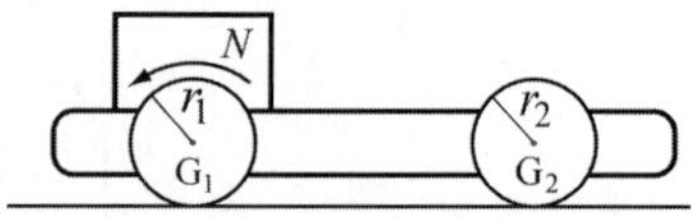

図 6.18　前進する台車

【例 6・7】　＊＊＊＊＊＊＊＊＊＊＊＊＊＊＊＊＊＊＊＊＊＊＊

図 6.18 に示すようなに，前輪の半径 r_1，質量中心 G_1 まわりの慣性モーメント I_1，後輪の半径 r_2，質量中心 G_2 まわりの慣性モーメント I_2，前後輪の質量を含めた質量 M の台車を考える．この台車の前輪にモーメント N が作用して，台車が水平面上をまっすぐに前進しているとき，車輪が空転しないための摩擦力を求めよ．ただし，前後輪にはそれぞれ車輪が 2 個ついていることとする．

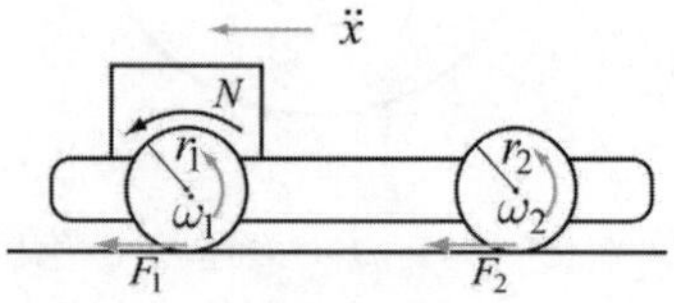

図 6.19　前進する台車：考え方

【解 6・7】

図 6.19 のように，台車の並進加速度を $\ddot{x}$，前輪と後輪の角速度（反時計まわりが正）を ω_1, ω_2，前輪と後輪に作用する摩擦力を F_1, F_2 とすると，台車の並進運動の運動方程式は，

$$M\ddot{x} = F_1 + F_2 \tag{6.59}$$

前輪と後輪の回転運動の運動方程式は，それぞれ

$$I_1\dot{\omega}_1 = N - r_1F_1 \tag{6.60}$$

$$I_2\dot{\omega}_2 = -r_2F_2 \tag{6.61}$$

いま，車輪が滑らないことから，

$$\ddot{x} = r_1\dot{\omega}_1 = r_2\dot{\omega}_2 \tag{6.62}$$

の関係が成り立つ．式(6.59)～(6.62)を解くと

$$\ddot{x} = \frac{N}{r_1\left(M + \frac{I_1}{r_1^2} + \frac{I_2}{r_2^2}\right)} \tag{6.63}$$

$$\dot{\omega}_1 = \frac{N}{r_1^2\left(M + \frac{I_1}{r_1^2} + \frac{I_2}{r_2^2}\right)}, \quad \dot{\omega}_2 = \frac{N}{r_1r_2\left(M + \frac{I_1}{r_1^2} + \frac{I_2}{r_2^2}\right)} \tag{6.64}$$

$$F_1 = \frac{N}{r_1}\frac{M + \frac{I_2}{r_2^2}}{M + \frac{I_1}{r_1^2} + \frac{I_2}{r_2^2}}, \quad F_2 = -\frac{I_2}{r_2^2}\frac{N}{r_1\left(M + \frac{I_1}{r_1^2} + \frac{I_2}{r_2^2}\right)} \tag{6.65}$$

が得られる．車輪は 2 つあるので，車輪一つ分の摩擦力は，

$$F_1 = \frac{N}{2r_1}\frac{M + \frac{I_2}{r_2^2}}{M + \frac{I_1}{r_1^2} + \frac{I_2}{r_2^2}}, \quad F_2 = -\frac{I_2}{2r_2^2}\frac{N}{r_1\left(M + \frac{I_1}{r_1^2} + \frac{I_2}{r_2^2}\right)} \tag{6.66}$$

となる．式(6.66)より，後輪の摩擦力 F_2 は，マイナスの値になっており，図 6.14 の方向とは逆方向に作用することがわかる．

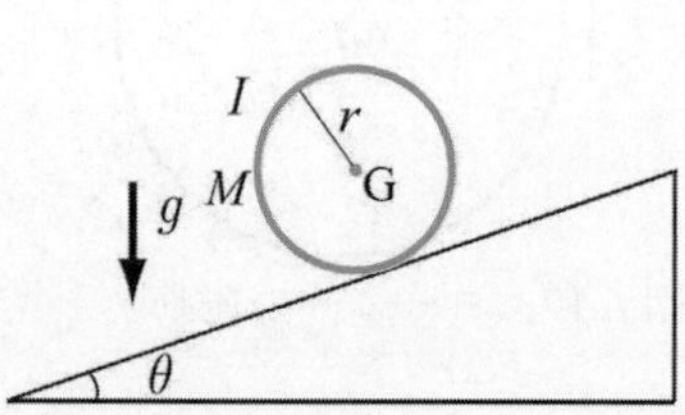

Fig.6.20　Disk rolling down incline

【例 6・8】　＊＊＊＊＊＊＊＊＊＊＊＊＊＊＊＊＊＊＊＊＊＊＊

Determine the angular acceleration of the solid circular disk, whose mass is M, radius is a, and moment of inertia is I, that rolls without slipping down the incline, as shown in Fig.6.20.

【解 6・8】

The free body diagram (Fig.6.21) shows the force of gravity Mg, the normal force N, and the friction force f acting on the disk. The equations of motion for translation and rotation are

$$M\ddot{x} = Mg\sin\theta - f \tag{6.67}$$

$$M\ddot{y} = Mg\cos\theta \tag{6.68}$$

$$I\dot{\omega} = rf \tag{6.69}$$

where $\ddot{x}$ and $\ddot{y}$ are the acceleration parallel and perpendicular to the incline, respectively and $\dot{\omega}$ is the angular acceleration. Assume that disk rolls without slipping, so

$$\ddot{x} = r\dot{\omega} \tag{6.70}$$

Elimination f between Eq.(6.67) and Eq.(6.69) and substitution of Eq.(6.70) give following angular acceleration

$$\dot{\omega} = \frac{Mgr\sin\theta}{I + Mr^2} \tag{6.71}$$

By substituting Eq.(6.71) to Eq.(6.69),

$$f = \frac{IMg\sin\theta}{I + Mr^2} \tag{6.72}$$

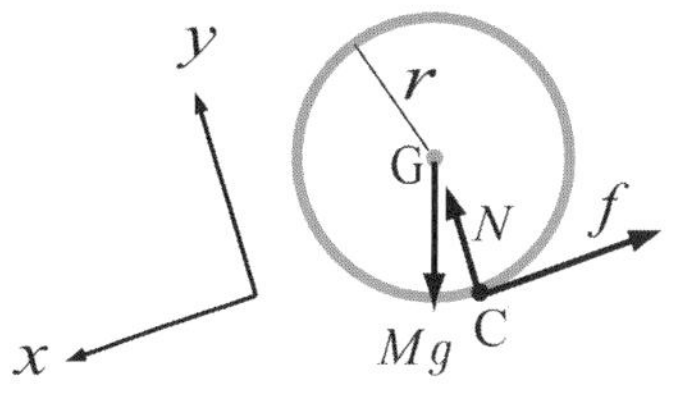

Fig.6.21　Disk rolling down incline: Free body diagram

－フリーボディダイアグラム (Free body diagram) とは－

フリーボディダイアグラムとは，物体に作用する力のベクトルを模式的に記入した図のことである．

6・3　剛体の角運動量（angular momentum of rigid body）

・平面運動を行う剛体の着目点 P まわりの角運動量(angular momentum)は，

○質量が剛体の質量中心に集中した質点とみなし，その質点の点 P まわりの角運動量

○質量中心まわりの回転運動の角運動量

の和で表される．すなわち，質量 m の剛体の質量中心の速度を $(\dot{x}, \dot{y})$，点 P に対する質量中心の位置を (x, y)，剛体の質量中心まわりの慣性モーメントを I，角速度を ω とすると，剛体の点 P まわりの角運動量 L は

$$L = (x\dot{y} - y\dot{x})m + I\omega \tag{6.73}$$

となる．式(6.73)の右辺第 1 項は質量が剛体の質量中心に集中した質点とみなし，その質点の点 P まわりの角運動量である．

・回転中心（回転軸）が固定されている場合には，回転中心まわりの角運動を考える場合が多い．この場合には回転中心まわりの慣性モーメントを I_C，剛体の角速度を ω とすると，角運動量 L は

$$L = I_C\omega \tag{6.74}$$

となる．

【例 6・9】 ＊＊＊＊＊＊＊＊＊＊＊＊＊＊＊＊＊＊＊＊＊＊＊

As shown in Fig.6.22, the bullet with mass m has a horizontal velocity v as it strikes the pendulum, whose moment of inertia about the pivot C is I, at the point of distance h from the pivot C. Calculate the angular velocity of the pendulum with the embedded bullet immediately after the impact.

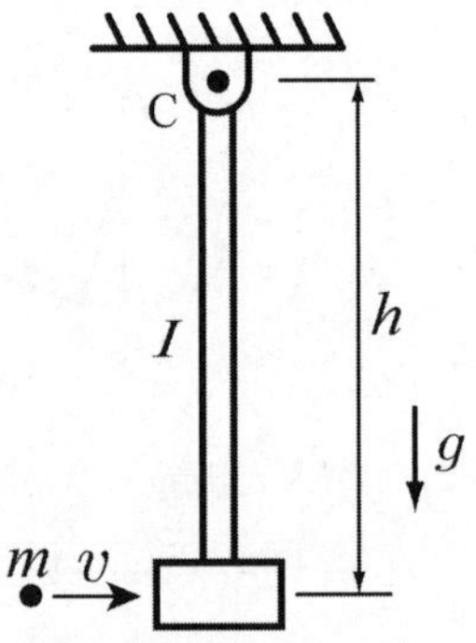

Fig.6.22　Pendulum struck by bullet

【解 6・9】

The initial angular momentum L_0 of the bullet about C just before impact is

$$L_0 = mvh \tag{6.75}$$

The angular momentum L_1 of the pendulum with the embedded bullet just after the impact.

$$L_1 = (I + mh^2)\omega \tag{6.76}$$

Where ω denotes the angular velocity of the pendulum immediately after the impact. Conservation of angular momentum gives

$$mvh = (I + mh^2)\omega \tag{6.77}$$

the angular velocity of the pendulum immediately after the impact is

$$\omega = \frac{mvh}{I + mh^2} \tag{6.78}$$

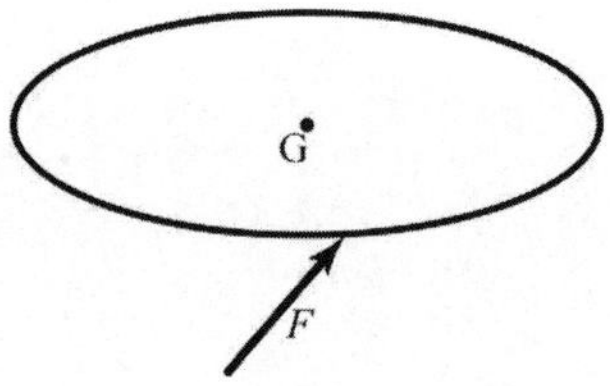

図 6.23　撃力を受ける剛体

【例 6・10】 ＊＊＊＊＊＊＊＊＊＊＊＊＊＊＊＊＊＊＊＊＊＊＊

図 6.23 のように，滑らかな床の上の剛体に撃力(impulsive force) F が作用する場合を考える．撃力が作用した直後の剛体の質量中心の速度と角速度を求めよ．ただし，剛体の質量を M，質量中心まわりの慣性モーメントを I とする．

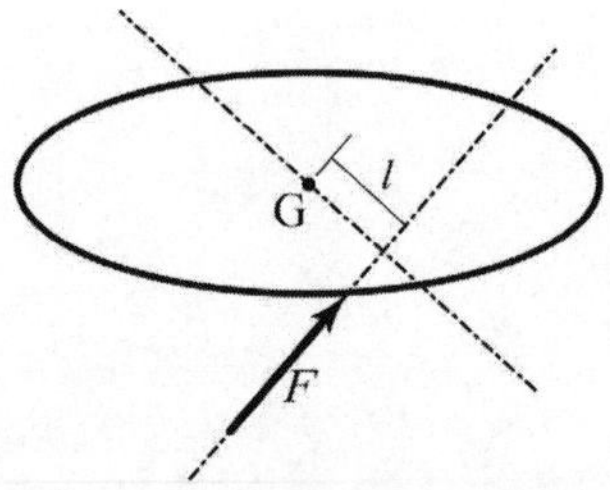

図 6.24　撃力を受ける剛体
：考え方

【解 6・10】

図 6.24 のように，質量中心 G から撃力の作用線までの距離を l とする．衝突直後の剛体の質量中心の速度を v，角速度を ω とすると，撃力による運動量の変化は

$$F = Mv \tag{6.79}$$

一方，角運動量の変化は撃力によるモーメントと等しいので，

$$Fl = I\omega \tag{6.80}$$

となる．したがって，衝突直後の剛体の質量中心の速度 v と角速度

$$v = \frac{F}{M}, \qquad \omega = \frac{Fl}{I} \tag{6.81}$$

となる．

式(6.81)より，$l = 0$ すなわち，撃力の作用線が質量中心を通る場合には，剛体の角速度は 0 になり，回転運動が生じないことがわかる．

【例 6・11】　＊＊＊＊＊＊＊＊＊＊＊＊＊＊＊＊＊＊＊＊＊＊＊＊

図 6.25 のように，半径 r，質量 M の円柱が水平な床を滑らずに一定速度 v_0 で転がって，高さ h の段差にぶつかる場合を考える．円柱の速度 v_0 にかかわらず，円柱が段差を乗り越えない条件を求めよ．

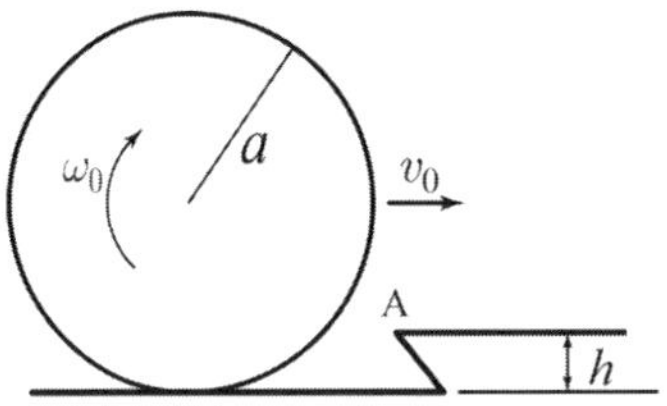

図 6.25　段差に衝突する円柱

【解 6・11】

図 6.26 のように，円柱と段差の衝突する点 A から円柱に作用する力は，点 A まわりの角運動量に影響しないので，点 A まわりの角運動量保存則を考える．

衝突直前の角運動量 L_0 は，質量中心まわりの慣性モーメントを I として，

$$L_0 = Mv_0(a-h) + I\omega_0 = Mv_0(a-h) + \frac{1}{2}Mav_0 \tag{6.82}$$

である．ここで，ω_0 は円柱の角速度であり，滑らずに転がっているので

$$\omega_0 = \frac{v_0}{a} \tag{6.83}$$

である．したがって，

$$L_0 = \frac{1}{2}Mv_0(3a-2h) \tag{6.84}$$

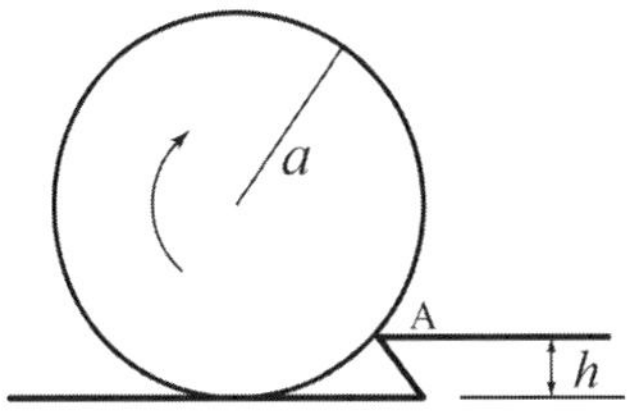

図 6.26　段差に衝突する円柱
：考え方

なお，式(6.82)の右辺第 1 項は，式(6.73)の右辺第 1 項に相当し，質量中心が運動するときに，全質量が質量中心に集中した質点がもつ点 A まわりの角運動量，第 2 項は，円柱が質量中心まわりに回転することによる角運動量である．

一方，衝突直後の角運動量 L_1 は，円柱が点 A まわりに回転することに着目して，衝突直後の角速度を ω とすると，

$$L_1 = I_A\omega = \left(\frac{1}{2}Ma^2 + Ma^2\right)\omega = \frac{3}{2}Ma^2\omega \tag{6.85}$$

となる．ここで，I_A は円柱の点 A まわりの慣性モーメントである．したがって，

$$\frac{1}{2}Mv_0(3a-2h) = \frac{3}{2}Ma^2\omega \tag{6.86}$$

が成り立ち，衝突直後の角速度 ω は

$$\omega = \frac{(3a-2h)v_0}{3a^2} \tag{6.87}$$

となる．ここで，衝突後の角速度が 0 または負であれば，段差を越えることがないので，

$$\omega \leq 0 \quad \Rightarrow \quad a \leq \frac{2}{3}h \tag{6.88}$$

が，速度によらず円柱が段差を乗り越えない条件となる．

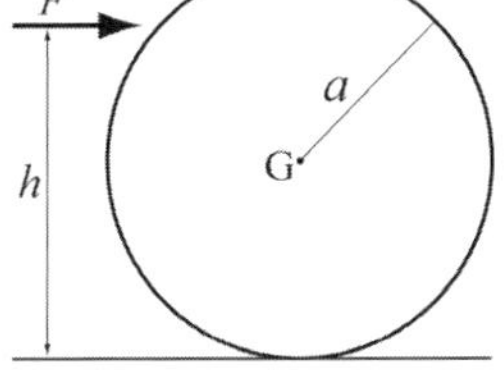

図 6.27　撃力を受ける球

【例 6・12】　＊＊＊＊＊＊＊＊＊＊＊＊＊＊＊＊＊＊＊＊＊＊＊＊

図 6.27 のように，半径 a の球の質量中心 G を通る鉛直面内で，高さ h の位置で，水平に力積 F の撃力を与えるとき，球はどのように運動するか．以下のように場合分けして，求めよ．ただし，球の質量を M，球と床との動摩擦係

数をμ'とする．撃力の位置hが
(1) 球の半径aより高い場合($h>a$)
(2) 球の半径aより低い場合($h<a$)
(3) 球の半径aと等しい場合($h=a$)

【解 6・12】
力積Fの撃力が作用した直後の球の質量中心の並進速度v_0，角速度ω_0とする．

(1) 撃力の位置が$h>a$の場合に着目する．これは，撃力の位置が半径aより高い位置に作用する場合に相当する．撃力が作用する前後での運動量保存則から

$$F = Mv_0 \tag{6.89}$$

球の慣性モーメントをIとして，球の質量中心まわりの角運動量保存則から

$$F(h-a) = I\omega_0 = \frac{2}{5}Ma^2\omega_0 \tag{6.90}$$

より，撃力が作用した直後の球の質量中心の並進速度をv_0，角速度をω_0は，

$$v_0 = \frac{F}{M},\quad \omega_0 = \frac{5F(h-a)}{2Ma^2} \tag{6.91}$$

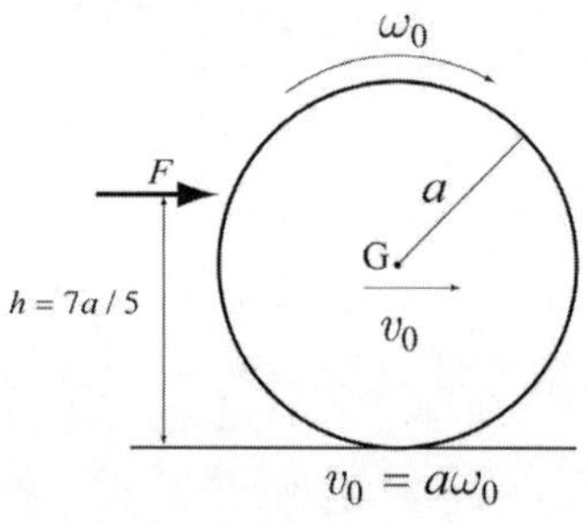

図 6.28　撃力をうける球：$h=7a/5$のとき

式(6.91)より，v_0と$a\omega_0$の大小関係により，球と床の間に滑りが生じることになる．$v_0=a\omega_0$のとき，球と床の間に滑りは生じない，これは，打撃点の高さhが

$$\frac{F}{M} = \frac{5F(h-a)}{2Ma} \Rightarrow 2a = 5(h-a) \Rightarrow h = \frac{7}{5}a \tag{6.92}$$

となるときである．以下は打撃点の高さにより場合を分けて考える．

(i) $h=7a/5$のとき(図 6.28)，球は滑らずに転がる．このときの並進運動と回転運動の運動方程式は，それぞれ，外部から力やモーメントは作用しないので

$$M\dot{v} = 0 \Rightarrow \dot{v} = 0 \tag{6.93}$$

$$\frac{2}{5}Ma^2\dot{\omega} = 0 \Rightarrow \dot{\omega} = 0 \tag{6.94}$$

となり，一定の速度v_0，角速度ω_0で転がり続ける(実際には，転がるときにも小さな摩擦があり球の速度は遅くなり，最終的には静止する)．

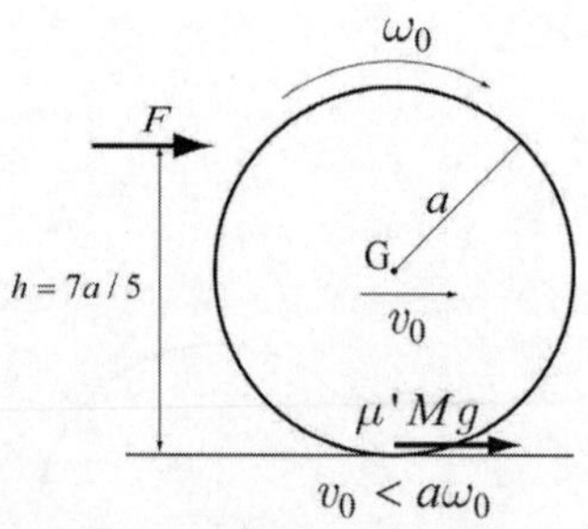

図 6.29　撃力をうける球：$h>7a/5$のとき

(ii) $h>7a/5$のとき，$v_0<a\omega_0$となり，球と床の接点では，図 6.29 のように，前向きに摩擦力$\mu' Mg$が作用する．このときの並進運動と回転運動の運動方程式は，それぞれ，

$$M\dot{v} = \mu' Mg \Rightarrow \dot{v} = \mu' g \tag{6.95}$$

$$\frac{2}{5}Ma^2\dot{\omega} = -\mu' Mga \Rightarrow \dot{\omega} = -\frac{5\mu' g}{2a} \tag{6.96}$$

すなわち，速度と角速度は

$$v = v_0 + \mu' g t = \frac{F}{M} + \mu' g t \tag{6.97}$$

$$\omega = \omega_0 - \frac{5}{2}\frac{\mu' g}{a} t = \frac{5F(h-a)}{2Ma^2} - \frac{5\mu' g}{2a} t \tag{6.98}$$

となる．滑りの速度は

$$v - a\omega = \frac{7}{2}\mu' g t + \frac{F}{M} - \frac{5F(h-a)}{2Ma} \tag{6.99}$$

となる．滑りの速度が 0($v - a\omega = 0$)になる時刻 t_e は，

$$t_e = \frac{F(5h-7a)}{2Ma}\frac{2}{7\mu' g} = \frac{F(5h-7a)}{7Ma\mu' g} \tag{6.100}$$

となる．このときの速度は

$$v = \frac{F}{M} + \mu' g t_e = \frac{F}{M} + \mu' g \frac{F(5h-7a)}{7Ma\mu' g} = \frac{5hF}{7Ma} \tag{6.101}$$

となり，これ以降は，この速度で運動する(実際には，転がるときにも小さな摩擦があり球の速度は遅くなり，最終的には静止する).

(iii) $h < 7a/5$ のとき，$v_0 > a\omega_0$ となり，球と床の接点では，図 6.30 のように，後ろ向きに摩擦力 $\mu' M g$ が作用する．このときの並進運動と回転運動の運動方程式は，それぞれ，

$$M\dot{v} = -\mu' M g \Rightarrow \dot{v} = -\mu' g \tag{6.102}$$

$$\frac{2}{5}Ma^2\dot{\omega} = \mu' M g a \Rightarrow \dot{\omega} = \frac{5\mu' g}{2a} \tag{6.103}$$

すなわち，速度と角速度は

$$v = \frac{F}{M} - \mu' g t, \quad \omega = \frac{5F(h-a)}{2Ma^2} + \frac{5\mu' g}{2a} t \tag{6.104}$$

となり，滑りの速度が 0($v - a\omega = 0$)になる時刻 t_e とそのときの速度は，上記(ii)と同様に，考えると

$$t_e = \frac{F(7a-5h)}{7Ma\mu' g}, \quad v = \frac{5hF}{7Ma} \tag{6.105}$$

となる．これ以降は，この速度で運動する(実際には，転がるときにも小さな摩擦があり球の速度は遅くなり，最終的には静止する).

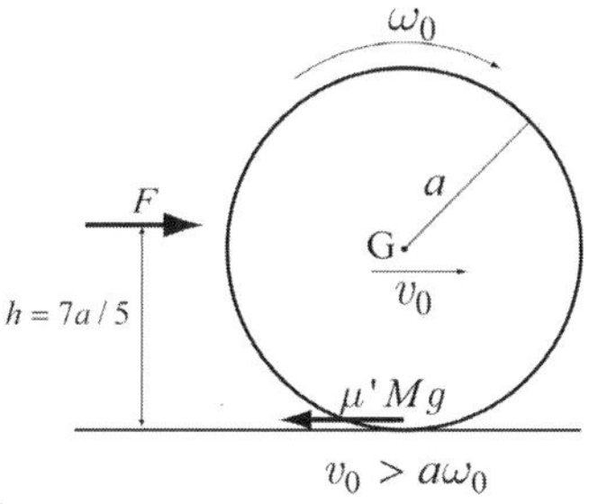

図 6.30　撃力をうける球：$h > 7a/5$ のとき

(2) 図 6.31 のように撃力の位置が $h < a$ の場合を考える．撃力が作用する前後での運動量保存則は式(6.89)が成り立つが，球の質量中心まわりの角運動量保存則

$$-F(a-h) = I\omega_0 = \frac{2}{5}Ma^2\omega_0 \tag{6.106}$$

から，撃力が作用した直後の球の質量中心の並進速度 v_0，角速度 ω_0 は

$$v_0 = \frac{F}{M}, \quad \omega_0 = -\frac{5F(a-h)}{2Ma^2} \tag{6.107}$$

となり，$v_0 > a\omega_0$ となり，上記(1) (iii)と同じように後ろ向きに摩擦力が作用する．運動方程式は式(6.102)，(6.103)となり，速度と角速度は

$$v = \frac{F}{M} - \mu' g t, \quad \omega = -\frac{5F(a-h)}{2Ma^2} + \frac{5\mu' g}{2a} t \tag{6.108}$$

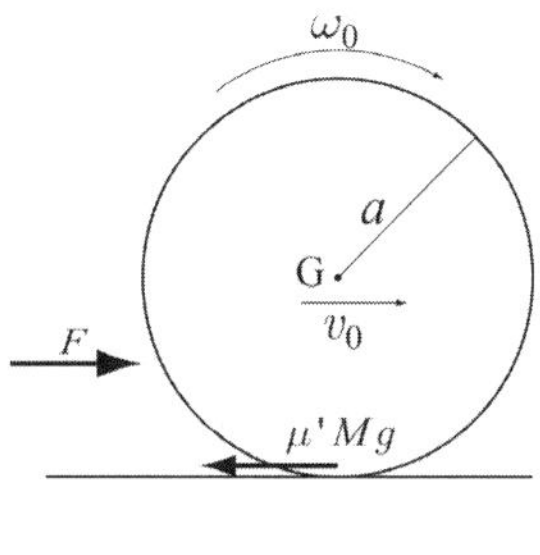

図 6.31　撃力をうける球：$h < a$ のとき

となる．滑りの速度は

$$v - a\omega = -\frac{7}{2}\mu' gt + \frac{F}{M} + \frac{5F(a-h)}{2Ma} \tag{6.109}$$

となる．滑りの速度が 0($v - a\omega = 0$)になる時刻 t_e は

$$t_e = \frac{F(7a-5h)}{7Ma\mu' g} \tag{6.110}$$

となり，そのときの速度は

$$v = \frac{F}{M} - \mu' g t_e = \frac{F}{M} - \mu' g \frac{F(7a-5h)}{7Ma\mu' g} = \frac{5hF}{7Ma} \tag{6.111}$$

となる．

(3)　$h = a$ の場合を考える．これは撃力の作用線が球の中心をとおる場合に相当する．このとき撃力は，質量中心まわりの角運動量を変化させないので，運動量保存則の式(6.89)だけを考えれば良い．すなわち，撃力が作用した直後の球の質量中心の並進速度 v_0，角速度 ω_0 は

$$v_0 = \frac{F}{M},\quad \omega_0 = 0 \tag{6.112}$$

となる．球と床の間に摩擦を考慮しない場合には，式(6.112)の速度で床を滑っていくが，この例題のように摩擦を考慮する場合には，摩擦により球は回転をはじめる．この場合は $v_0 > a\omega_0$ となるので，上記(1)(iii)の場合に含まれることになる．

6・4　剛体の運動エネルギー（kinetic energy of rigid body）

・平面運動を行う剛体の運動エネルギーは，

　○質量が剛体の質量中心に集中した質点とみなし，その質点の運動エネルギー

　○質量中心まわりの回転運動の運動エネルギー

の和で表される．すなわち，質量 m，質量中心まわりの慣性モーメント I の剛体の質量中心の速度を $(\dot{x}, \dot{y})$，角速度を ω とすると，剛体の運動エネルギー K は

$$K = \frac{1}{2}m(\dot{x}^2 + \dot{y}^2) + \frac{1}{2}I\omega^2 \tag{6.113}$$

となる．式(6.113)の右辺第 1 項は質量が剛体の質量中心に集中した質点とみなし，その質点の運動エネルギーである．

・回転中心（回転軸）が固定されている場合の運動エネルギー K は．回転中心まわりの慣性モーメントを I_C，剛体の角速度を ω とすると，

$$K = \frac{1}{2}I_C\omega^2 \tag{6.114}$$

と求めることもできる．

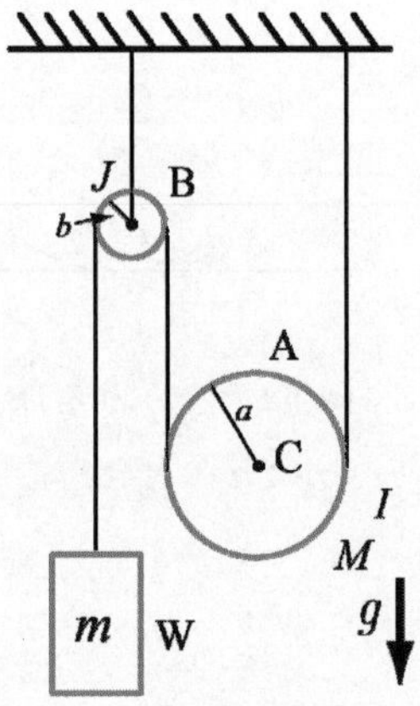

図 6.32　落下する動滑車

【例 6・13】　＊＊＊＊＊＊＊＊＊＊＊＊＊＊＊＊＊＊＊＊＊＊＊＊＊

図 6.32 のように，半径 a，質量 M，質量中心 C まわりの慣性モーメント I の

動滑車Aが，半径b，回転中心まわりの慣性モーメントJの定滑車Bを介して，質量$m(2m < M)$のおもりWと伸び縮みしない糸でつながっている．動滑車Aが，高さh落下したときのおもりWの速度を求めよ．ただし，重力加速度gは鉛直下向きに作用し，糸は滑らないものとする．

【解 6・13】
動滑車Aが高さh落下したとき，おもりWは鉛直上向きに$2h$上昇するので，失う重力のポテンシャルUは

$$U = Mgh - 2mgh = (M - 2m)gh \tag{6.115}$$

となる．このとき，動滑車Aの速度と角速度を$\dot{x}$，ω_A，定滑車Bの角速度をω_B，おもりWの速度を$\dot{y}$とすると，運動エネルギーKは

$$K = \frac{1}{2}M\dot{x}^2 + \frac{1}{2}I\omega_A^2 + \frac{1}{2}m\dot{y}^2 + \frac{1}{2}J\omega_B^2 \tag{6.116}$$

となる．

次に，糸は伸び縮みしないことを考慮して，$\dot{x}$，ω_A，ω_B，$\dot{y}$の関係を導く．まず，動滑車とおもりの速度には

$$\dot{y} = 2\dot{x} \tag{6.117}$$

の関係がある．また動滑車Aの変位xと回転角θ_Aの関係（$x = a\theta_A$）より，動滑車Aの速度$\dot{x}$と角速度ω_Aの関係は，

$$\dot{x} = a\omega_A \tag{6.118}$$

となる．同様に，おもりWの速度$\dot{y}$と定滑車Bの角速度ω_Bの関係は，

$$\dot{y} = b\omega_B \tag{6.119}$$

である．したがって，

$$\dot{y} = b\omega_B = 2\dot{x} = 2a\omega_A \tag{6.120}$$

となる．式(6.120)を式(6.116)に代入すると

$$K = \frac{1}{8}M\dot{y}^2 + \frac{I\dot{y}^2}{8a^2} + \frac{1}{2}m\dot{y}^2 + \frac{J\dot{y}^2}{2b^2} \tag{6.121}$$

となり，この運動エネルギーが失ったポテンシャルエネルギー（式(6.115)）と等しいことから，おもりWの速度$\dot{y}$は

$$\dot{y} = \sqrt{\frac{8(M-2m)gh}{M + \dfrac{I}{a^2} + 4m + \dfrac{4J}{b^2}}} \tag{6.122}$$

となる．

【例 6・14】　＊＊＊＊＊＊＊＊＊＊＊＊＊＊＊＊＊＊＊＊＊＊＊＊＊
図6.33のように，質量Mの台車に，質量m，質量中心Gまわりの慣性モーメントI_Gの振り子が，回転自由な支点Cで取り付けられている．振り子が回転角$\theta(t)$で回転し，台車が水平に速度vで移動するときの運動エネルギーを求めよ．ただし，回転中心Cと質量中心Gの距離をlとする．

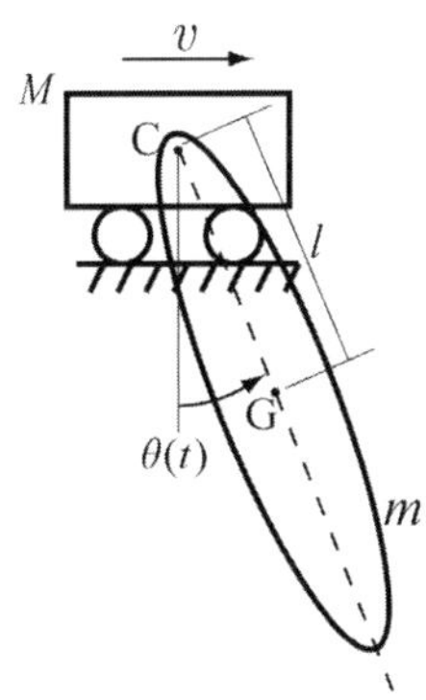

図6.33　台車と振り子の運動エネルギー

【解 6・14】

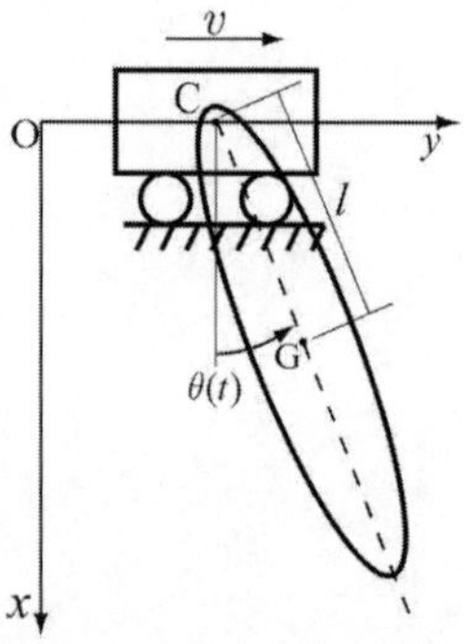

図 6.34　台車と振り子の運動エネルギー：解法

まず，台車の運動エネルギー E_c は

$$E_c = \frac{1}{2}Mv^2 \tag{6.123}$$

である，次に振り子の運動エネルギー E_p を求める．振り子の回転中心は移動しているために，その運動エネルギーは，質量中心の並進運動の運動エネルギー E_{pt} と質量中心まわりの回転運動の運動エネルギー E_{pr} の和になる．並進運動の運動エネルギーを考えるために，図 6.34 のように xy 座標系を定義する．振り子の質量中心の x, y 方向の速度 v_x, v_y は

$$v_x = -l\dot{\theta}\sin\theta, \quad v_y = l\dot{\theta}\cos\theta + v \tag{6.124}$$

となるので，並進運動の運動エネルギー E_{pt} は

$$E_{pt} = \frac{1}{2}m(v_x^2 + v_y^2) = \frac{1}{2}m(v^2 + l^2\dot{\theta}^2 + 2vl\dot{\theta}\cos\theta) \tag{6.125}$$

一方，質量中心まわりの回転運動の運動エネルギー E_{pr} は

$$E_{pr} = \frac{1}{2}I_G\dot{\theta}^2 \tag{6.126}$$

より，振り子の運動エネルギー E_p は

$$E_p = E_{pt} + E_{pr} = \frac{1}{2}m(v^2 + l^2\dot{\theta}^2 + 2vl\dot{\theta}\cos\theta) + \frac{1}{2}I_G\dot{\theta}^2 \tag{6.127}$$

したがって，台車と振り子の運動エネルギー E は以下のようになる．

$$E = E_c + E_p = \frac{1}{2}Mv^2 + \frac{1}{2}m(v^2 + l^2\dot{\theta}^2 + 2vl\dot{\theta}\cos\theta) + \frac{1}{2}I_G\dot{\theta}^2 \tag{6.128}$$

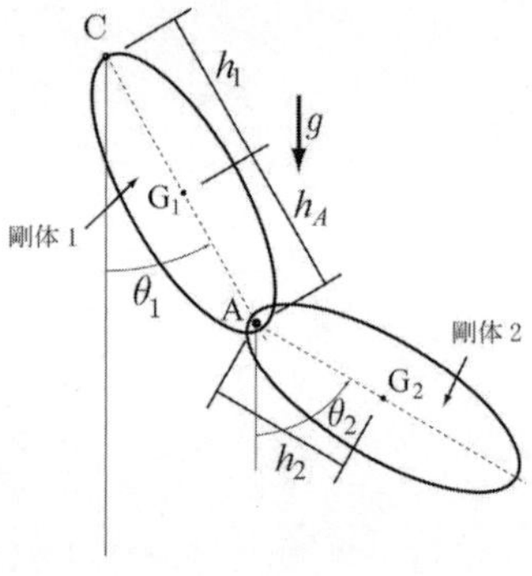

図 6.35　二重振り子

【例 6・15】　＊＊＊＊＊＊＊＊＊＊＊＊＊＊＊＊＊＊＊＊＊＊＊＊

図 6.35 のように，支点 C で回転自由に支えられている剛体 1 と剛体 1 の先端の支点 A で回転自由につながっている剛体 2 から構成される二重振り子の運動エネルギーを求めよ．剛体 1 の質量は m_1，質量中心 G_1 まわりの慣性モーメントは I_{1G}，剛体 2 の質量は m_2，質量中心 G_2 まわりの慣性モーメントは I_{2G} であり，支点 C と剛体 1 の質量中心 G_1 との距離を h_1，剛体 1 の質量中心 G_1 と支点 A との距離を h_A，支点 A と剛体 2 の質量中心 G_2 との距離を h_2 とする．

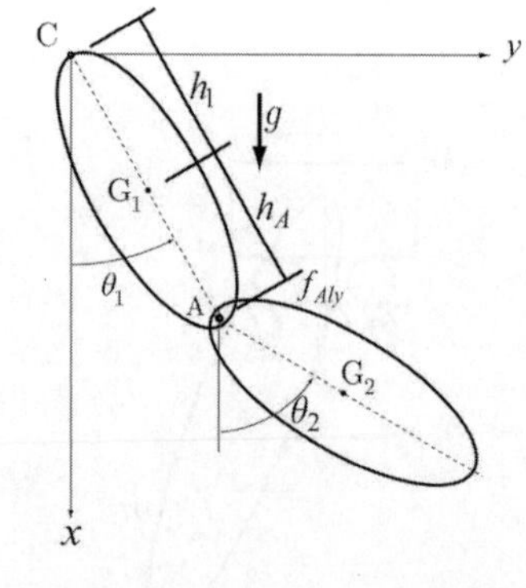

図 6.36　二重振り子；座標系

【解 6・15】

図 6.36 のように，支点 C を原点とし xy 座標系を定義し，剛体 1 と剛体 2 の傾き角をそれぞれ θ_1，θ_2 とする．

剛体 1 の運動エネルギーに着目する．剛体 1 の回転中心は固定されているので，剛体 1 の支点 C まわりの慣性モーメントを用いて，剛体 1 の運動エネルギー K_1 は

$$K_1 = \frac{1}{2}\left(I_{1G} + m_1h_1^2\right)\dot{\theta}_1^2 \tag{6.129}$$

つぎに，剛体 2 に着目する．剛体 2 は並進運動と回転運動を同時に行うので，

質量中心 G_2 の速度 $(\dot{x}_2, \dot{y}_2)$ を求める必要がある．

$$\begin{aligned} x_2 &= (h_1 + h_A)\cos\theta_1 + h_2\cos\theta_2 \\ y_2 &= (h_1 + h_A)\sin\theta_1 + h_2\sin\theta_2 \end{aligned} \tag{6.130}$$

の関係があるので，速度 $(\dot{x}_2, \dot{y}_2)$ は

$$\begin{aligned} \dot{x}_2 &= -(h_1 + h_A)\dot{\theta}_1\sin\theta_1 - h_2\dot{\theta}_2\sin\theta_2, \\ \dot{y}_2 &= (h_1 + h_A)\dot{\theta}_1\cos\theta_1 + h_2\dot{\theta}_2\cos\theta_2 \end{aligned} \tag{6.131}$$

となる．したがって，剛体 2 の運動エネルギー K_2 は

$$K_2 = \frac{1}{2}m\left(\dot{x}_2^2 + \dot{y}_2^2\right) + \frac{1}{2}I_{2G}\dot{\theta}_2^2 \tag{6.132}$$

$$\begin{aligned} &= \frac{1}{2}m\left\{(h_1 + h_A)^2\dot{\theta}_1^2 + h_2^2\dot{\theta}_2^2 + 2(h_1 + h_A)h_2\dot{\theta}_1\dot{\theta}_2\cos(\theta_2 - \theta_1)\right\} \\ &\quad + \frac{1}{2}I_{2G}\dot{\theta}_2^2 \end{aligned} \tag{6.133}$$

となる．全運動エネルギー K は

$$K = K_1 + K_2 \tag{6.134}$$

で与えられる．

＝＝＝＝＝＝　練習問題　＝＝＝＝＝＝＝＝＝＝＝＝＝＝＝＝＝＝

【6・1】　図 6.37 のように，質量 m，長さ a の一様な棒の中心を通り，棒と角度 α 傾いた回転軸に関する慣性モーメントを求めよ．

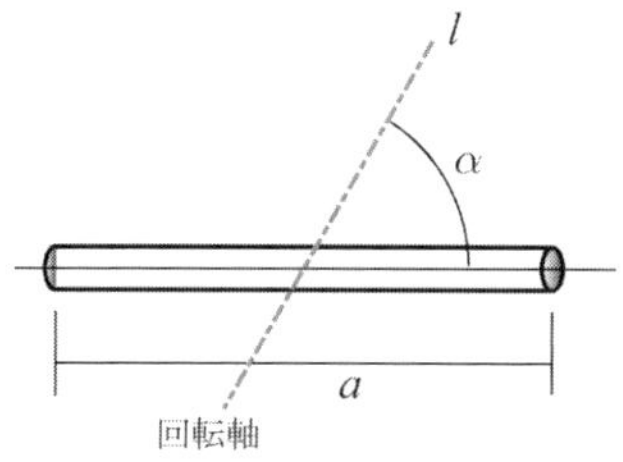

図 6.37　棒の斜めな軸まわりの慣性モーメント

【6・2】 Let us consider a rigid body which consists of three particles A, B, C and three rods, as shown Fig.6.38. These three particles have the same mass m and are arranged at equal intervals in the circumferential direction. The masses of these three rods are negligible. The coordinate system $O-xy$ is defined so that the particle A is on the y axis and the angle between the direction OC and the x axis is 30° as shown Fig.6.38. Answer the following questions.

(1) Calculate the moment of inertia I_x about the x axis.

(2) Calculate the moment of inertia I_y about the y axis.

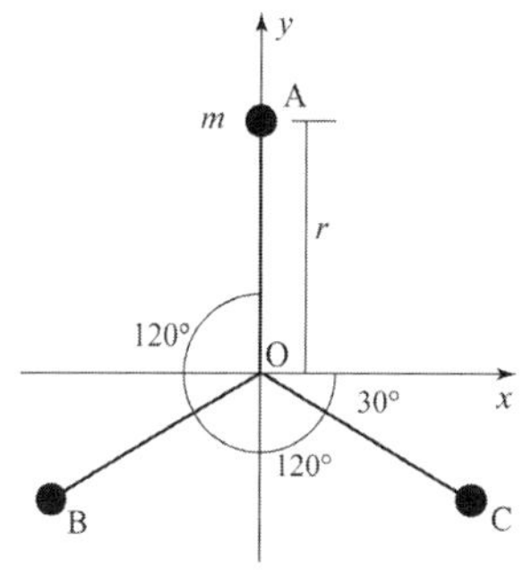

Fig. 6.38　Moment of inertia of the mass system arranged at equal intervals in the circumferential direction

【6・3】　図 6.39 のような一様な半円形（半径 a，質量 m）の板の x 軸および y 軸まわりの慣性モーメントを求めよ．

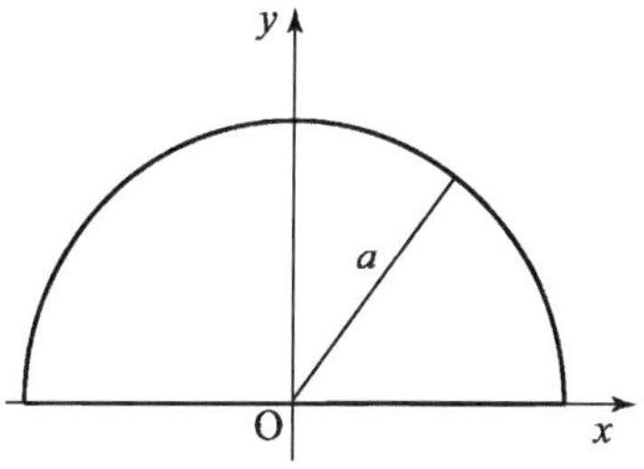

図 6.39　半円形の板の慣性モーメント

【6・4】　図 6.40 のように，2 辺の長さが $4a$ と $2b$ の一様な長方形板の一部が，長方形状（2 辺の長さが a と b）に切り取られている．図に示すように xy 座標系を定めたとき，この板の x 軸および y 軸まわりの慣性モーメント I_x，I_y を求めよ．ただし，板の面密度を ρ とせよ．

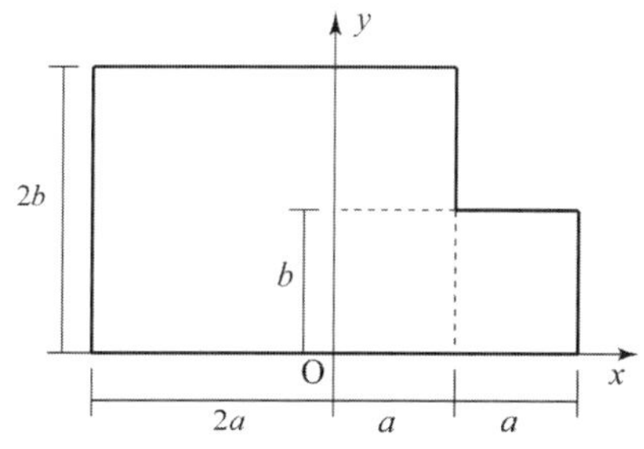

図 6.40　切りかきのある長方形板の慣性モーメント

【6・5】　【例 6・15】の二重振り子の運動方程式を求めよ．

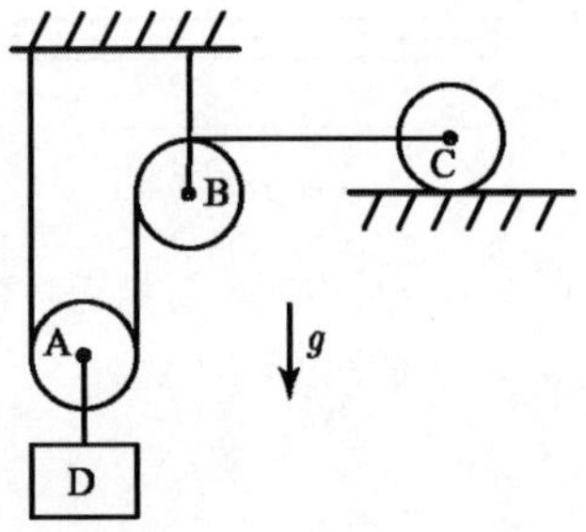

図 6.41　動滑車，定滑車，ローラ系

【6・6】　図 6.41 のように動滑車 A と定滑車 B，および，ローラ C が伸び縮みしない糸につがっており，動滑車 A にはおもり D がつり下げられている系を考える．動滑車 A と定滑車 B，および，ローラ C の質量，慣性モーメント，および，半径は同じで，それぞれ m, I, r とし，おもり D の質量を M とするとき，ローラの水平方向の加速度を求めよ．ただし，糸と滑車の間には滑りがないものとし，重力加速度 g は，鉛直下向きに作用する．定滑車 B，および，ローラ C 間の糸は水平である．また，糸はローラ C の回転を妨げず，おもり D は動滑車の回転を妨げないものとする．

【6・7】 Let us consider a rigid rotating circular disk with the angular velocity ω_0. The mass and the radius of the disk are m and r, respectively. Calculate a subsequent angular velocity after some point on the circumference of a disk is fixed suddenly. Note that the disk can rotate freely about the fixed point and there is no friction between the disk and the floor.

【6・8】　【例 6・8】で仮定した摩擦力 f の方向（Fig.6.21）で示されている方向と反対）を反対にするとどうなるか．

【6・9】　【例 6・12】の(2)撃力の位置 h が球の半径 a より低い場合の最終的な速度である式(6.111)の v で撃力の作用する位置 h を球の半径 a に近づけた極限（$h \to a$）を考えるとき，

$$v = \frac{5F}{7M} \tag{6.135}$$

となる．式(6.135)は，【例 6・12】の(3)の撃力の位置 h が球の半径 a と等しい場合の速度 v_0（式(6.112)）と一致しない理由を考えよ．

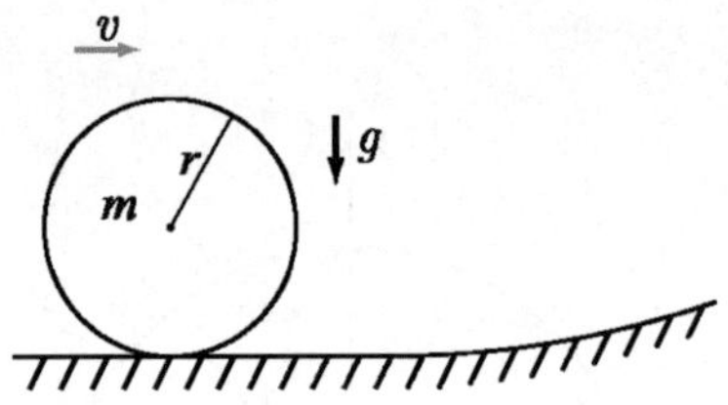

図 6.42　斜面をのぼる剛体

【6・10】　図 6.42 に示すように剛体が，速度 v で水平な床の上を滑らずに転がりながら移動し，床となめらかなに接続された斜面を登る場合に着目する．剛体がともに質量 m，半径 r の円筒，および，球の場合について，質量中心が斜面を登る最大高さ h を求めよ．また，円筒と球でどちらの場合が高く上ることができるか．

練習問題の解答

第 1 章

【1・1】

速度は36km/h=36000m/h=36000/3600m/s=10m/s および54km/h=54000m/h=54000/3600m/s なので，加速度は$(15-10)/10\mathrm{m/s^2}=0.5\mathrm{m/s^2}$ となる．

【1・2】

減速度は一定であるので時速40km/h で走行している状態で減速し始めてから停止(時速0km/h)するまでの時間を t_1 とすると（図A1.1(a)），時速80km/h で減速し始めてから時速40km/h になるまでの時間も t_1 となる．（図A1.1(b)）

その後，時速40km/h から停止するまでも同じ時間 t_1 がかかるので，時速80km/h から停止するまでの時間は，時速40km/h から停止するまでの時間の2倍つまり $2t_1$ かかることになる．

また，一定の減速度であるので，時速80km/h から停止するまでの平均速度は40km/h，時速40km/h から停止するまでの平均速度は20km/h であり，前者は後者の2倍の速度である

したがって，平均速度が2倍，停止するまでの時間も2倍であるので，80km/h から停止するまでの距離は，40km/h から停止するまでの距離の4倍，つまり，80m となる．図A1.1(b)の実線で囲まれた三角形の面積は，図A1.1(a)の三角形の面積の4倍であることがわかる．

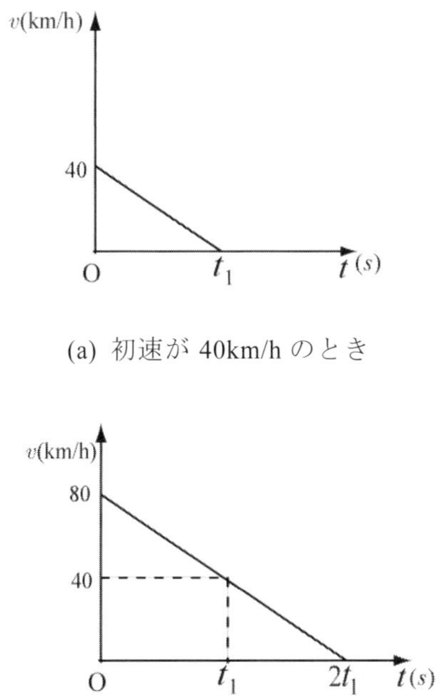

(a) 初速が 40km/h のとき

(b) 初速が 80km/h のとき

図 A1.1 一定減速度での走行

【1・3】

$$100\mathrm{kgf}=100\times9.81\mathrm{N}=981\mathrm{N}$$

【1・4】

$$13\mathrm{lbf}=13\times4.45\mathrm{N}=57.85\mathrm{N}$$

【1・5】

$$6\mathrm{ft}=6\times0.305\mathrm{m}=1.83\mathrm{m}$$

【1・6】

$$31\mathrm{in}=31\times2.54\mathrm{m}=78.7\mathrm{m}$$

【1・7】

(1) お互いに押す力が均等であり，釣合っている．この状態のときは作用反作用の法則が成り立っている．

(2) だるまの下の円柱状の物体を勢いよく真横にはじきとばすと，摩擦がそれほど大きくないときは，だるまは下の円柱状の物体についていかず，そのままの位置にとどまろうとするので，下の物体がなくなれば，そのままの状態で下に落下する．これは慣性の法則である．

(3) 雨粒には重力が働いており，地上に落下するが，落下中には空気抵抗が働く．重力は真下であり，雨粒の落下が真下であれば，空気抵抗は真上に働く．ある一定の速度になると空気抵抗と重力が釣合い，このとき，雨粒には力が働いていない状態となり，外力が働かなければ同じ速度で動き続ける．これは，慣性の法則である．

(4) 車に乗っている人は車が直線道路を走っているときには車と一緒に進行方向に動いている．車が左に曲がっても人の体はそれまでの運動を維持しようとして，前方に移動する．車は左に移動しているので、体は右のドアにぶつかる．これは同じ運動を維持しようとする慣性の法則である．

【1・8】

(1) 水鉄砲あるいは注射器でピストン側を押すと先端の細くなった孔から勢いよく水が出る．これは，ピストンから押された液体のどの部分でも圧力が一定となり，先端側から液体が出ていくことになる．

(2) 車の油圧ブレーキシステムにおいて，足で踏むブレーキのところに接している液体の面積は小さいが，タイヤをはさむデスクブレーキ側が油圧から受ける面積は大きくなっており，足の力を何倍も増幅させることができるため，質量の大きな車を停止させることができる．第 1 章の図 1.5 の左側が足で踏む側，右側がタイヤを止める側に相当する．

【1・9】

1200rpm は1分間で回転する値なので，1秒間では1200/60=20 回転/秒となる．

1回転は 2πrad であるので $20\times 2\pi = 40\pi$rad/s .

同様に5秒後は $2\pi\times 1800/60 = 60\pi$rad/s であるので，角加速度は

$(60\pi - 40\pi)/5 = 4\pi = 12.56$rad/s^2 .

第 2 章

【2・1】

ロープに作用する張力の大きさを T とすると，

$$2T\sin 10^\circ = 60\times 9.81 \qquad \text{A(2.1)}$$

よって

$$T = 1694 = 1.69\times 10^3\,\text{N} \qquad \text{A(2.2)}$$

【2・2】

F_A を x 方向と y 方向に分解すると，$F_A\cos\theta$，$F_A\sin\theta$ である．
荷物に作用する重力を支えるためには，

$$F_A\sin\theta = mg \qquad \text{A(2.3)}$$

よって，F_A の大きさは，

$$F_A = \frac{mg}{\sin\theta} \qquad \text{A(2.4)}$$

F_B の大きさは，

$$F_B = F_A\cos\theta = \frac{mg}{\sin\theta}\cos\theta = \frac{mg}{\tan\theta} \qquad \text{A(2.5)}$$

【2・3】

We express each force in terms of its components along the x - and y -axes,
$\boldsymbol{F}_1 = (400,\ 0)$ and $\boldsymbol{F}_2 = \left(180\cos 135^\circ,\ 180\sin 135^\circ\right) = (-127.3,\ 127.3)$.
Then $\boldsymbol{F}_1 + \boldsymbol{F}_2 = \left(272.7,\ 127.3\right)$
or the resultant is

$$\sqrt{272.7^2 + 127.3^2} = 300.9 = 301\ \text{N} \qquad \text{A(2.6)}$$

and makes an angle of $\tan^{-1}(127.3/272.7) = 25.0^\circ$ with the x -axis.

【2・4】

自動車の質量を m，コース半径を R，速さを v，重力加速度の大きさを g とする．重力の大きさは mg，遠心力の大きさは mv^2/R であり，これらの 2 つの力を合成した力が路面に垂直になれば横すべり力は作用しない．したがって，図 A2.1 の関係となり，

$$\frac{mv^2/R}{mg} = \tan\theta \qquad \text{A(2.7)}$$

よって，

$$\theta = \tan^{-1}\left(\frac{v^2}{Rg}\right) = \tan^{-1}\left\{\frac{\left(120\times 1000/3600\right)^2}{200\times 9.81}\right\} = 29.5^\circ \qquad \text{A(2.8)}$$

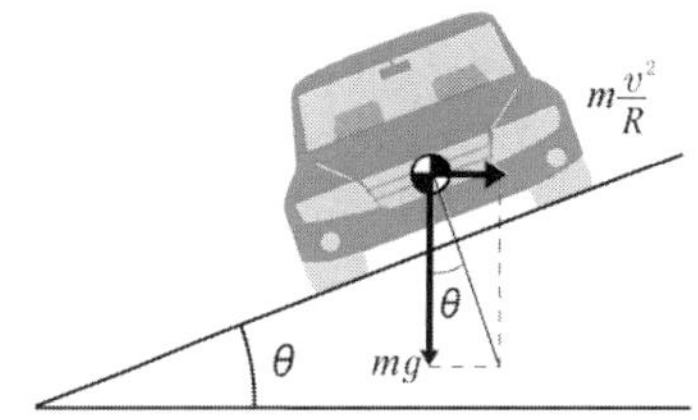

図 A2.1　自動車に作用する力（解 2・4）

【2・5】

The parallel force is $3600\sin 10^\circ = 0.625\times 10^3$ lbf , and the perpendicular force is $3600\cos 10^\circ = 3.55\times 10^3$ lbf .

【2・6】

人と板に作用する重力の合力が点Aにおいて台に作用するので，求める力は，

$$\left(60.0+8.0\right)\times 9.81 = 667.08 = 667\ \text{N}\ （下向き） \qquad \text{A(2.9)}$$

板の重力の作用点は板の中央であることを考慮に入れれば，求めるモーメントは，

$$60.0\times 9.81\times 4.00 + 8.0\times 9.81\times 2.00 = 2511 = 2.51\times 10^3\ \text{N}\cdot\text{m} \qquad \text{A(2.10)}$$

（時計まわり）．

【2・7】

The moment is

$$M = F_y r_x - F_x r_y = 50 \times 2.50 - 130 \times (-1.00) = 255\ \mathrm{ft \cdot lbf} \qquad \mathrm{A}(2.11)$$

The direction of moment is anticlockwise.

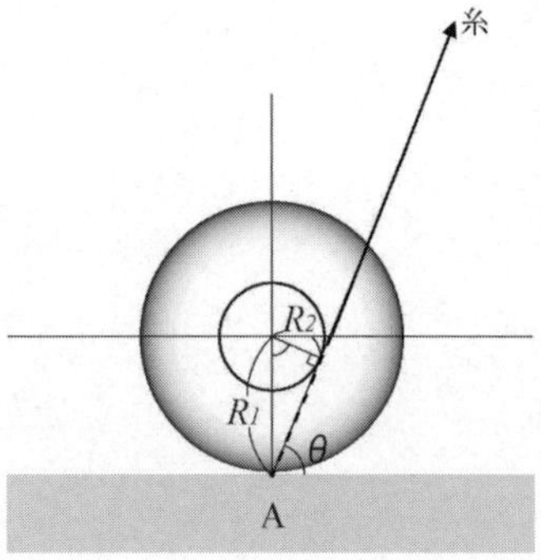

図　A2.2　ヨーヨー（解 2・8）

【2・8】

図 A2.2 のように，ヨーヨーとテーブルとの接点を点 A とする．糸を引く力による点 A まわりのモーメントが時計まわりの方向であれば，ヨーヨーは糸を引く方向(右向き)にころがる．限界のときの角度 θ は，図から

$$\cos\theta = R_2 / R_1 \qquad \mathrm{A}(2.12)$$

したがって，糸を引く方向にころがすためには，

$$\cos\theta > R_2 / R_1 \quad \text{つまり} \quad 0° \leqq \theta < \cos^{-1}\left(R_2 / R_1\right) \qquad \mathrm{A}(2.13)$$

【2・9】

魚の質量を m とおく．手で支える力以外でさおに作用するのは魚に作用する重力 mg のみであるので，点 A で手に作用する力は，

$$mg = 3.00 \times 9.81 = 29.43 = 29.4\ \mathrm{N}\ \text{（下向き）} \qquad \mathrm{A}(2.14)$$

力はその作用線上のどこに移動してもその効果は変わらないので，釣糸上で点Aと同じ高さの位置に作用点を移動して考える．点Aまわりのモーメントを考えるとき，モーメントの腕の長さは 2.50 m であり，モーメントは，

$$29.43 \times 2.50 = 73.57 = 73.6\ \mathrm{N \cdot m}\ \text{（時計まわり）} \qquad \mathrm{A}(2.15)$$

【2・10】

(1) $M = 100.0 \times 0.15 = 15.0\ \mathrm{kgf \cdot m}$　　A(2.16)

(2) From $Fh = M$, the height $h = M/F = 15.0/17.0 = 0.882\ \mathrm{m}$

【2・11】

From $Fh\cos 15^\circ + F\sin 15^\circ \times 0.30 = M$, $h = 0.833\ \mathrm{m}$

【2・12】

(1) チェーンに働く張力の大きさを F，スプロケット半径をモータ側 R_1，機械側 R_2，トルクをモータ側 M_1，機械側 M_2 とおく．

$$M_1 = FR_1 \quad \text{より} \quad F = M_1 / R_1 = 8.00/0.100 = 80.0\ \mathrm{N} \qquad \mathrm{A}(2.17)$$

(2) $M_2 = FR_2 = 80.0 \times 0.250 = 20.0\ \mathrm{N \cdot m}$　　A(2.18)

(3) モータ軸の回転数が $N_1 = 600\ \mathrm{rpm}$ なので，

角速度は $\omega_1 = 2\pi N_1 / 60 = 62.8\ \mathrm{rad/s}$

モータ側の動力は $FR_1\omega_1 = 502\ \mathrm{W}$

（動力=仕事率=力×移動距離／時間＝力×速さなので）．

機械側の動力は $FR_2\omega_2 = 502$ W　（$R_1\omega_1$ はチェーンの速さであり，$R_2\omega_2$ に等しいので）．つまり，チェーンやギアで変速しても動力は変わらない．

【2・13】

重力の大きさは $mg = 80.0\times 9.81 = 784.8 = 785$ N であるので，各点に作用する力はすべて同一で，大きさ 785N，鉛直下向きである．モーメントに関しては，重力をその作用線上で移動し，その作用点が各点と同じ高さになるようにして考える．このとき，モーメントの腕の長さは水平方向の距離になるので，求めるモーメントの向きはいずれも反時計まわりで，大きさは

点 A： $784.8\times 0.55 = 431.6 = 432$ N·m

点 B： $784.8\times(0.55+1.20+1.50) = 2550 = 2.55\times 10^3$ N·m

点 C：点 B と同一で， 2.55×10^3 N·m

【2・14】

右方向に x 軸, 鉛直上方に y 軸をとる. 手からリングに働く力を分解すると,

$F_x = 400\cos 30^\circ = 346.4$ N， $F_y = -400\sin 30^\circ = -200$ N　　A(2.19)

各点を原点として，モーメント M を反時計まわりを正とすれば，

点 A： $M_A = -F_y\times 0.55 = -(-200)\times 0.55 = 110$

反時計まわりに 110 N·m .

点 B： $M_B = -F_x\times(3.05-2.70) - F_y\times(0.55+1.20+1.50)$

$= 528.7 = 529$

反時計まわりに 529 N·m .

点 C： $M_C = -F_x\times 3.05 - F_y\times 3.25 = -406.5 = -407$

時計まわりに 407 N·m .

【2・15】

それぞれの点を原点として，位置ベクトルと力の外積を計算すればモーメントになる（単位は N·m）.

$$\boldsymbol{M}_A = \begin{vmatrix} \boldsymbol{i} & \boldsymbol{j} & \boldsymbol{k} \\ -0.55 & 0 & 0 \\ 100 & -160 & 200 \end{vmatrix}$$

点 A：

$$= -\boldsymbol{j}\times(-0.55)\times 200 + \boldsymbol{k}\times(-0.55)\times(-160) \qquad \text{A(2.20)}$$

$$= 110\boldsymbol{j} + 88\boldsymbol{k} = (0, 110, 88)$$

点 B：

$$\boldsymbol{M}_B = \begin{vmatrix} \boldsymbol{i} & \boldsymbol{j} & \boldsymbol{k} \\ -3.25 & 0.35 & 0 \\ 100 & -160 & 200 \end{vmatrix} \qquad \text{A(2.21)}$$

$$= 70\boldsymbol{i} + 650\boldsymbol{j} + 485\boldsymbol{k} = (70, 650, 485)$$

$$\text{点C：}\quad \boldsymbol{M}_C = \begin{vmatrix} \boldsymbol{i} & \boldsymbol{j} & \boldsymbol{k} \\ -3.25 & 3.05 & 0 \\ 100 & -160 & 200 \end{vmatrix} = 610\boldsymbol{i} + 650\boldsymbol{j} + 215\boldsymbol{k} = (610, 650, 215) \qquad \text{A(2.22)}$$

【2・16】

The moment $\boldsymbol{M}$ is

$$\begin{aligned} \mathbf{M} &= \begin{vmatrix} \mathbf{i} & \mathbf{j} & \mathbf{k} \\ r_x & r_y & r_z \\ F_x & F_y & F_z \end{vmatrix} = \begin{vmatrix} \mathbf{i} & \mathbf{j} & \mathbf{k} \\ 0 & 1.00 & -3.50 \\ 200 & -100 & 100 \end{vmatrix} \\ &= \mathbf{i}(1.00\times100 - 3.50\times100) + \mathbf{j}(-3.50\times200 - 0) \\ &\quad + \mathbf{k}(0 - 1.00\times200) \\ &= -250\mathbf{i} - 700\mathbf{j} - 200\mathbf{k} = (-250, -700, -200)\ (\text{ft}\cdot\text{lbf}) \end{aligned} \qquad \text{A(2.23)}$$

第 3 章

【3・1】

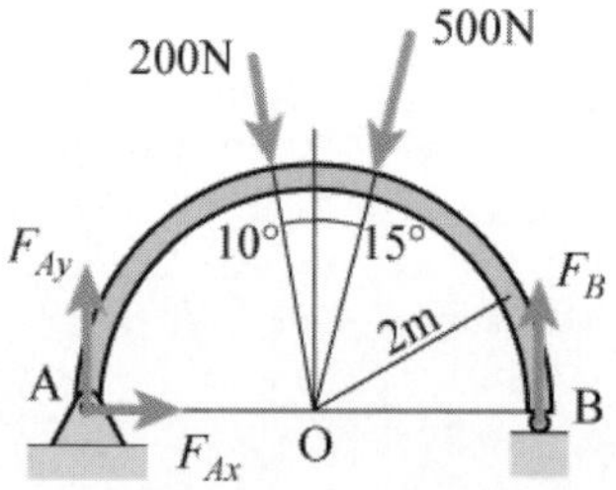

図 A3.1　円弧状のはりに働く力

図 A3.1 に示すように，支点 A において右方向に働く力を F_{Ax}，上方向に働く力を F_{Ay} とし，支点 B において上方向に働く力を F_B とする．また円弧の中心を O とする．はりに働く力の左右方向，上下方向の釣合い条件および点 O まわりのモーメントの釣合い条件は

$$\begin{aligned} &F_{Ax} + 200\sin10^\circ - 500\sin15^\circ = 0 \\ &F_{Ay} + F_B - 200\cos10^\circ - 500\cos15^\circ = 0 \\ &-2F_{Ay} + 2F_B = 0 \end{aligned} \qquad \text{A(3.1)}$$

で与えられる．これを解けば次式を得る．

$$F_{Ax} = 94.7\ \text{N},\quad F_{Ay} = 340.0\ \text{N},\quad F_B = 340.0\ \text{N} \qquad \text{A(3.2)}$$

【3・2】

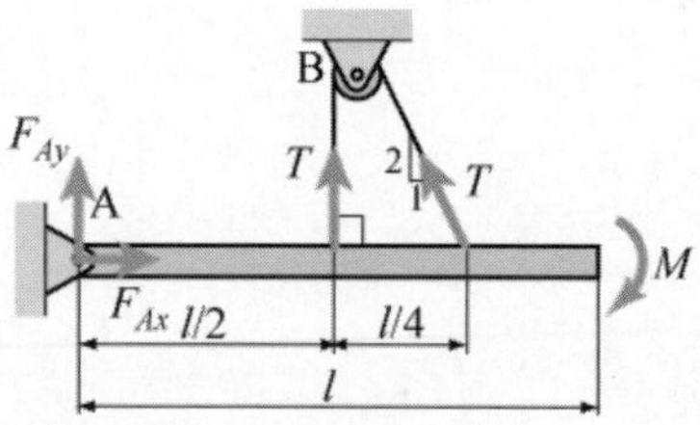

図 A3.2　棒に働く力

図 A3.2 に示すように，支点 A において右方向に働く力を F_{Ax}，上方向に働く力を F_{Ay} とし，ロープの張力を T とする．棒に働く力の左右方向，上下方向の釣合い条件および支点 A まわりのモーメントの釣合い条件は

$$\begin{aligned} &F_{Ax} - \frac{1}{\sqrt{5}}T = 0 \\ &F_{Ay} + \left(1 + \frac{2}{\sqrt{5}}\right)T = 0 \\ &\frac{1}{2}Tl + \frac{3}{2\sqrt{5}}Tl - M = 0 \end{aligned} \qquad \text{A(3.3)}$$

で与えられる．これを解けば次式を得る．

$$F_{Ax} = \frac{3-\sqrt{5}}{2}\frac{M}{l},\quad F_{Ay} = -\frac{1+\sqrt{5}}{2}\frac{M}{l},\quad T = \frac{3\sqrt{5}-5}{2}\frac{M}{l} \qquad \text{A(3.4)}$$

F_{Ay} は負である．これは下向きに作用する力であることを示している．

【3・3】

図 A3.3 に示すように，円弧の中心を原点とし x 軸，y 軸を定める．棒の重心の x 座標，y 座標をそれぞれ x_G，y_G とする．x 軸の正の方向から角度 θ で中心角が $\Delta\theta$ の微小領域を考え，棒はこの微小領域の集まりとみなし，$\Delta\theta \to 0$ の極限を取れば，x_G，y_G は次式で与えられる．

$$x_G = \frac{\int_0^\pi \frac{m}{\pi} x d\theta}{m} = \frac{r}{\pi}\int_0^\pi \cos\theta d\theta = 0$$
$$y_G = \frac{\int_0^\pi \frac{m}{\pi} y d\theta}{m} = \frac{r}{\pi}\int_0^\pi \sin\theta d\theta = \frac{2r}{\pi} \qquad \text{A(3.5)}$$

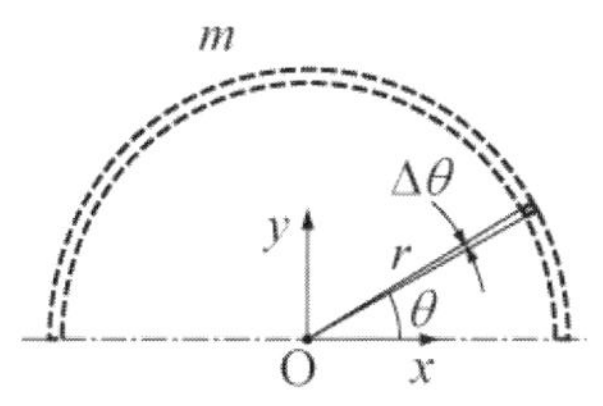

図 A3.3　半円弧状の棒の重心の求め方

【3・4】

重心の y 座標を y_G とする．図 A3.4(a)に示すように，x 軸の正の方向から角度 θ で中心角が $\Delta\theta$, 中心からの距離が ξ で半径方向の長さが $\Delta\xi$ の微小領域を考え，板はこの微小領域の集まりとみなし，$\Delta\theta \to 0$，$\Delta\xi \to 0$ の極限を取れば，ρ を板の面密度として，y_G は次式で与えられる．

$$y_G = \frac{\int_0^r \int_0^\pi \rho\xi y d\theta d\xi}{\frac{\rho\pi r^2}{2}} = \frac{\int_0^r \int_0^\pi \rho\xi^2 \sin\theta d\theta d\xi}{\frac{\rho\pi r^2}{2}} = \frac{4r}{3\pi} \qquad \text{A(3.6)}$$

【別解】y 軸方向に幅が変化している平面物体だと考える．図 A3.4(b)に示すように，幅 h，高さ Δy の領域を考える．このとき幅 h は次式となる．

$$h = 2\sqrt{r^2 - y^2} \qquad \text{A(3.7)}$$

板はこの領域の集まりとみなし，$\Delta y \to 0$ の極限を取れば y_G は次式で与えられる．

$$y_G = \frac{\int_0^r \rho h y dy}{\frac{\rho\pi r^2}{2}} = \frac{\int_0^r 2\rho\sqrt{r^2 - y^2}\, y dy}{\frac{\rho\pi r^2}{2}} \qquad \text{A(3.8)}$$

上式は，例えば $y = r\sin\theta$ と変数変換することにより計算され，式 A(3.6)と同じ結果を得る．

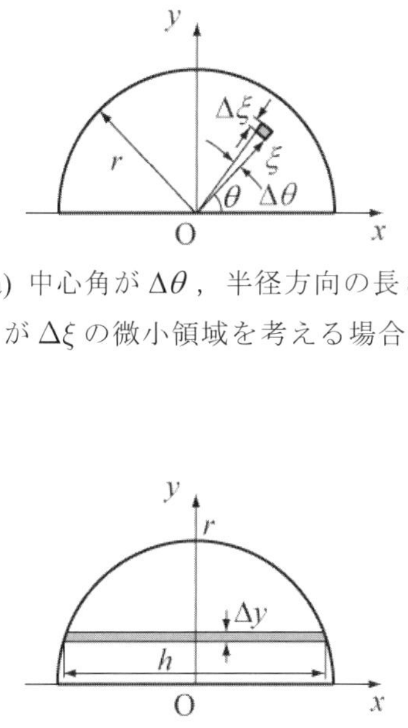

図 A3.4　半円板の重心の求め方

【3・5】

重心の z 座標を z_G とする．ここでは図 A3.5(a)に示すように角度 φ，θ を定め，中心から ξ だけ離れた位置に微小領域 ΔV を考える．ΔV の半径方向の長さは $\Delta\xi$，φ 方向の角度は $\Delta\varphi$，θ 方向の角度は $\Delta\theta$ である．このとき微小領域 ΔV の体積は $\xi^2 \sin\varphi\Delta\theta\Delta\varphi\Delta\xi$ と書ける．半球はこの微小領域の集まりとみなし，$\Delta\theta \to 0$，$\Delta\varphi \to 0$，$\Delta\xi \to 0$ の極限を取れば，ρ を半球の密度

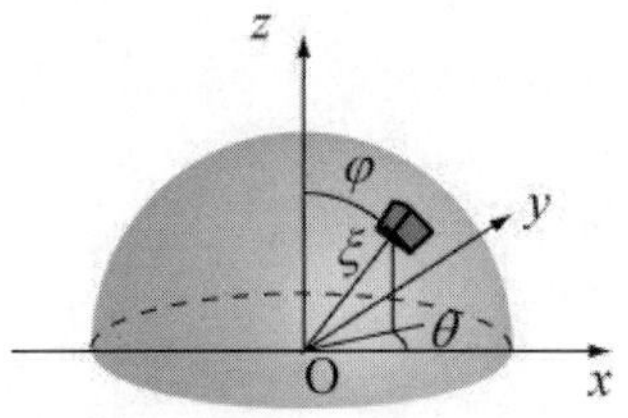

(a) 微小領域 ΔV を考える場合

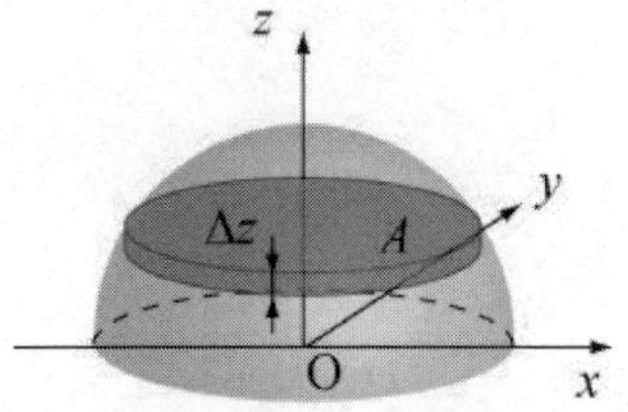

(b) 断面積 A，高さ Δz の領域を考える場合

図 A3.5　半球の重心の求め方

として，z_G は次式で与えられる．

$$z_G = \frac{\int_0^r \int_0^{\pi/2} \int_0^{2\pi} \rho\xi^2 \sin\varphi z d\theta d\varphi d\xi}{\dfrac{2\rho\pi r^3}{3}} = \frac{\int_0^r \int_0^{\pi/2} \int_0^{2\pi} \dfrac{\rho\xi^3 \sin 2\varphi}{2} d\theta d\varphi d\xi}{\dfrac{2\rho\pi r^3}{3}} = \frac{3r}{8} \qquad \text{A(3.9)}$$

【別解】z 軸方向に断面積が変化している物体と考える．図 A3.5(b)に示すように，断面積を A，高さ Δz の領域を考える．このとき断面積 A は次式となる．

$$A = \pi(r^2 - z^2) \qquad \text{A(3.10)}$$

半球はこの領域の集まりとみなし，$\Delta z \to 0$ の極限を取れば z_G は次式で与えられる．

$$z_G = \frac{\int_0^r \rho Azdz}{\dfrac{2\rho\pi r^3}{3}} = \frac{\int_0^r \rho\pi(r^2 - z^2)zdz}{\dfrac{2\rho\pi r^3}{3}} = \frac{3r}{8} \qquad \text{A(3.11)}$$

【3・6】

左下の頂点を原点として右向きに x 軸，上向きに y 軸を定め，図 A3.6 に破線で示すように左右二つの部分に分けて考える．板の面密度を ρ とすると，左側の部分の質量は $(96-4\pi)\rho$, 重心の x 座標，y 座標はそれぞれ 4, 6 であり，右側の部分の質量は 24ρ，重心の x 座標，y 座標はそれぞれ 10，3 である．これらより板全体の重心の x 座標，y 座標をそれぞれ x_G，y_G とすると次式を得る．

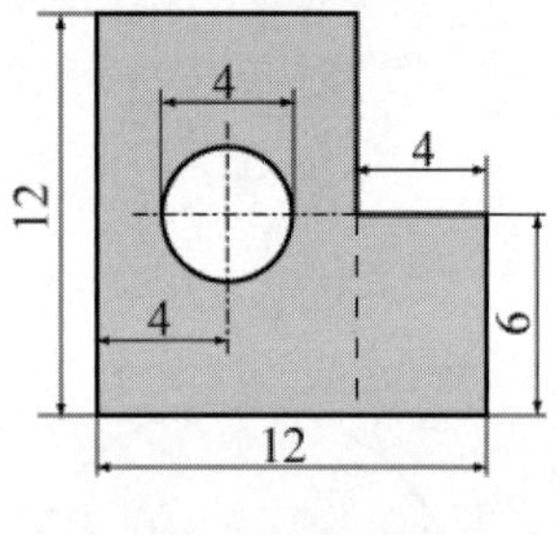

図 A3.6　板の分割

$$x_G = \frac{4\times(96-4\pi)\rho + 10\times 24\rho}{(96-4\pi)\rho + 24\rho} = 5.34$$
$$y_G = \frac{6\times(96-4\pi)\rho + 3\times 24\rho}{(96-4\pi)\rho + 24\rho} = 5.33 \qquad \text{A(3.12)}$$

【別解】一辺が 12 の正方形から円および右上の長方形が取り除かれた板であると考える．取り除かれた部分の質量は負であるとし，上式と同様に考えることにより x_G，y_G として次式を得る．

$$x_G = \frac{6\times 144\rho - 4\times 4\pi\rho - 10\times 24\rho}{144\rho - 4\pi\rho - 24\rho} = 5.34$$
$$y_G = \frac{6\times 144\rho - 6\times 4\pi\rho - 9\times 24\rho}{144\rho - 4\pi\rho - 24\rho} = 5.33 \qquad \text{A(3.13)}$$

【3・7】

一辺が a の立方体から，断面積が $a^2/4$，高さが h の直方体が取り除かれてできた物体と考える．前問の別解法と同等に考えれば，底面からの重心の高さを h_G とすると次式を得る．

$$h_G = \frac{(a/2)\times a^3 - (a-h/2)\times a^2 h/4}{a^3 - a^2 h/4} = \frac{4a^2 - 2ah + h^2}{8a - 2h} \qquad \text{A(3.14)}$$

次に，上式で与えられる h_G を最小にする h を求める．このため上式を h で微分すれば次式を得る．

$$\frac{dh_G}{dh} = \frac{-\left(h^2 - 8ah + 4a^2\right)}{2\left(4a-h\right)^2} \qquad \text{A(3.15)}$$

上式を 0 にする h を求めればよい．この条件より次式を得る．

$$h = \left(4 - 2\sqrt{3}\right)a \qquad \text{A(3.16)}$$

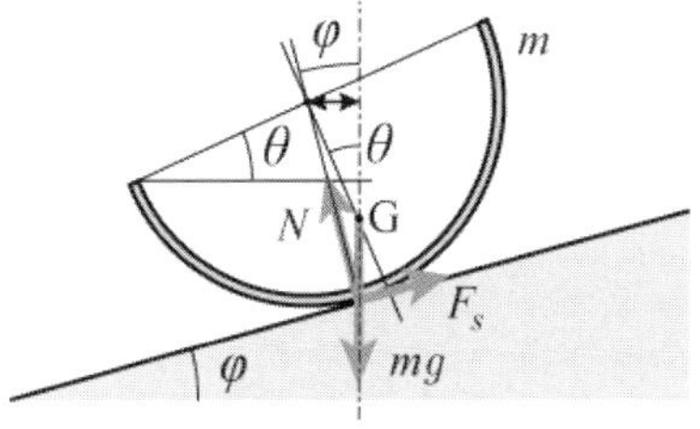

図 A3.7　粗い斜面におかれた円筒に作用する力

【3・8】

斜面から半円筒に作用する垂直抗力の大きさを N，静摩擦力の大きさを F_s とすると，半円筒には図 A3.7 に示す力が作用する．図中の G は重心である．滑ることなく釣合うために必要な最小の静摩擦係数を求めるためには，静摩擦力 F_s が最大静摩擦力の場合を考えればよい．静摩擦係数を μ_s とすると，斜面に平行な方向および垂直な方向の力の釣合い条件は

$$\begin{aligned} &\mu_s N - mg\sin\varphi = 0 \\ &N - mg\cos\varphi = 0 \end{aligned} \qquad \text{A(3.17)}$$

により与えられる．上式より N を消去し，$\varphi = 15°$ を代入すれば次式を得る．

$$\mu_s = \tan\varphi = \tan 15° = 0.268 \qquad \text{A(3.18)}$$

また上記の三つの力によるモーメントが釣合うためには，三つの力の作用線は，図 A3.7 に示すように一点で交わる必要がある．これを利用して円筒の傾斜角 θ を求める．図中の両端に矢印がつけられた線分の長さに関して次式が成り立つ．

$$r\sin\varphi = \frac{2r}{\pi}\sin\theta \qquad \text{A(3.19)}$$

上式では【3・3】で求めたように半円筒の重心は，円弧中心から $2r/\pi$ だけ離れていることを用いている．上式より θ として次式を得る．

$$\theta = \sin^{-1}\left(\frac{\pi}{2}\sin\varphi\right) = 24.0° \qquad \text{A(3.20)}$$

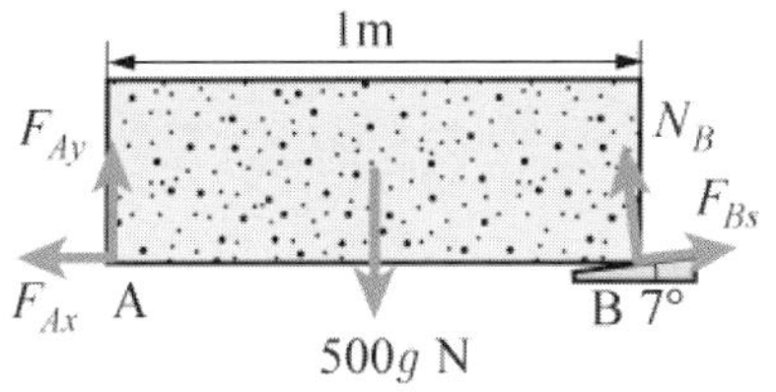

(a)　石に作用する力

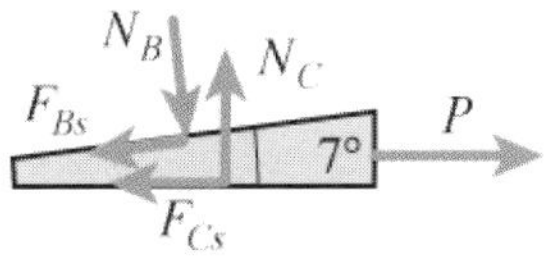

(b)　くさびに作用する力

図 A3.8　石およびくさびに作用する力

【3・9】

石およびくさびには図 A3.8(a)，(b)に示すように力が作用する．ここで F_{Ax}，F_{Ay} は点 A から石に働く支持力の大きさ，N_B，F_{Bs} はくさびから石に作用する垂直抗力および摩擦力の大きさ，N_C，F_{Cs} は床からくさび下面に作用する垂直抗力および摩擦力の大きさである．くさびを引き抜くときは摩擦力 F_{Bs}，F_{Cs} はいずれも最大静摩擦力である．これを考慮し，石については支点 A まわりのモーメントの釣合い，くさびについては水平方向および鉛直方向の力の釣合い条件を求めると

$$
\begin{aligned}
&N_B \cos 7^\circ + \mu_s N_B \sin 7^\circ - \frac{500g}{2} = 0 \\
&N_C - N_B \cos 7^\circ - \mu_s N_B \sin 7^\circ = 0 \\
&P + N_B \sin 7^\circ - \mu_s N_B \cos 7^\circ - \mu_s N_C = 0
\end{aligned}
\qquad \text{A(3.21)}
$$

を得る．上式より P を求めると次式を得る．

$$P = \frac{2\mu_s \cos 7^\circ - (1-\mu_s^2)\sin 7^\circ}{\cos 7^\circ + \mu_s \sin 7^\circ} \frac{500g}{2} = 1155\ \text{N} \qquad \text{A(3.22)}$$

【3・10】

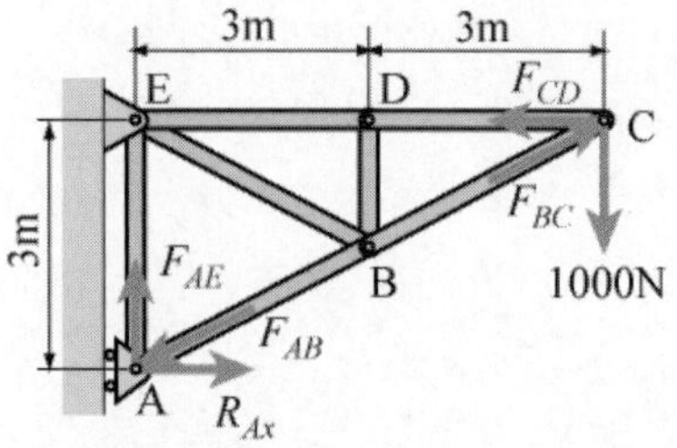

図 A3.9 トラスに作用する力

まず節点 D に注目し，部材 BD に生じる力について考える．節点 D に対して上下方向に力をおよぼしうるものは部材 BD しか存在しない．したがって部材 BD には力は生じない．また部材 CD と DE に生じる力は同じであることもわかる．次に節点 B に注目し，部材 BE に生じる力についてをおよぼしうるものは部材 BE しか存在しない．したがって部材 BE には力は生じない．また部材 AB と BC に生じる力は同じであることもわかる．

以降，部材 BC，CD，AE に生じる力を節点法で求める．節点 C に注目する．この点には 1000N の荷重と部材 BC および CD からの力が作用する．未知量はこれらの二つの力であるため，この点における力の釣合い問題は解くことができる．荷重の作用する向きを考慮し，部材 BC は圧縮状態，部材 CD は引張状態であると仮定し，図 A3.9 に示すように力が作用するとする．ここに F_{BC}，F_{CD} は部材 BC および CD から節点 C に作用する力の大きさである．図の左右方向および上下方向の力の釣合い条件として次式を得る．

$$
\begin{aligned}
&\frac{2}{\sqrt{5}} F_{BC} - F_{CD} = 0 \\
&\frac{1}{\sqrt{5}} F_{BC} - 1000 = 0
\end{aligned}
\qquad \text{A(3.23)}
$$

これより次式を得る．

$$F_{BC} = 2236\,\text{N},\ F_{CD} = 2000\,\text{N} \qquad \text{A(3.24)}$$

この結果はいずれも正であるため，部材 BC および CD は上で仮定したとおりそれぞれ圧縮状態，引張状態にある．

次に支点 A に注目する．部材 BC は圧縮状態であったので部材 AB も圧縮状態である．部材 AE は引張状態であると仮定し，支点 A に壁から作用する支持力は右向きであるとすると，図 A3.9 に示すように力が作用する．ここに F_{AB}，F_{AE} は部材 AB および AE から支点 A に作用する力の大きさであり，R_{Ax} は支点 A に作用する支持力の大きさである．図の左右方向および上下方向の力の釣合い条件として次式を得る．

$$
\begin{aligned}
&R_{Ax} - \frac{2}{\sqrt{5}} F_{AB} = 0 \\
&F_{AE} - \frac{1}{\sqrt{5}} F_{AB} = 0
\end{aligned}
\qquad \text{A(3.25)}
$$

前述のように $F_{AB} = F_{BC}$ であることを考慮すれば，式 A(3.25)の第 2 式より次式を得る．

$$F_{AE} = 1000\,\text{N} \qquad \text{A(3.26)}$$

この結果は正であるため，部材 AE は仮定したとおり引張状態にある．

【3・11】

まず節点 B に注目し，部材 BF に生じる力について考える．節点 B に対して上下方向に力をおよぼしうるものは部材 BF しか存在しない．したがって部材 BF には力は生じない．

以降，部材 FE，FC，BC に生じる力を求める．ここでは切断法で求める．図 A3.10 に示すようにトラスを切断し，部材 FE，FC，BC にはそれぞれ大きさ F_{FE}，F_{FC}，F_{BC} の力が図の向きに作用するとする．ここではすべての部材は引張状態にあるとしている．また支点 D に作用する上向きの支持力を R_D とする．まず R_D を求める．支点 A まわりのモーメントの釣合いより

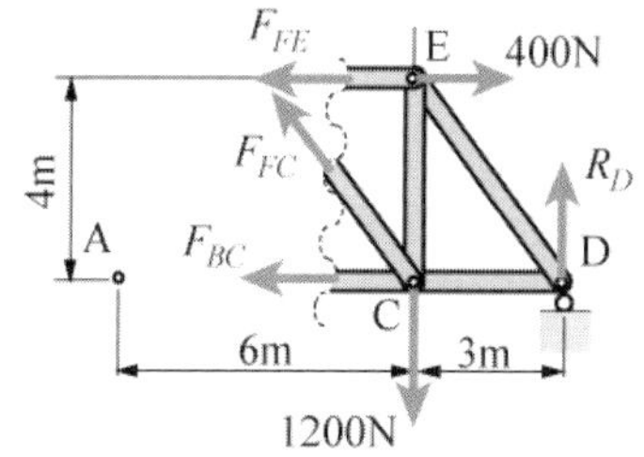

図 A3.10 トラスに作用する力

$$9R_D - 4\times 400 - 6\times 1200 = 0 \qquad \text{A(3.27)}$$

を得る．これより次式を得る．

$$R_D = 978\,\text{N} \qquad \text{A(3.28)}$$

次に切断したトラスの左右方向，上下方向および点 C まわりのモーメントの釣合い条件より

$$\begin{aligned} &400 - F_{FE} - \frac{3}{5}F_{FC} - F_{BC} = 0 \\ &\frac{4}{5}F_{FC} + R_D - 1200 = 0 \\ &4F_{FE} + 3R_D - 4\times 400 = 0 \end{aligned} \qquad \text{A(3.29)}$$

を得る．上式に式 A(3.28)を代入すれば次式を得る．

$$F_{FE} = -333\,\text{N},\quad F_{FC} = 278\,\text{N},\quad F_{BC} = 567\,\text{N} \qquad \text{A(3.30)}$$

F_{FE} は負となったので部材 FE は圧縮状態にあり，生じる力の大きさは 333 N である．部材 FC, BC は引張状態にあり，生じる力の大きさはそれぞれ 278 N, 567 N である．

【3・12】

部材 AB，AE，BC，BE，CD，CE，DE に生じる力を節点法あるいは切断法で求めると以下のようになる．ただし F_{AB}，F_{AE}，F_{BC}，F_{BE}，F_{CD}，F_{CE}，F_{DE} は各部材に生じる力の大きさである．

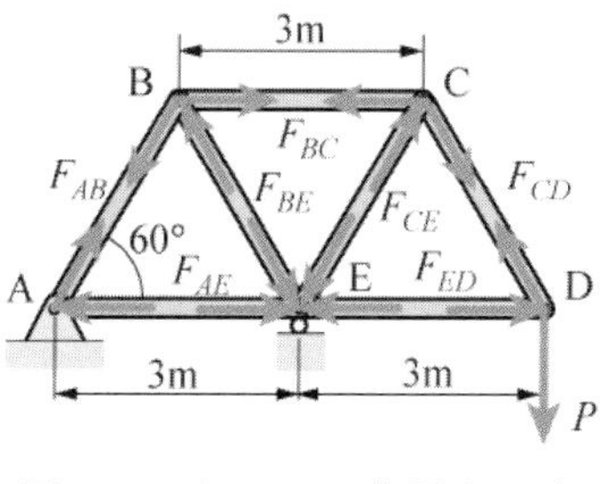

図 A3.11 トラスに作用する力

$$F_{AB} = F_{BC} = F_{CD} = \frac{2}{\sqrt{3}}P\text{，引張} \qquad \text{A(3.31)}$$

$$F_{BE} = F_{CE} = \frac{2}{\sqrt{3}}P\text{，圧縮} \qquad \text{A(3.32)}$$

$$F_{AE} = F_{DE} = \frac{1}{\sqrt{3}}P\text{，圧縮} \qquad \text{A(3.33)}$$

この結果より，部材 BE，CE に生じる力が圧縮に対する許容力以下であればよいことが分かる．このための条件は次式となる．

$$\frac{2}{\sqrt{3}}P \leq 6\,\mathrm{kN} \qquad \text{A(3.34)}$$

これより荷重 P の最大値は 5.20 kN となる.

第 4 章

【4・1】

位置ベクトルは $\boldsymbol{r}=\alpha t^3\boldsymbol{i}+\beta t\boldsymbol{j}+\gamma t^2\boldsymbol{k}$ であるから，位置の x,y,z 成分は時間 t の関数として $x=\alpha t^3$，$y=\beta t$，$z=\gamma t^2$ と表される．したがって，速度 v および加速度 a は以下のように求められる．

$$\boldsymbol{v}=\dot{\boldsymbol{r}}=\dot{x}\boldsymbol{i}+\dot{y}\boldsymbol{j}+\dot{z}\boldsymbol{k}=3\alpha t^2\boldsymbol{i}+\beta\boldsymbol{j}+2\gamma t\boldsymbol{k} \qquad \text{A(4.1)}$$

$$\boldsymbol{a}=\ddot{\boldsymbol{r}}=\ddot{x}\boldsymbol{i}+\ddot{y}\boldsymbol{j}+\ddot{z}\boldsymbol{k}=6\alpha t\boldsymbol{i}+2\gamma\boldsymbol{k} \qquad \text{A(4.2)}$$

速さ $v=|\boldsymbol{v}|$ および加速度の大きさ $a=|\boldsymbol{a}|$ は,

$$v=\sqrt{(3\alpha t^2)^2+\beta^2+(2\gamma t)^2}=\sqrt{9\alpha^2t^4+4\gamma^2t^2+\beta^2} \qquad \text{A(4.3)}$$

$$a=\sqrt{(6\alpha t)^2+(2\gamma)^2}=\sqrt{36\alpha^2t^2+4\gamma^2} \qquad \text{A(4.4)}$$

となる.

【4・2】

平面直交座標系 $\mathrm{O}-xy$ での点 P の位置 (x,y) は，以下のように表される．

$$x=R(\omega t-\sin\omega t), \qquad y=R(1-\cos\omega t) \qquad \text{A(4.5)}$$

速度 (v_x,v_y) は，(x,y) を時間 t で微分して，以下のように求められる．

$$v_x=\dot{x}=R\omega(1-\cos\omega t), \qquad v_y=\dot{y}=R\omega\sin\omega t \qquad \text{A(4.6)}$$

加速度 (a_x,a_y) は，(v_x,v_y) を時間 t で微分して，

$$a_x=\dot{v}_x=R\omega^2\sin\omega t, \qquad a_y=\dot{v}_y=R\omega^2\cos\omega t \qquad \text{A(4.7)}$$

となる.

【4・3】

自動車の進行方向に x 軸を設定し，自動車の移動距離を x，加速度を a とすると，$\ddot{x}=a$ から x は以下のように求められる．

$$x=\frac{1}{2}at^2+C_1t+C_2 \qquad \text{A(4.8)}$$

初期条件は $t=0$ で $x=0,\dot{x}=0$ であるから，積分定数は $C_1=C_2=0$ となる．自動車 A,B の移動距離をそれぞれ x_A,x_B とすると，x_A,x_B は以下のように表される．

$$x_A=\frac{1}{2}a_At^2, \qquad x_B=\frac{1}{2}a_B(t-8)^2 \qquad \text{A(4.9)}$$

自動車Bが自動車Aに追いついた時間では $x_A = x_B$ であり，この条件から上式を解いて $t = 5.33,\ 16.0$ 秒を得る．$t > 8$ 秒でなければならないから，自動車Bが自動車Aに追いついた時間は $t = 16.0$ 秒である．この時の発車地点からの距離は,

$$x = \frac{1}{2} 0.4 \times 16^2 = 51.2\ \mathrm{m} \qquad \mathrm{A(4.10)}$$

となる.

【4・4】

Since the velocity of the projectile decelerates with the rate $a = -0.5v^3\ (\mathrm{m/s^2})$, we have following expression.

$$\frac{dv}{dt} = -0.5\,v^3 \qquad \mathrm{A(4.11)}$$

Separating the variables as $dv/v^3 = -0.5\,dt$ and integrating it, then

$$-\frac{1}{2}v^{-2} = -0.5t + C \qquad \mathrm{A(4.12)}$$

where C is an integration constant. Realizing the initial conditions, $v = v_0 = 2\ \mathrm{m/s}$ at $t = 0$, we have $C = -1/(2v_0^2) = -1/8$. Thus, the velocity of the projectile changes according to the following formula.

$$v = \frac{1}{\sqrt{t - 2C}} = \frac{1}{\sqrt{t + 1/4}} \qquad \mathrm{A(4.13)}$$

Velocity after 3 seconds is determined as

$$v = \frac{1}{\sqrt{3 + 1/4}} = 0.555\ \ \mathrm{m/s} \qquad \mathrm{A(4.14)}$$

【4・5】

静止直交座標系 $\mathrm{O} - xy$ での点 P の座標 (x, y) は,

$$x = r\cos\omega t = (r_0 + at)\cos\omega t\,,\ y = r\sin\omega t = (r_0 + at)\sin\omega t \qquad \mathrm{A(4.15)}$$

となる. x, y 方向の単位ベクトルを $\boldsymbol{i}, \boldsymbol{j}$ とすると, 直交座標系で表した位置 $\boldsymbol{r}$ と速度 $\boldsymbol{v}$ は以下のように表される.

$$\boldsymbol{r} = x\boldsymbol{i} + y\boldsymbol{j} = (r_0 + at)\cos\omega t\,\boldsymbol{i} + (r_0 + at)\sin\omega t\,\boldsymbol{j} \qquad \mathrm{A(4.16)}$$

$$\begin{aligned}\boldsymbol{v} = \dot{x}\boldsymbol{i} + \dot{y}\boldsymbol{j} &= \left[a\cos\omega t - (r_0 + at)\omega\sin\omega t\right]\boldsymbol{i} \\ &\quad + \left[a\sin\omega t + (r_0 + at)\omega\cos\omega t\right]\boldsymbol{j}\end{aligned} \qquad \mathrm{A(4.17)}$$

極座標の r, θ 方向の単位ベクトルを $\boldsymbol{e}_r, \boldsymbol{e}_\theta$ とすると, 極座標で表した位置 $\boldsymbol{r}$ と速度 $\boldsymbol{v}$ は以下のように表される.

$$\boldsymbol{r} = r\boldsymbol{e}_r = (r_0 + at)\boldsymbol{e}_r \qquad \mathrm{A(4.18)}$$

$$\boldsymbol{v} = \dot{r}\boldsymbol{e}_r + r\dot{\theta}\boldsymbol{e}_\theta = a\boldsymbol{e}_r + (r_0 + at)\omega\,\boldsymbol{e}_\theta \qquad \mathrm{A(4.19)}$$

【4・6】

図 A4.1 に示すように，平面直交座標系 $O-xy$ を設定し，物体の投射位置を原点O，水平方向を x 軸，鉛直上向きを y 軸の正方向にとる．物体の質量を m とすると，物体の x, y 方向の運動方程式は，それぞれ以下のように表される．

$$m\ddot{x}=0 \qquad m\ddot{y}=-mg \tag{A(4.20)}$$

物体が投射された時刻を $t=0$ とすると，初期条件は $t=0$ で $x=0$，$y=0$，$\dot{x}=v\cos\theta$，$\dot{y}=v\sin\theta$ となる．これらを考慮して運動方程式を積分すると，物体の位置 x, y は以下のように表される．

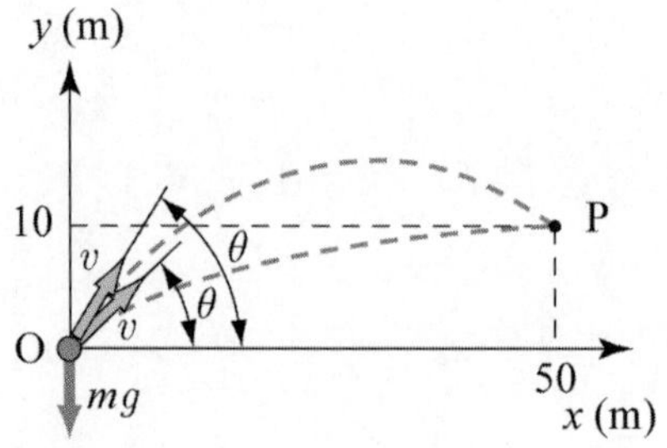

図 A4.1　投射された物体の平面内での運動

$$x=v\cos\theta\, t, \qquad y=-\frac{g}{2}t^2+v\sin\theta\, t \tag{A(4.21)}$$

式 A(4.21)から時間 t を消去すると次式を得る．

$$y=-\frac{gx^2}{2v^2\cos^2\theta}+x\tan\theta \tag{A(4.22)}$$

$1/\cos^2\theta=\tan^2\theta+1$ の関係から，式 A(4.22)は以下のように $\tan\theta$ の 2 次式として表される．

$$\tan^2\theta-\frac{2v^2}{gx}\tan\theta+\frac{2v^2y}{gx^2}+1=0 \tag{A(4.23)}$$

式 A(4.23)を $\tan\theta$ について解くと次式を得る．

$$\tan\theta=\frac{v^2}{gx}\mp\frac{1}{gx}\sqrt{v^4-2v^2gy-g^2x^2} \tag{A(4.24)}$$

$v=90\ \text{km/h}=90/3.6=25\ \text{m/s}$，$x=50\ \text{m}$，$y=10\ \text{m}$，$g=9.81\ \text{m/s}^2$ から，

$$\tan\theta=0.937,\ 1.61 \qquad \theta=43.1^\circ,\ 58.2^\circ \tag{A(4.25)}$$

を得る．すなわち，図 A4.1 に示すように，物体を点 P に到達させるには，$\theta=43.1^\circ,\ 58.2^\circ$ に対応する 2 つの軌道が存在する．

【4・7】

質点の x, y 方向の運動方程式は，それぞれ以下のように表される．

$$m\ddot{x}=-\overline{F}, \qquad m\ddot{y}=-mg \tag{A(4.26)}$$

時刻 $t=0$ で質点が投射されたとすれば，初期条件は $t=0$ で $x=0$，$y=h$，$\dot{x}=v\sin\theta$，$\dot{y}=-v\cos\theta$．これらの初期条件を考慮して運動方程式を積分すると，質点の位置は以下のように表される．

$$x=-\frac{\overline{F}}{2m}t^2+v\sin\theta\, t, \qquad y=-\frac{g}{2}t^2-v\cos\theta\, t+h \tag{A(4.27)}$$

質点は，投射点 A から鉛直真下の水平面上（図 4.27 の原点O）に落下したので，質点が水平面上に到達するときの時刻を $t=\overline{t}$ とおくと，$x\big|_{t=\overline{t}}=0$．$\overline{t}\neq 0$ であるから，$\overline{t}=2mv\sin\theta/\overline{F}$．したがって，$t=\overline{t}$ のとき $y=0$ となる h を求めればよい．$y\big|_{t=\overline{t}}=-(g/2)t^2-v\cos\theta\, t+h=0$ から，

$$h=\frac{g}{2}\bar{t}^2+v\cos\theta\,\bar{t}=\frac{g}{2}\left(\frac{2mv}{\bar{F}}\sin\theta\right)^2+\frac{2mv^2}{\bar{F}}\sin\theta\cos\theta$$
$$=\frac{2mv^2}{\bar{F}}\sin\theta\left(\frac{mg}{\bar{F}}\sin\theta+\cos\theta\right) \quad \text{A(4.28)}$$

【4・8】

円柱座標系 (r,θ,z) で考える．円錐振り子は図 A4.2(a)に示す水平面内で回転し，質量 m の質点の位置を r,θ で表す．$\dot{\theta}=\omega$ である．r 方向の運動方程式は，$r=l\sin\alpha$（一定値）であることから以下のように表される．

$$m(\ddot{r}-r\dot{\theta}^2)=F_r \quad \Rightarrow \quad -ml\sin\alpha\omega^2=-T\sin\alpha \quad \text{A(4.29)}$$

鉛直方向に作用する力は図 A4.2(b)のようになり，

$$T\cos\alpha-mg=0 \quad \text{A(4.30)}$$

を得る．ω は式 A(4.29)および式 A(4.30)から張力 T を消去して以下のように求められる．

$$\omega=\sqrt{\frac{g}{l\cos\alpha}} \quad \text{A(4.31)}$$

なお，水平面内の θ 方向については，作用する力は $F_\theta=0$ であり，加速度も $r\ddot{\theta}+2\dot{r}\dot{\theta}=0$ $(\dot{r}=0,\ddot{\theta}=\dot{\omega}=0)$ である．

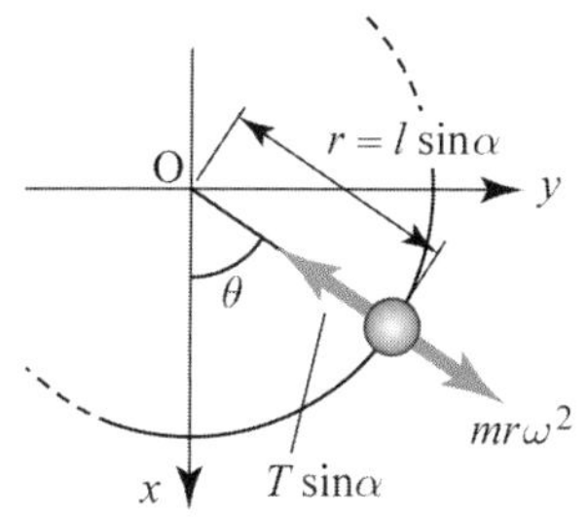

(a)水平面内に作用する力

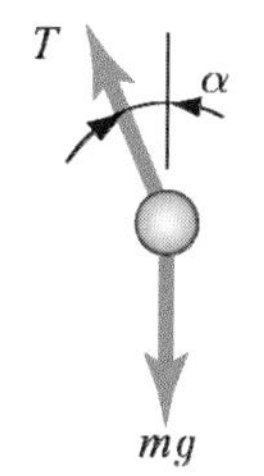

(b)鉛直方向に作用する力

図 A4.2　円錐振り子に作用する力

【4・9】

電車とともに移動する座標系では，図 A4.3 に示すように進行方向と逆向き（ξ の負の向き）に慣性力 ma が作用する．また，鉛直下向き（η の負の向き）に重力 mg が作用する．したがって，ξ,η 方向の運動方程式はそれぞれ，

$$m\ddot{\xi}=-ma, \quad m\ddot{\eta}=-mg \quad \text{A(4.32)}$$

となり，初期条件 $t=0$ で $\xi=\eta=0$，$\dot{\xi}=\dot{\eta}=0$ を考慮して式 A(4.32)を積分すると，以下の式を得る．

$$\xi=-\frac{1}{2}at^2, \qquad \eta=-\frac{1}{2}gt^2 \quad \text{A(4.33)}$$

物体は，移動座標系内では式 A(4.33)に従って運動する．

また，移動座標系では，図 A4.3 に示すように慣性力と重力の合力である一定の力

$$mg'=m\sqrt{a^2+g^2} \quad \text{A(4.34)}$$

が物体に作用すると考えることもできる．したがって，初期条件を考慮すると，電車とともに移動する座標系では，物体の運動は mg' が作用する向きに，

$$\frac{1}{2}g't^2=\frac{1}{2}\sqrt{a^2+g^2}\,t^2 \quad \text{A(4.35)}$$

で表される直線運動と見ることもできる．

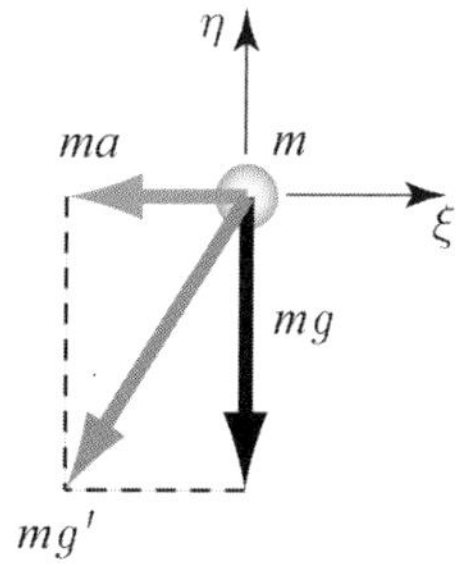

図 A4.3　電車とともに移動する座標系内で物体に作用する力

【4・10】

極座標で表される加速度は，半径方向が $\ddot{r}-r\dot{\theta}^2$, 円周方向が $r\ddot{\theta}+2\dot{r}\dot{\theta}$ である．半径 a (m) で一定角速度 ω (rad/s^2) の円運動をしている質点を考えると，$r=a$ （一定）， $\dot{r}=\ddot{r}=0$ ， $\dot{\theta}=\omega=$ 一定， $\ddot{\theta}=\dot{\omega}=0$ であるから，極座標で表した質点の運動方程式は，以下のように表される．

$$-ma\omega^2=F_r\,,\qquad 0=F_\theta \tag{A(4.36)}$$

F_r, F_θ は，それぞれ物体に作用する半径方向，円周方向の摩擦力である．
N を円板と物体との間の垂直抗力とすると， $N=mg$ であり，物体が滑らないためには，摩擦力の大きさが最大静止摩擦力 μN 以下である必要がある．

$$\sqrt{F_r^2+F_\theta^2}=ma\omega^2\le\mu N=\mu mg \tag{A(4.37)}$$

したがって，

$$\omega\le\sqrt{\frac{\mu g}{a}}=\sqrt{\frac{0.4\times 9.81}{1}}=1.98\quad\text{rad/s} \tag{A(4.38)}$$

【4・11】

回転座標系で表した運動方程式は，式 (4.78) にあるように $m\ddot{\xi}=F_\xi+2m\omega\dot{\eta}+m\omega^2\xi+m\dot{\omega}\eta$ および $m\ddot{\eta}=F_\eta-2m\omega\dot{\xi}+m\omega^2\eta-m\dot{\omega}\xi$ である．この問題では $\omega=\omega_0+\alpha t$, $\xi=\xi_0+\beta t$ ， $\eta=0$ であるので $\dot{\omega}=\alpha$, $\dot{\xi}=\beta$, $\dot{\eta}=0$, $\ddot{\xi}=\ddot{\eta}=0$ となる．これらを運動方程式に代入して，以下のように F_ξ, F_η を得る．

$$\begin{aligned}F_\xi&=m\ddot{\xi}-2m\omega\dot{\eta}-m\omega^2\xi-m\dot{\omega}\eta\\&=-m\omega^2\xi=-m(\omega_0+\alpha t)^2(\xi_0+\beta t)\end{aligned} \tag{A(4.39)}$$

$$\begin{aligned}F_\eta&=m\ddot{\eta}+2m\omega\dot{\xi}-m\omega^2\eta+m\dot{\omega}\xi\\&=2m\omega\dot{\xi}+m\dot{\omega}\xi=2m(\omega_0+\alpha t)\beta+m\alpha(\xi_0+\beta t)\\&=m(3\alpha\beta t+\alpha\xi_0+2\beta\omega_0)\end{aligned} \tag{A(4.40)}$$

ξ 方向に作用する力は遠心力に起因する．質点は回転座標系の ξ 方向のみに運動するが， η 方向にもコリオリの力に起因する力 $2m\omega\dot{\xi}$ と角速度の変動に起因する力 $m\dot{\omega}\xi$ が作用する．

第 5 章

【5・1】

衝突後の 2 物体の速さを v とする．運動量保存の法則から

$$m_1v_1+m_2v_2=(m_1+m_2)v \tag{A(5.1)}$$

となる．したがって

$$v=\frac{m_1v_1+m_2v_2}{m_1+m_2} \tag{A(5.2)}$$

となる．衝突前の運動エネルギーは

$$T_0 = \frac{1}{2}m_1 v_1{}^2 + \frac{1}{2}m_2 v_2{}^2 \qquad \text{A(5.3)}$$

であり，衝突後の運動エネルギーは

$$T = \frac{1}{2}(m_1 + m_2)v^2 \qquad \text{A(5.4)}$$

である．その差は

$$\begin{aligned} T - T_0 &= \frac{1}{2}(m_1 + m_2)v^2 - \frac{1}{2}(m_1 v_1{}^2 + m_2 v_2{}^2) \\ &= -\frac{m_1 m_2}{2(m_1 + m_2)}(v_1 - v_2)^2 < 0 \end{aligned} \qquad \text{A(5.5)}$$

となり，運動エネルギーが減少したことが分かる．

外力が作用していなければ，衝突の前後で運動量は保存されるが，運動エネルギーは一定とは限らない．

【5・2】

張力は作用しているが，進行方向とは垂直なので運動量は保存される．

運動量保存の法則より

$$m r_0 \omega_0 = m(r_0 - a\theta)\omega \qquad \text{A(5.6)}$$

となる．したがって

$$\omega = \frac{r_0}{r_0 - a\theta}\omega_0 = \frac{1}{1 - \dfrac{a}{r_0}\theta}\omega_0 \qquad \text{A(5.7)}$$

となる．一方，張力は

$$T = m(r_0 - a\theta)\omega^2 = m r_0 \omega_0 \omega \qquad \text{A(5.8)}$$

となる．なお，質点の速さは $v_0 = r_0 \omega_0$ で一定である．

【5・3】

力の釣合いから

$$mg = k\delta_{st} \qquad \text{A(5.9)}$$

である．質点の最下点での変位を $x_{\max}$ とする．ポテンシャルエネルギーの基準を質点を持ちあげた点（$x = -\delta_{st}$）に取る．質点を持ちあげた点を A，最下点を B とする．このとき，A におけるポテンシャルエネルギー U_A および運動エネルギー T_A は

$$U_A = 0\,,\quad T_A = 0 \qquad \text{A(5.10)}$$

となり，最下点 B においては

$$U_B = \frac{1}{2}k(\delta_{st} + x_{\max})^2 - mg(\delta_{st} + x_{\max})\,,\quad T_B = 0 \qquad \text{A(5.11)}$$

となる．したがって，力学的エネルギー保存の法則より

$$0 = \frac{1}{2}k(\delta_{st} + x_{\max})^2 - mg(\delta_{st} + x_{\max}) \qquad \text{A}(5.12)$$

となり，$mg = k\delta_{st}$ であるから，

$$(\delta_{st} + x_{\max}) - 2\delta_{st} = 0 \qquad \text{A}(5.13)$$

となり，$x_{\max} = \delta_{st}$ が得られる．すなわち，質点を離した位置からは $2\delta_{st}$ 下まで変位する．

【5・4】

床面は静止しているから速度 0 であり，床面への衝突直前の球の速さを v_0，衝突直後の速さを v_1 とすると

$$e = \frac{0-(-v_1)}{v_0 - 0} = \frac{v_1}{v_0} \qquad \text{A}(5.14)$$

となる．これらの速さはそれぞれの高さを用いて，

$$v_0 = \sqrt{2gh_0}\ ,\quad v_1 = \sqrt{2gh_1} \qquad \text{A}(5.15)$$

と表されるから，反発係数は

$$e = \sqrt{\frac{h_1}{h_0}} \qquad \text{A}(5.16)$$

となる．

n 回目のはね返り高さは h_n であるから

$$e^n = \sqrt{\frac{h_1}{h_0}} \times \sqrt{\frac{h_2}{h_1}} \times \sqrt{\frac{h_3}{h_2}} \times \cdots \times \sqrt{\frac{h_n}{h_{n-1}}} = \sqrt{\frac{h_n}{h_0}} \qquad \text{A}(5.17)$$

したがって

$$e = \left(\frac{h_n}{h_0}\right)^{\frac{1}{2n}} \qquad \text{A}(5.18)$$

が得られる．

【5・5】

A，B の衝突後の速さを v_1，v_2 とし，B，C の衝突後の速さを v_2'，v_3 とすると運動量保存の法則と反発係数の定義より

$$m_1 v = m_1 v_1 + m_2 v_2 \qquad \text{A}(5.19)$$

$$e_1 = (v_2 - v_1) / v \qquad \text{A}(5.20)$$

$$m_2 v_2 = m_2 v_2' + m_3 v_3 \qquad \text{A}(5.21)$$

$$e_2 = (v_3 - v_2') / v_2 \qquad \text{A}(5.22)$$

となる．これらの式から

$$v_1 = \frac{m_1 - e_1 m_2}{m_1 + m_2} v \qquad \text{A(5.23)}$$

$$v_2 = \frac{(1+e_1)m_1}{m_1 + m_2} v \qquad \text{A(5.24)}$$

$$v_2' = \frac{m_2 - e_2 m_3}{m_2 + m_3} v_2 = \frac{(1+e_1)m_1(m_2 - e_2 m_3)}{(m_1 + m_2)(m_2 + m_3)} v \qquad \text{A(5.25)}$$

$$v_3 = \frac{(1+e_2)m_2}{m_2 + m_3} v_2 = \frac{(1+e_1)(1+e_2)m_1 m_2}{(m_1 + m_2)(m_2 + m_3)} v \qquad \text{A(5.26)}$$

が得られる．A と B が再衝突する条件は，$v_1 > v_2'$ であるから

$$\frac{m_1 - e_1 m_2}{m_1 + m_2} > \frac{(1+e_1)m_1(m_2 - e_2 m_3)}{(m_1 + m_2)(m_2 + m_3)} \qquad \text{A(5.27)}$$

となり，これを整理して

$$\frac{(1+e_1)(1+e_2)}{e_1} > \frac{(m_1 + m_2)(m_2 + m_3)}{m_1 m_3} \qquad \text{A(5.28)}$$

が得られる．

さらに，弾性衝突であれば $e_1 = e_2 = 1$ であるから，A と B が再衝突する条件は次のようになる．

$$4 > \left(1 + \frac{m_2}{m_1}\right)\left(1 + \frac{m_2}{m_3}\right) \qquad \text{A(5.29)}$$

【5・6】

図 A5.1 のように衝突したとして，運動量保存の法則より

$$m_1 V = m_1 V_1 \cos\theta + m_2 V_2 \cos\varphi \qquad \text{A(5.30)}$$

$$0 = m_1 V_1 \sin\theta - m_2 V_2 \sin\varphi \qquad \text{A(5.31)}$$

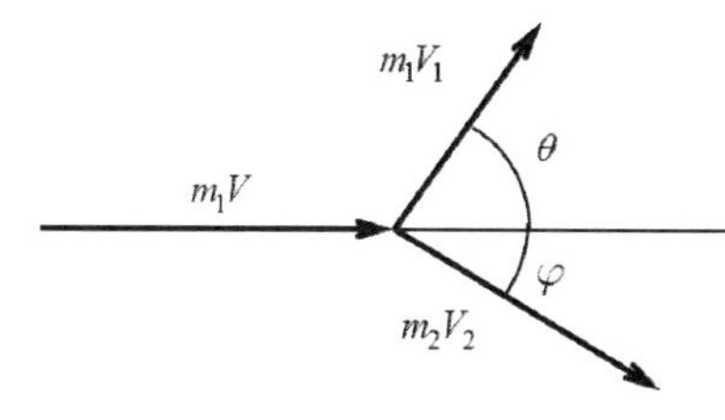

図 A5.1　弾性衝突

となる．これらの式から

$$V_2 = \frac{m_1 \sin\theta}{m_2 \sin\varphi} V_1 \qquad \text{A(5.32)}$$

$$V = V_1 \left(\cos\theta + \sin\theta \frac{\cos\varphi}{\sin\varphi}\right) \qquad \text{A(5.33)}$$

が得られる．一方，エネルギー保存の法則より

$$\frac{1}{2} m_1 V^2 = \frac{1}{2} m_1 V_1^2 + \frac{1}{2} m_2 V_2^2 \qquad \text{A(5.34)}$$

となり，先の 2 式を代入することで

$$\left(\cos\theta + \sin\theta \frac{\cos\varphi}{\sin\varphi}\right)^2 = 1 + \frac{m_1}{m_2}\left(\frac{\sin\theta}{\sin\varphi}\right)^2 \qquad \text{A(5.35)}$$

が得られる．両辺を $\cos^2\theta$ で割り，$\tan\theta$ について解くことで

$$\theta = \tan^{-1}\left(\frac{m_2 \sin 2\varphi}{m_1 - m_2 \cos 2\varphi}\right) \qquad \text{A(5.36)}$$

が得られる．

ここで，$m_1 = m_2$ であれば

$$\frac{\sin\theta}{\cos\theta} = \frac{\cos\varphi}{\sin\varphi} \qquad \text{A(5.37)}$$

となり，$\cos(\theta+\varphi) = 0$ と変形でき，$\theta+\varphi = 90°$ が得られる．

【5・7】

From the result of 【Example 5.10】, the stone A moves perpendicular to the line which connects the centers of the stones B and C, as shown in Fig. A5.2. Therefore, by using triangular similarity rule the relation

$$\frac{x}{2R} = \frac{2R}{a} \qquad \text{A(5.38)}$$

is obtained. Thus, the distance x is given by

$$x = \frac{4R^2}{a} \qquad \text{A(5.39)}$$

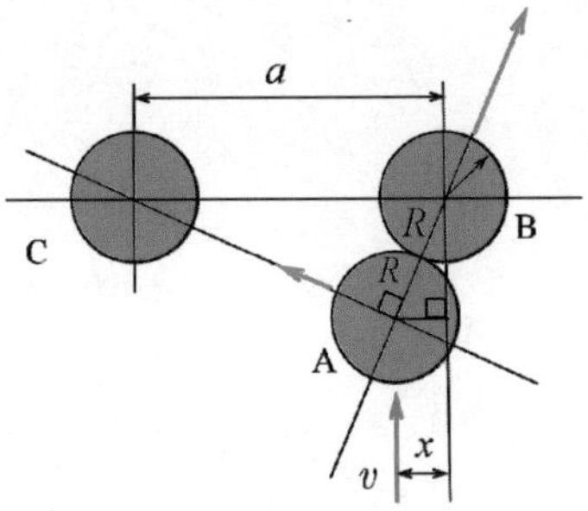

Fig. A5.2 Collision of stones

【5・8】

物体の持ち上げ点を A，最下点を B，衝突された物体の最高点を C とする．ポテンシャルエネルギーの基準を最下点に取る．このとき，A における物体のポテンシャルエネルギー U_A および運動エネルギー T_A は

$$U_A = mgh\,,\quad T_A = 0 \qquad \text{A(5.40)}$$

となる．最下点での衝突直前の速さを v とすると，B におけるポテンシャルエネルギー U_B および運動エネルギー T_B は

$$U_B = 0\,,\quad T_B = \frac{1}{2}mv^2 \qquad \text{A(5.41)}$$

となる．したがって，力学的エネルギー保存の法則より

$$mgh + 0 = \frac{1}{2}mv^2 \qquad \text{A(5.42)}$$

が成り立ち，物体が衝突する直前の速さは

$$v = \sqrt{2gh} \qquad \text{A(5.43)}$$

となる．

衝突後の m および $M(=m)$ の速さを v', V とすると運動量保存の法則より

$$mv = mv' + mV \qquad \text{A(5.44)}$$

が成り立ち，反発係数を e とすると

$$e = \frac{V - v'}{v - 0} \qquad \text{A(5.45)}$$

となる．これらの 2 式から

$$V = \frac{1+e}{2}v\,,\quad v' = \frac{1-e}{2}v \qquad \text{A(5.46)}$$

が得られる．したがって，最高点の高さは

$$H = \frac{V^2}{2g} = \left(\frac{1+e}{2}\right)^2 h \qquad \text{A(5.47)}$$

となる．

【5・9】

前問と同様に，力学的エネルギー保存の法則より，質量 m の衝突直前の速さ v は

$$v = \sqrt{2gh} \qquad \text{A(5.48)}$$

となる．

衝突後の質量 m，質量 $2m$ の速さをそれぞれ v'，V とすると運動量保存の法則より

$$mv = mv' + 2mV \qquad \text{A(5.49)}$$

が成り立ち，弾性衝突であるから

$$1 = \frac{V - v'}{v - 0} \qquad \text{A(5.50)}$$

となる．これらの 2 式から

$$V = \frac{2}{3}v,\quad v' = -\frac{1}{3}v \qquad \text{A(5.51)}$$

が得られる．

したがって，質量 $2m$ についての力学的エネルギー保存の法則から，最高点の高さ H は

$$H = \frac{V^2}{2g} = \frac{4}{9}h \qquad \text{A(5.52)}$$

となる．

【5・10】

床面はなめらかであり，水平方向の速度の変化はないから

$$v_1 \sin\theta_1 = v_2 \sin\theta_2 \qquad \text{A(5.53)}$$

となり，衝突後の速さは

$$v_2 = \frac{\sin\theta_1}{\sin\theta_2}v_1 \qquad \text{A(5.54)}$$

となる．一方，上下方向については

$$e = \frac{v_2 \cos\theta_2}{v_1 \cos\theta_1} \qquad \text{A(5.55)}$$

であるから，反発係数は

$$e = \frac{\tan\theta_1}{\tan\theta_2} \tag{A(5.56)}$$

と求められる．

【5・11】

From law of the conservation of energy , the maximum deformation of the spring is obtained as follows;

$$mg\left(0.1 + x_{\max}\right) = \frac{1}{2}kx_{\max}^2 \tag{A(5.57)}$$

$$x_{\max} = 0.0853\text{m} = 85.3\text{mm} \tag{A(5.58)}$$

Further, from law of the conservation of energy at the maximum speed, the maximum speed and its deformation are obtained as follows.

$$mg\left(0.1 + x\right) = \frac{1}{2}kx^2 + \frac{1}{2}mv_{\max}^2 \tag{A(5.59)}$$

$$S \equiv v_{\max}^2 = 2g\left(0.1 + x\right) - \frac{k}{m}x^2 \tag{A(5.60)}$$

$$\frac{dS}{dx} = 0 \tag{A(5.61)}$$

$$x = \frac{m}{k}g = 0.01962\text{m} = 19.6\text{mm} \tag{A(5.62)}$$

$$v_{\max} = 1.47\text{m/s} \tag{A(5.63)}$$

【5・12】

ポテンシャルエネルギーの基準をジャンプ地点にとる．最下点でのロープの伸び量を $y_{\max}$ とすると力学的エネルギー保存の法則から

$$0 = -mg(l + y_{\max}) + \frac{1}{2}ky_{\max}^2 \tag{A(5.64)}$$

これを解くことによって

$$y_{\max} = \frac{mg + \sqrt{(mg)^2 + 2mgkl}}{k} \tag{A(5.65)}$$

が得られる．一方，速さが最大となる位置での力学的エネルギー保存の法則から

$$0 = -mg(l + y) + \frac{1}{2}ky^2 + \frac{1}{2}mv_{\max}^2 \tag{A(5.66)}$$

$$S \equiv v_{\max}^2 = 2g(l + y) - \frac{k}{m}y^2 \tag{A(5.67)}$$

とおき

$$\frac{dS}{dy} = 0 \quad \text{より} \quad y = \frac{m}{k}g \tag{A(5.68)}$$

のとき速度が最大となる．したがって

$$v_{\max} = \sqrt{2gl + \frac{m}{k}g^2} \qquad \text{A(5.69)}$$

が得られる.

【5・13】

床に衝突する直前の速さを v_0，それまでの時間を t_0 とすると

$$\frac{1}{2}mv_0^2 = mgh \quad \text{より} \quad v_0 = \sqrt{2gh} \qquad \text{A(5.70)}$$

$$v_0 = gt_0 \quad \text{より} \quad t_0 = v_0 / g = \sqrt{2h/g} \qquad \text{A(5.71)}$$

となる.

第 k 回目の衝突速さを v_{k-1}，跳ね返る速さを v_k とすると

$$v_k = ev_{k-1} \quad \text{であるから} \quad v_k = e^k v_0 \qquad \text{A(5.72)}$$

となる.

第 k 回目の衝突で反射してから，次に到達する高さを h_k，その所要時間を t_k とすると

$$h_k = \frac{v_k^2}{2g} = \frac{v_0^2}{2g}e^{2k} = he^{2k} \qquad \text{A(5.73)}$$

$$t_k = \frac{v_k}{g} = \frac{v_0}{g}e^k = \sqrt{\frac{2h}{g}}e^k \qquad \text{A(5.74)}$$

となる.

球が移動した全距離 L，停止するまでの時間 T は

$$L = h + 2\sum_{k=1}^{\infty} h_k = h + 2h\sum_{k=1}^{\infty} e^{2k} = \frac{1+e^2}{1-e^2}h \qquad \text{A(5.75)}$$

$$T = t_0 + 2\sum_{k=1}^{\infty} t_k = \sqrt{\frac{2h}{g}} + 2\sqrt{\frac{2h}{g}}\sum_{k=1}^{\infty} e^k = \frac{1+e}{1-e}\sqrt{\frac{2h}{g}} \qquad \text{A(5.76)}$$

となる.

【5・14】

ばねの静たわみを $\delta_{st}(= mg/k)$ とすると，ばねの釣合い状態からの変位が x，ばね定数が k であるから，ばねに蓄えられるポテンシャルエネルギーは

$$\int_0^x k(\delta_{st} + x)dx = mgx + \frac{1}{2}kx^2 \qquad \text{A(5.77)}$$

となる．一方，質点のポテンシャルエネルギーは mgx だけ減少するため，系のポテンシャルエネルギーは，ばねの釣合い位置より

$$U(x) = \int_0^x k(\delta_{st} + x)dx - mgx = mgx + \frac{1}{2}kx^2 - mgx = \frac{1}{2}kx^2 \qquad \text{A(5.78)}$$

だけ増加する．つまり，重力によるポテンシャルエネルギーは静たわみの項と相殺するため，全体のポテンシャルエネルギーとしては平衡点からのばねのポテンシャルエネルギーのみを考えればよい.（図 A5.3）

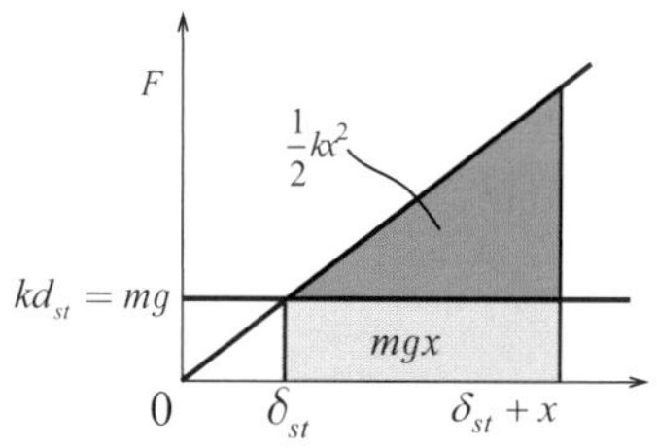

図 A5.3　ポテンシャルエネルギー

【5・15】

質量 m_1, m_2 の二つの質点の衝突前後の速度をそれぞれ v_1, v_2, v_1', v_2' とする．運動量保存の法則から

$$m_1 v_1 + m_2 v_2 = m_1 v_1' + m_2 v_2' \qquad \text{A(5.79)}$$

より　$m_1(v_1 - v_1') = -m_2(v_2 - v_2')$ となる．また，弾性衝突であるから

$$1 = \frac{v_2' - v_1'}{v_1 - v_2} \quad \text{より} \quad v_1 + v_1' = v_2 + v_2' \qquad \text{A(5.80)}$$

となる．衝突前後の運動エネルギーの変化は

$$\begin{aligned}\Delta E &= \frac{1}{2}m_1 v_1'^2 + \frac{1}{2}m_2 v_2'^2 - \frac{1}{2}m_1 v_1^2 - \frac{1}{2}m_2 v_2^2 \\ &= \frac{1}{2}m_1(v_1' - v_1)(v_1' + v_1) + \frac{1}{2}m_2(v_2' - v_2)(v_2' + v_2) \\ &= \frac{1}{2}\{m_1(v_1' - v_1) + m_2(v_2' - v_2)\}(v_2' + v_2) \\ &= 0\end{aligned} \qquad \text{A(5.81)}$$

となり，運動エネルギーの総和は変化しないことがわかる．

第 6 章

【6・1】

棒の線密度を $\rho(= m / a)$ として，図 A6.1 のように座標系をとり，原点から x に位置にある微小質量 ρdx の回転軸からの距離は $x\sin\alpha$ となるので，慣性モーメント I は

$$I = \int_{-\frac{a}{2}}^{\frac{a}{2}} (x\sin\alpha)^2 \rho dx = \rho \sin^2\alpha \int_{-\frac{a}{2}}^{\frac{a}{2}} x^2 dx = \frac{1}{12} m a^2 \sin^2\alpha \qquad \text{A(6.1)}$$

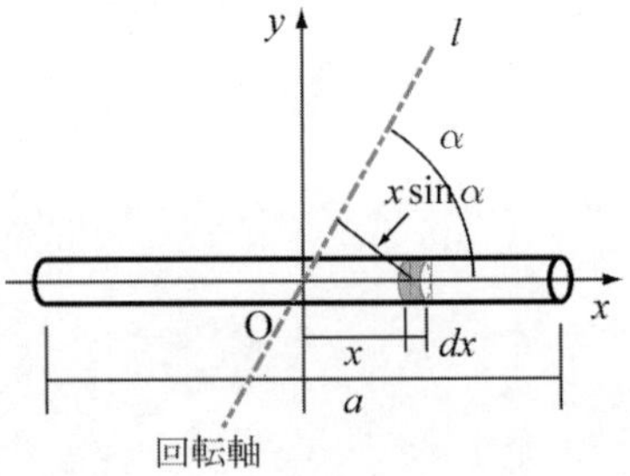

図 A6.1　棒の斜めな軸まわりの慣性モーメント：解法

【6・2】

(1) The moments of inertia about the x axis $I_{\mathrm{A}x}$, $I_{\mathrm{B}x}$ and $I_{\mathrm{C}x}$ of the particles A,B and C are

$$I_{Ax} = mr^2,\ I_{Bx} = mr^2 \sin^2 30^\circ = \frac{1}{4}mr^2 = I_{\mathrm{C}x}. \qquad \text{A(6.2)}$$

Therefore, the moment of inertia about the x axis I_x is

$$I_x = I_{Ax} + I_{Bx} + I_{Cx} = \frac{3}{2}mr^2. \qquad \text{A(6.3)}$$

(2) The moments of inertia about the y axis $I_{\mathrm{A}y}$, $I_{\mathrm{B}y}$ and $I_{\mathrm{C}y}$ of the particles A, B and C are

$$I_{Ay} = 0,\ I_{By} = mr^2\cos^2 30^\circ = \frac{3}{4}mr^2 = I_{\mathrm{C}y} \qquad \text{A(6.4)}$$

Therefore, the moment of inertia about the y axis I_y is

$$I_y = I_{\mathrm{A}y} + I_{\mathrm{B}y} + I_{\mathrm{C}y} = \frac{3}{2}mr^2. \qquad \text{A(6.5)}$$

【6・3】

半円形の板の面密度を ρ とし，**【例 6・3】**を参考に，x 軸まわりの慣性モーメント I_x は

$$I_x = \int y^2 dm = \iint y^2 \rho dx dy = \int_{-a}^{a}\int_{0}^{\sqrt{a^2-x^2}} y^2 \rho dy dx$$
$$= \int_{-a}^{a} \rho \left[\frac{y^3}{3}\right]_{0}^{\sqrt{a^2-x^2}} dx = \frac{\rho}{3}\int_{-a}^{a}(a^2 - x^2)^{\frac{3}{2}} dx \qquad \text{A(6.6)}$$

以下のような変数変換を行うと

$$x = a\sin\theta, \qquad dx = a\cos\theta\, d\theta \qquad \text{A(6.7)}$$

式 A(6.6)は，

$$I_x = \frac{\rho}{3}\int_{-a}^{a}(a^2 - x^2)^{\frac{3}{2}} dx = \frac{\rho}{3}\int_{-\frac{\pi}{2}}^{\frac{\pi}{2}} a^3(1-\sin^2\theta)^{\frac{3}{2}} a\cos\theta d\theta$$
$$= \frac{\rho a^4}{3}\int_{-\frac{\pi}{2}}^{\frac{\pi}{2}} \cos^4\theta d\theta = \frac{\rho a^4}{3}\left[\frac{1}{32}\sin 4\theta + \frac{1}{4}\sin 2\theta + \frac{3}{8}\theta\right]_{-\frac{\pi}{2}}^{\frac{\pi}{2}} \qquad \text{A(6.8)}$$
$$= \frac{\rho a^4}{3}\frac{3\pi}{8} = \frac{\rho\pi a^4}{8} = \frac{ma^2}{4}$$

ここで，面密度を ρ は，

$$\rho = \frac{2m}{\pi a^2} \qquad \text{A(6.9)}$$

を用いている．

一方，y 軸まわりの慣性モーメント I_y も同様にして，

$$I_y = \int x^2 dm = \iint x^2 \rho dx dy = \int_{0}^{a}\int_{-\sqrt{a^2-y^2}}^{\sqrt{a^2-y^2}} x^2 \rho dx dy$$
$$= \int_{0}^{a} \rho \left[\frac{x^3}{3}\right]_{-\sqrt{a^2-y^2}}^{\sqrt{a^2-y^2}} dy = \frac{2\rho}{3}\int_{0}^{a}(a^2 - y^2)^{\frac{3}{2}} dy \qquad \text{A(6.10)}$$

以下のような変数変換を行うと

$$y = a\sin\theta, \qquad dy = a\cos\theta\, d\theta \qquad \text{A(6.11)}$$

式 A(6.10)は，

$$I_y = \frac{2\rho}{3}\int_{0}^{a}(a^2 - y^2)^{\frac{3}{2}} dy = \frac{2\rho}{3}\int_{0}^{\frac{\pi}{2}} a^3(1-\sin^2\theta)^{\frac{3}{2}} a\cos\theta d\theta$$
$$= \frac{2\rho a^4}{3}\int_{0}^{\frac{\pi}{2}} \cos^4\theta d\theta = \frac{2\rho a^4}{3}\left[\frac{1}{32}\sin 4\theta + \frac{1}{4}\sin 2\theta + \frac{3}{8}\theta\right]_{0}^{\frac{\pi}{2}} \qquad \text{A(6.12)}$$
$$= \frac{2\rho a^4}{3}\frac{3\pi}{16} = \frac{\rho\pi a^4}{8} = \frac{ma^2}{4}$$

となる．

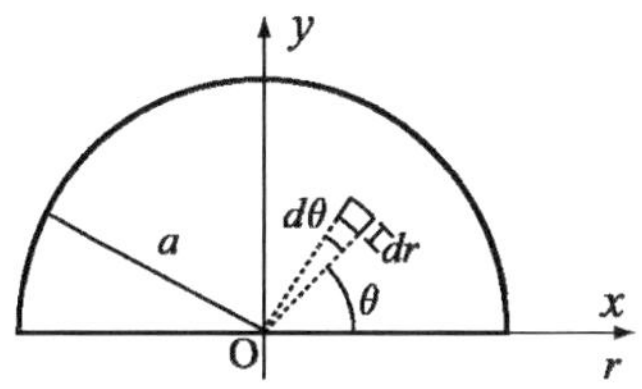

図 A6.2　半円形の板の慣性モーメント：極座標表示

【別解】図 A6.2 のように極座標系を用いることで，以下のように計算することもできる．x 軸まわりの慣性モーメント I_x は

$$I_x = \int_{0}^{a}\int_{0}^{\pi} y^2 \rho r d\theta dr = \int_{0}^{a}\int_{0}^{\pi} (r\sin\theta)^2 \rho r d\theta dr \qquad \text{A(6.13)}$$

と表せ，式 A(6.13)は

$$I_x = \rho\int_0^a r^3 dr\int_0^\pi \sin^2\theta d\theta = \rho\frac{a^4}{4}\frac{\pi}{2} = \frac{ma^2}{4} \qquad \text{A}(6.14)$$

となる．また，y 軸まわりの慣性モーメント I_y は

$$I_y = \int_0^a\int_0^\pi x^2\rho r d\theta dr = \int_0^a\int_0^\pi (r\cos\theta)^2\rho r d\theta dr \qquad \text{A}(6.15)$$

より，

$$I_y = \rho\int_0^a r^3 dr\int_0^\pi \cos^2\theta d\theta = \rho\frac{a^4}{4}\frac{\pi}{2} = \frac{ma^2}{4} \qquad \text{A}(6.16)$$

となる．

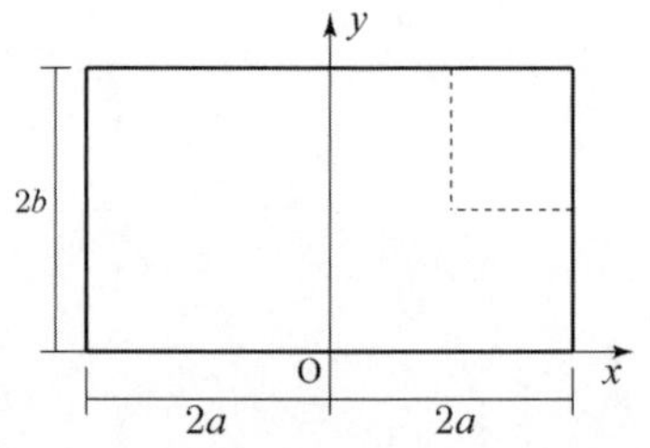

図 A6.3 切りかきのない長方形板

【6・4】

図 A6.3 のように切りかきがない長方形板の慣性モーメントから，図 A6.4 に示す切りかきの部分に対応する長方形板の慣性モーメントの差をとることにより，切りかきのある長方形板の慣性モーメントを求める．

図 A6.3 の切りかきのない長方形板の x 軸および y 軸まわりの慣性モーメント I_{x1}，I_{y1} は

$$I_{x1} = \frac{1}{12}\rho\times 8ab\times(2b)^2 + \rho\times 8ab\times b^2 = \frac{32\rho}{3}ab^3 \qquad \text{A}(6.17)$$

$$I_{y1} = \frac{1}{12}\rho\times 8ab\times(4a)^2 = \frac{32\rho}{3}a^3b \qquad \text{A}(6.18)$$

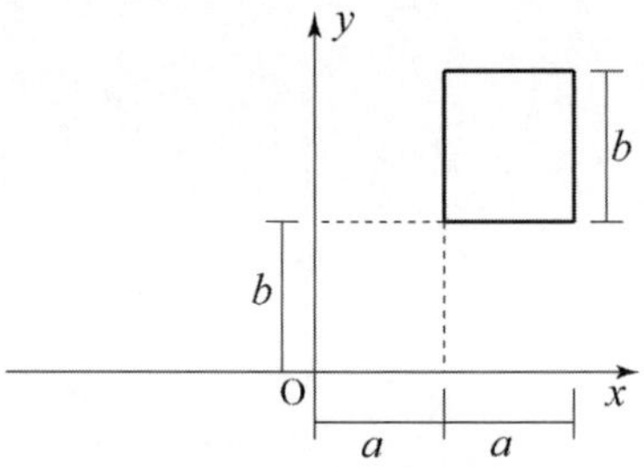

図 A6.4 切りかきの部分に対応する長方形板

一方，図 A6.4 の切りかきの部分に対応する長方形板の x 軸および y 軸まわりの慣性モーメント I_{x2}，I_{y2} は，

$$I_{x2} = \frac{1}{12}\rho\times ab\times b^2 + \rho\times ab\times\left(\frac{3b}{2}\right)^2 = \frac{7\rho}{3}ab^3 \qquad \text{A}(6.19)$$

$$I_{y2} = \frac{1}{12}\rho\times ab\times a^2 + \rho\times ab\times\left(\frac{3a}{2}\right)^2 = \frac{7\rho}{3}a^3b \qquad \text{A}(6.20)$$

より，切りかきのある長方形板の慣性モーメント I_x，I_y は

$$I_x = I_{x1} - I_{x2} = \frac{32\rho}{3}ab^3 - \frac{7\rho}{3}ab^3 = \frac{25\rho}{3}ab^3 \qquad \text{A}(6.21)$$

$$I_y = I_{y1} - I_{y2} = \frac{32\rho}{3}a^3b - \frac{7\rho}{3}a^3b = \frac{25\rho}{3}a^3b \qquad \text{A}(6.22)$$

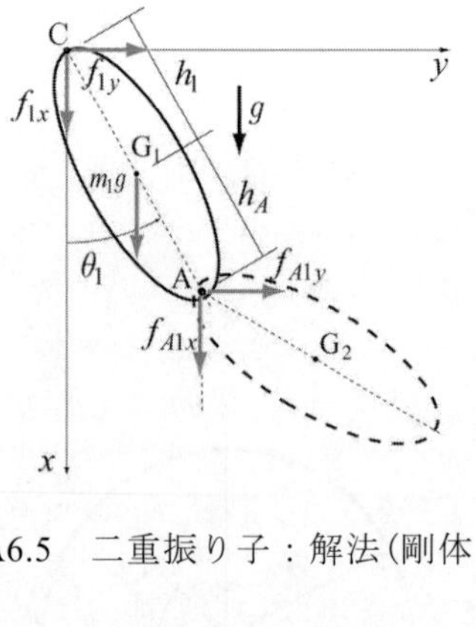

図 A6.5 二重振り子：解法(剛体 1)

【6・5】

まず，剛体 1 に着目する．図 A6.5 のように，支点 C を原点とし xy 座標系を定義し，剛体の傾き角を θ_1 とする．剛体 1 に作用する外力は，重力 m_1g と支点 A からの力の x および y 方向成分 f_{A1x}，f_{A1y}（ここで f_{A1x}，f_{A1y} は未知量）である．剛体 1 の回転中心位置(支点 C)は固定されているので，質量中心 G_1 で考えても，回転中心(支点 C)で考えても，回転運動の運動方程式は同じ方程式が得られる(【例 6・5】参照)．ここでは回転中心(支点 C)まわりの回転運動の方程式をもとめると

$$(I_{1G}+m_1h_1^2)\ddot{\theta}_1=-\{m_1gh_1+f_{A1x}(h_1+h_A)\}\sin\theta_1 \\ +f_{A1y}(h_1+h_A)\cos\theta_1 \qquad \mathrm{A}(6.23)$$

となる．ここでは，直接回転中心で運動方程式を導いたので，f_{1x}，f_{1y} は，陽に現れていないが質量中心で運動を考える場合には f_{1x}，f_{1y} は必要になる．

次に，剛体 2 に着目する．図 A6.6 のように，支点 C を原点とし xy 座標系を定義し，x 軸と剛体の傾き角を θ_2 とする．剛体 2 に作用する外力は，重力 m_1g と支点 A からの力の x および y 方向成分 f_{A2x}，f_{A2y} (ここで f_{A2x}，f_{A2y} は未知量)である．剛体 2 の質量中心 G_2 の座標を (x_2,y_2) とすると，剛体 2 の質量中心 G_2 の並進運動の運動方程式は，

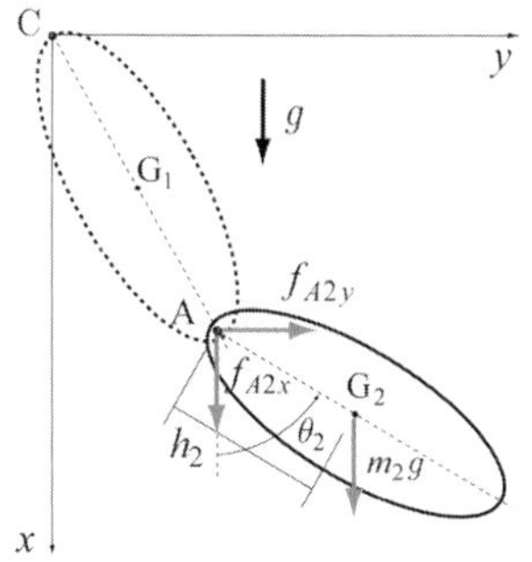

図 A6.6　二重振り子：解法(剛体 2)

$$m_2\ddot{x}_2=m_2g+f_{A2x} \qquad \mathrm{A}(6.24)$$

$$m_2\ddot{y}_2=f_{A2y} \qquad \mathrm{A}(6.25)$$

また，質量中心 G_2 まわりの回転運動の運動方程式は

$$I_{2G}\ddot{\theta}_2=f_{A2x}h_2\sin\theta_2-f_{A2y}h_2\cos\theta_2 \qquad \mathrm{A}(6.26)$$

となる．ここで，剛体 2 の質量中心 G_2 の座標を (x_2,y_2) と振り子の傾き θ_1，θ_2 には，以下の関係がある．

$$x_2=(h_1+h_A)\cos\theta_1+h_2\cos\theta_2 \\ y_2=(h_1+h_A)\sin\theta_1+h_2\sin\theta_2 \qquad \mathrm{A}(6.27)$$

したがって

$$\ddot{x}_2=-(h_1+h_A)\dot{\theta}_1^2\cos\theta_1-(h_1+h_A)\ddot{\theta}_1\sin\theta_1 \\ -h_2\dot{\theta}_2^2\cos\theta_2-h_2\ddot{\theta}_2\sin\theta_2 \\ \ddot{y}_2=-(h_1+h_A)\dot{\theta}_1^2\sin\theta_1+(h_1+h_A)\ddot{\theta}_1\cos\theta_1 \\ -h_2\dot{\theta}_2^2\sin\theta_2+h_2\ddot{\theta}_2\cos\theta_2 \qquad \mathrm{A}(6.28)$$

が成り立つ．式 A(6.28)を式 A(6.24)，式 A(6.25)に代入すると

$$f_{A2x}=-m_2g \\ +m_2\left\{-(h_1+h_A)\dot{\theta}_1^2\cos\theta_1-(h_1+h_A)\ddot{\theta}_1\sin\theta_1\right\} \\ +m_2(-h_2\dot{\theta}_2^2\cos\theta_2-h_2\ddot{\theta}_2\sin\theta_2) \qquad \mathrm{A}(6.29)$$

$$f_{A2y}=m_2\left\{-(h_1+h_A)\dot{\theta}_1^2\sin\theta_1+(h_1+h_A)\ddot{\theta}_1\cos\theta_1\right\} \\ +m_2(-h_2\dot{\theta}_2^2\sin\theta_2+h_2\ddot{\theta}_2\cos\theta_2) \qquad \mathrm{A}(6.30)$$

となる．これらの式を式 A(6.26)に代入し，整理すると

$$(I_{2G}+m_2h_2^2)\ddot{\theta}_2=-m_2gh_2\sin\theta_2 \\ +m_2(h_1+h_A)h_2\left\{\dot{\theta}_1^2\sin(\theta_1-\theta_2)-\ddot{\theta}_1\cos(\theta_1-\theta_2)\right\} \qquad \mathrm{A}(6.31)$$

ここで，支点 A に関係する力 f_{A1x}，f_{A1y} および f_{A2x}，f_{A2y} は，作用反作用の関係にあるので

$$f_{A1x} = -f_{A2x} \quad , \quad f_{A1y} = -f_{A2y} \tag{A(6.32)}$$

となるので，上式と式 A(6.29)，式 A(6.30)を式 A(6.23)に代入すると

$$\begin{aligned} &\left\{I_{1G} + m_1 h_1^2 + m_2(h_1 + h_A)^2\right\}\ddot{\theta}_1 = \\ &\qquad -\left\{m_1 h_1 + m_2(h_1 + h_A)\right\} g \sin\theta_1 \\ &\qquad - m_2(h_1 + h_A)h_1\left\{\dot{\theta}_2^2 \sin(\theta_1 - \theta_2) + \ddot{\theta}_2 \cos(\theta_1 - \theta_2)\right\} \end{aligned} \tag{A(6.33)}$$

が得られる．

ここで，剛体 2 の運動方程式を導くときに，剛体 2 の回転中心(支点 A)が移動することに注意する必要がある．これは，回転運動の運動方程式を回転中心回りで考えることができないことを示している．剛体 2 の回転運動の運動方程式を回転中心(支点 A)まわりで考えると

$$(I_{2G} + m_2 h_2^2)\ddot{\theta}_2 = -m_2 g h_2 \sin\theta_2 \tag{A(6.34)}$$

となり，式 A(6.33)とは違った結果になるので，このようなことをしてはいけない．

なお，式 A(6.31)と式 A(6.33)を用いて，2 重振り子の角度 θ_1 と θ_2 を解くことができれば，f_{A1x} などの未知の力は式 A(6.29)，式 A(6.30)および式 A(6.32)を用いて求めることができる．

【6・6】

動滑車 A と定滑車 B，および，ローラ C の運動方程式をたて，糸が伸び縮みしない条件を用いて整理し，ローラ C の水平方向の加速度を求める．

図 A6.7　動滑車，定滑車，ローラ系：解法

図 A6.7 のように動滑車 A の鉛直下向きの変位を y，動滑車左側の糸の張力を T_1，右側の糸の張力を T_2 とすると，動滑車 A とおもり D の並進運動の運動方程式は

$$(m + M)\ddot{y} = (m + M)g - (T_1 + T_2) \tag{A(6.35)}$$

動滑車 A の角速度を ω_A（反時計回りを正）とすると動滑車 A の回転運動の運動方程式は

$$I\dot{\omega}_A = (-T_1 + T_2)r \tag{A(6.36)}$$

定滑車 B の角速度を ω_B（反時計回りを正），ローラ C とつながっている糸の張力を T_3 とすると，動滑車 B の回転運動の運動方程式は

$$I\dot{\omega}_B = (T_2 - T_3)r \tag{A(6.37)}$$

ローラ C の水平左向きの変位を x，床との摩擦力を f（摩擦力は右向きを正）とすると，ローラ C の並進運動の運動方程式は

$$m\ddot{x} = T_3 - f \tag{A(6.38)}$$

ローラ C の角速度を ω_C（反時計回りを正）とするとローラ C の回転運動の運動方程式は

$$I\dot{\omega}_C = fr \tag{A(6.39)}$$

となる．糸が伸び縮みしない条件から動滑車 A の回転方向の向きに注意して，

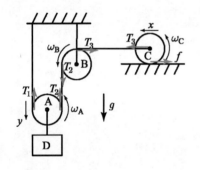

$$\ddot{x} = r\dot{\omega}_C = r\dot{\omega}_B = 2\ddot{y} = -2r\dot{\omega}_A \qquad \text{A(6.40)}$$

式 A(6.40)を用いて，式 A(6.35)から式 A(6.39)よりローラ C の水平左向きの加速度 $\ddot{x}$ は，

$$\ddot{x} = \frac{2(m+M)r^2 g}{(5m+M)r^2+9I} \qquad \text{A(6.41)}$$

【6・7】

The conservation of angular momentum is used to solve this problem. An angular momentum just before fixing some point on the circumference of a disk is equal to that immediately after fixing the point. Thus

$$\frac{1}{2}mr^2\omega_0 = \left(\frac{1}{2}mr^2 + mr^2\right)\omega = \frac{3}{2}mr^2\omega \qquad \text{A(6.42)}$$

where ω is angular velocity immediately after fixing the point. Therefore,

$$\omega = \frac{1}{3}\omega_0 \qquad \text{A(6.43)}$$

【6・8】

この場合は，摩擦力は図 A6.8 のような向きになる．下向きで考えた摩擦力を f' とすると，このとき並進運動の運動方程式は

$$M\ddot{x} = Mg\sin\theta + f' \qquad \text{A(6.44)}$$

一方，回転運動の方程式は

$$I\dot{\omega} = -rf' \qquad \text{A(6.45)}$$

滑らない条件より，

$$\ddot{x} = r\dot{\omega} \qquad \text{A(6.46)}$$

式 A(6.44)～式 A(6.46)を解くと

$$\dot{\omega} = \frac{Mgr\sin\theta}{I+Mr^2} \qquad \text{A(6.47)}$$

となり，式（6.71）と一致する．摩擦力は

$$f' = -\frac{IMg\sin\theta}{I+Mr^2} \qquad \text{A(6.48)}$$

となり，式（6.72）にマイナスをつけた量となる．これは，斜面に沿って下向きにマイナスの摩擦力，すなわち斜面に沿って上向きに，摩擦力が作用することを示している．ここで示したように向きを逆方法に考えても，正しく運動方程式や幾何学的な関係式を導くことで，マイナスの量が導かれ，正しい方向を見つけることができる．

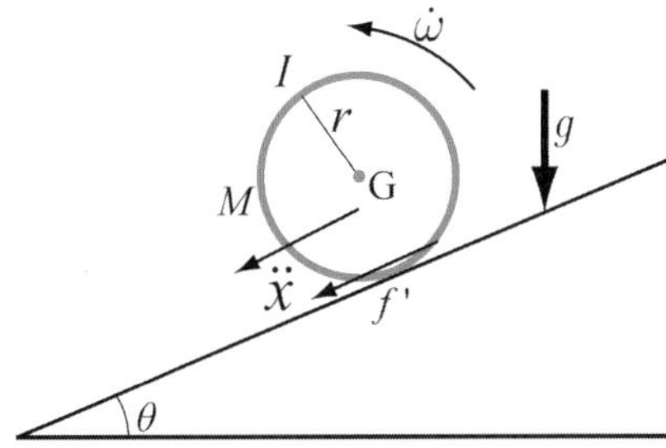

図 A6.8　斜面の転がる円板：摩擦力を斜面下向きに考えた場合

【6・9】

(2)の撃力の位置 h が球の半径 a より低い場合の最終的な速度である式

(6.111）の v には，極限 $h \to a$ を考えるときにも，球が回転することが常に考慮されている．すなわち，球の慣性モーメントが考慮されているが，(3) の撃力の位置 h が球の半径 a と等しい場合の速度 v_0 の式（6.112）には慣性モーメントが考慮されていないためである（球は回転しないため）．【例 6・12】では球と床の間に摩擦を考えているため球は $h = a$ の場合にも回転をはじめ，最終的な速度は式（6.111）となり，$h \to a$ の極限では

$$v = \frac{5F}{7M} \qquad \text{A(6.49)}$$

となる．

【6・10】

剛体の慣性モーメントを I，速度を v，角速度を ω とすると，斜面を上がる前の運動エネルギーは，

$$\frac{1}{2}mv^2 + \frac{1}{2}I\omega^2 \qquad \text{A(6.50)}$$

剛体が滑らずに転がる条件より

$$v = r\omega \qquad \text{A(6.51)}$$

が成り立つので，運動エネルギーは

$$\frac{1}{2}mv^2 + \frac{1}{2}I\omega^2 = \frac{1}{2}mv^2 + \frac{1}{2}I\frac{v^2}{r^2} = \frac{1}{2}\left(m + \frac{I}{r^2}\right)v^2 \qquad \text{A(6.52)}$$

となる．この運動エネルギーが全て重力の位置エネルギーに変換されたときが最大高さになる．

剛体が円筒の場合には，慣性モーメント I_C は

$$I_C = \frac{1}{2}mr^2 \qquad \text{A(6.53)}$$

より，運動エネルギーは

$$\frac{1}{2}\left(m + \frac{I_C}{r^2}\right)v^2 = \frac{1}{2}\left(m + \frac{m}{2}\right)v^2 = \frac{3}{4}mv^2 \qquad \text{A(6.54)}$$

となるので，最大高さ h_C は

$$h_C = \frac{3v^2}{4g} \qquad \text{A(6.55)}$$

一方，剛体が球の場合には，慣性モーメント I_S は

$$I_S = \frac{2}{5}mr^2 \qquad \text{A(6.56)}$$

より，運動エネルギーは

$$\frac{1}{2}\left(m + \frac{I_S}{r^2}\right)v^2 = \frac{1}{2}\left(m + \frac{2m}{5}\right)v^2 = \frac{7}{10}mv^2 \qquad \text{A(6.57)}$$

となるので，最大高さ h_S は

$$h_S = \frac{7v^2}{10g} \qquad \text{A(6.58)}$$

したがって，円筒の場合の方が最大高さは高くなる．回転半径が同じであれば，慣性モーメントが大きい方が最大高さは高くなる．

Subject Index

索引

JSME テキストシリーズ一覧

- 1　機械工学総論
- 2-1　機械工学のための数学
- 2-2　演習　機械工学のための数学
- 3-1　機械工学のための力学
- 3-2　演習　機械工学のための力学
- 4-1　熱力学
- 4-2　演習　熱力学
- 5-1　流体力学
- 5-2　演習　流体力学
- 6-1　振動学
- 6-2　演習　振動学
- 7-1　材料力学
- 7-2　演習　材料力学
- 8　機構学
- 9-1　伝熱工学
- 9-2　演習　伝熱工学
- 10　加工学Ⅰ（除去加工）
- 11　加工学Ⅱ（塑性加工）
- 12　機械材料学
- 13-1　制御工学
- 13-2　演習　制御工学
- 14　機械要素設計

〔各巻〕A4判

JSME テキストシリーズ
演習　機械工学のための力学

JSME Textbook Series
Problems in Mechanics for Mechanical Engineering

2015年3月25日　初　版　発　行
2023年7月18日　第2版第1刷発行

著作兼発行者　一般社団法人　日本機械学会
（代表理事会長　伊藤　宏幸）

印刷者　柳　瀬　充　孝
昭和情報プロセス株式会社
東京都港区三田 5-14-3

発行所　東京都新宿区新小川町4番1号
KDX 飯田橋スクエア2階
郵便振替口座　00130-1-19018番
電話（03）4335-7610　FAX（03）4335-7618　https://www.jsme.or.jp
一般社団法人　日本機械学会

発売所　東京都千代田区神田神保町2-17
神田神保町ビル
電話（03）3512-3256　FAX（03）3512-3270
丸善出版株式会社

ISBN 978-4-88898-347-1　C 3353

本書の内容でお気づきの点は　textseries@jsme.or.jp　へお知らせください。出版後に判明した誤植等は http://shop.jsme.or.jp/html/page5.html　に掲載いたします。